全国高职高专计算机系列精品教材

# Java语言编程基础立体化实用教程

JAVA YUYAN BIANCHENG JICHU LITIHUA SHIYONG JIAOCHENG

主　编◎王同娟　李芳玲　边振兴

副主编◎程　灿　杜秋霞　苏羚凤　高德平

中国人民大学出版社

·北京·

# PREFACE 前言

学好 Java 语言编程基础，对于想从事 Java 程序开发的人员来说至关重要。Java 是当前流行的一种程序开发语言，具有简单性、面向对象、分布式、健壮性、安全性、平台独立与可移植性、多线程、动态性等特点。Java 语言作为面向对象编程语言的典型代表，极好地诠释了面向对象理论。本书以培养读者掌握 Java 面向对象的编程理念和能力为主旨，通过项目、任务的执行来推动读者的学习过程，让他们掌握 Java 语言编程的基础知识，同时具备利用 Java 语言编程的基本能力，为他们进一步学习后续知识打下坚实的基础。

本书以项目、任务的形式来组织统筹全书内容，共分为两个项目：字符界面学生成绩管理系统与图形用户界面学生成绩管理系统。每个项目又分解为若干个任务，每个任务按照“任务描述”“任务分析”“任务实施”“相关知识”“任务训练”和“拓展提高”的顺序组织，构建真实的项目开发情境，从而使读者感受解决问题的乐趣，激发学习的积极性，提高实践动手能力。

本书由王同娟、李芳玲、边振兴任主编，程灿、杜秋霞、苏羚凤、高德平任副主编。其中，项目一的任务一、任务二由李芳玲编写，任务三、任务四由程灿编写，任务五、任务六由苏羚凤编写；项目二的任务七、任务八由杜秋霞编写，任务九、任务十由王同娟编写，任务十一由高德平编写，任务十二、任务十三由边振兴编写。各位老师同时负责相应章节的习题整理，全书由王同娟和李芳玲统稿、校稿。

由于作者水平有限，书中难免有疏漏之处，恳请各位读者批评指正。

编　者

2020 年 3 月

CONTENTS

# 目录

## 项目一 字符界面学生成绩管理系统



## 项目二 图形用户界面学生成绩管理系统

# 项目一

# 字符界面学生成绩管理系统

## ❑ 项目目标

1．了解 Java 语言的发展历史、特点与运行机制；

2．掌握 Java 语言的基本语法；

3．掌握面向对象的基础知识；

4．熟悉并能够独立搭建 Java 程序的开发环境；

5．熟练编写和运行 Java 程序；

6．实现字符界面学生成绩管理系统。

## ❑ 项目简介

字符界面学生成绩管理系统，即成绩管理系统的界面是由字符组成的，其包括录入学生成绩信息、显示学生成绩信息、修改学生成绩信息、删除学生成绩信息、将学生成绩写入文件、退出管理系统六个功能。由于本项目采用字符界面，因此人机交互只能依靠用户键入命令来完成，对用户的信息素养有一定的要求。

任务一

# 成绩管理系统欢迎界面设计

## 【任务目标】

1. 了解 Java 语言的发展历史；
2. 了解 Java 语言的特点和运行机制；
3. 掌握 Java 程序的分类和构成；
4. 了解 Java 程序的开发工具；
5. 熟悉 JDK 的下载、安装和环境变量的配置方法；
6. 掌握 JDK 的用法，熟练执行 Java 应用程序；
7. 熟练编写和运行 Java 程序。

## 【任务简介】

字符界面成绩管理系统，即成绩管理系统的界面是由字符组成的，这里没有菜单、按钮等控件，用户通过键入命令实现人机交互过程。本任务实现功能为在显示器中输出成绩管理系统字符界面，目的是使学生掌握 Java 程序的结构及开发过程，包括代码编写、程序编译和程序运行。

## 任务 1.1 编写学生成绩管理系统界面程序

### 任务描述

编写一个小程序，将以下信息显示在显示器上：

```
************* 学生成绩管理系统 *************
*****        1. 录入学生成绩信息          ******
```

```
*****       2. 显示学生成绩信息          ******
*****       3. 修改学生成绩信息          ******
*****       4. 删除学生成绩信息          ******
*****       5. 将学生成绩写入文件        ******
*****       0. 退出管理系统              ******
*******************************************
请选择 (0～5):
```

通过这个程序的设计实现成绩管理系统的菜单。

## 任务分析

根据用户习惯，当进入某个系统时首先应该看到一个欢迎界面，以明确自己位于何处。任务一就是完成这样一个功能，只是简单地呈现一个“学生成绩管理系统”的欢迎界面。由于没有具体管理功能的实现，因此在程序中仅需要信息的输出操作。根据以上分析，实现步骤如下：

步骤一：打开记事本，输入代码。

步骤二：把输入的代码进行保存，保存名为 Menu.java。

## 任务实施

```
public class Menu{
    public static void main(String args[]){
        System.out.println("************* 学生成绩管理系统 *************");
        System.out.println("*****       1. 录入学生成绩信息          ******");
        System.out.println("*****       2. 显示学生成绩信息          ******");
        System.out.println("*****       3. 修改学生成绩信息          ******");
        System.out.println("*****       4. 删除学生成绩信息          ******");
        System.out.println("*****       5. 将学生成绩写入文件        ******");
        System.out.println("*****       0. 退出管理系统              ******");
        System.out.println("*******************************************");
        System.out.print(" 请选择 (0～5):");
    }
}
```

## 相关知识

Java 语言概述

### 一、Java 语言发展

Java 语言于 1991 年诞生在美国 Sun 公司，由“Green Project”小组开发，名为“Oak”，功能为编写小型家用电器的分布式代码管理系统。1994 年，项目组转向 Internet，编写网络应用程序，更名为 Java。1995 年，项目组正式推出 Java 语言，5 月发布第一个版本。1996 年 1 月，JDK1.0 问世，接着推出了 JDK1.1。1998 年项目组发布了 JDK1.2，开始称之为 Java 2，随后出现了 JDK1.3、JDK1.4、JDK1.5、JDK1.6、JDK1.7，现在最新版本号为 JDK13.0.1（截至 2020 年 1 月 2 日）。

## 二、Java 平台及 JDK 版本

JDK 版本主要分为三个：Java ME（微型版，以前叫 J2ME）、Java EE（企业版，以前叫 J2EE）、Java SE（标准版，以前叫 J2SE）。JDK 是 Java 的开发工具包，版本号和 Java 基本一致，现在习惯上叫 JDK12、JDK13。

## 三、Java 语言特点

1．平台无关性

平台无关性是指 Java 能运行于不同的平台。Java 引进虚拟机原理并运行于虚拟机，减少了开发和部署到多个平台的成本和时间，真正地做到一次编译、到处运行。

2．安全性

Java 的程序设计类似于 C++。Java 舍弃了 C++ 的指针对内存地址的直接操作，Java 程序运行时，内存由操作系统分配，这样可以避免病毒通过指针侵入系统。Java 对程序提供了安全管理器，防止对程序的非法访问。

3．面向对象

Java 吸收了 C++ 面向对象的概念以及将数据封装的简洁性和便于维护性。类的封装性、继承性等有关对象的特性，使程序代码只需一次编译，然后通过上述特性反复利用。

4．简单性

Java 舍弃了 C++ 的头文件。在没有全局变量的同时，Java 还舍弃了 C++ 的多重继承性，引进了垃圾管理机制。

5．动态特性

Java 源程序经过编译后生成的二进制代码存于网络计算机中，当 Java 运行的时候，动态地加载，即当程序运行到所需类时，便在网上寻找，下载到本地，以便于网络运行。

6．分布性

Java 允许将编译后的 M 进制码存在网络上。应用程序可以通过 URL 来寻找应用程序所需的类，和访问本地机一样。

7．多线程

多线程是 Java 的一大特点，使其能够在程序中实现多任务操作。Java 提供了有关线程的操作、线程的创建、线程的管理、线程的废弃等处理。Java 虚拟机（Java Virtual Machine，JVM）也是一个多线程程序。虚拟机启动后，时刻在运行一个线程，该线程的优先级最低，在后台负责不用对象的垃圾处理工作。多线程使程序能够处理多个任务，具有非常广阔的发展前景。

## 四、Java 程序构成

Java 程序构成

为了说明 Java 语言源程序的结构，再看一个简单程序，从中了解到组成一个 Java 源程序的基本部分和书写格式。

【例 1.1】 在显示器上输出“Hello,world！”。

```
public class Exp11{
  public static void main(String[] args){
    //方法体，紧跟着某一方法名，并包含在一对 {} 中
    System.out.println("Hello,world！  \n"); // 把 " " 中的信息原样输出
  }
}
```

说明：

（1）类是 Java 的心脏，整个 Java 程序就是建立在类的逻辑基础上的，每一个 Java 程序都要包含至少一个类。最基本和常用的定义方式是：

```
[public]class 类名 {
   //类实体
}
```

类名要符合 Java 的标识符命名规则。在一个 Java 程序文件中，若有多个类的定义，应注意 Java 程序文件的命名。若一个 Java 程序文件中存在一个由 public 修饰的类（一个 Java 程序文件最多只能有一个 public 修饰的类），则程序文件的名字应该与该类的名字一致。

（2）每个语句末尾用英文分号“;”结束。

（3）System.out.println() 语句是输出语句，作用是输出字符串内容并换行；而 System.out.print() 同样是输出语句，可以输出字符串内容，只是不换行。

（4）在 Java 应用程序中，都必须有一个 main 方法。Java 解释其运行字节码文件时，首先寻找 main 方法，然后以此为程序的入口开始运行程序。如果一个应用程序不含 main 方法，那么 Java 解释器会拒绝执行这个程序。如果一个应用程序含有多个 main 方法，那么解释器执行程序时，只要以执行程序的第一个类所含的 main 方法作为程序运行的入口点。

（5）“/*……*/”为注释语句块，“//……”可以注释一行，注释语句只起到说明作用，不被执行。

（6）Java 语言中的标识符区分大小写。

（7）“\n”和 C 语言一样，仍然表示换行。不加“\n”，则会连续在同一行输出，直到输满才转到下一行。程序中 println 换行一次，“\n”换行一次。

## 任务训练

（1）编写代码，实现在显示器上输出“欢迎进入 Java 语言世界！”。

参考代码：

```
public class Test1 {
    public static void main(String[] args) {
        System.out.println(" 欢迎进入 Java 语言世界！ \n");
    }
}
```

（2）在记事本中编写代码输出以下信息：

```
******** 简易计算器 ********
* + ------------- 加法 *
* - ------------- 减法 *
* * ------------- 乘法 *
* / ------------- 除法 *
***************************
```

参考代码：

```
public class Test2 {
    public static void main(String[] args) {
        System.out.println("******** 简易计算器 ********");
        System.out.println("* + ------------- 加法 *");
        System.out.println("* - ------------- 减法 *");
        System.out.println("* * ------------- 乘法 *");
        System.out.println("* / ------------- 除法 *");
        System.out.println("***************************");
    }
}
```

## 拓展提高

### 一、Java 程序的类型

Java 程序可以分为两类：Java 应用程序（Java Application）和 Java 小程序（Java Applet），它们的执行方式是不同的。其中，Java 应用程序是完整的程序，它每次都是从其中的 main() 方法开始运行的，需要独立的编译程序来编译执行；而 Java 小程序是使用 Java 语言编写的一段程序，需要嵌在 HTML 编写的 Web 页面中，由浏览器内包含的 Java 编译程序来编译执行。

**【例 1.2】** 编写一个 Applet 小程序，当程序运行时，弹出小程序查看器，显示“Hello Applet!”。

```
import java.applet.Applet;
import java.awt.Graphics;
public class Exp12 extends Applet
{
    public void paint(Graphics g)
    {
        g.drawString("Hello Applet!", 5, 30);// 绘制文本
    }
}
```

### 二、Java 程序的运行机制

Java 程序的运行要经过编写、编译和运行三个步骤。编写是指在 Java 开发环境中输入程序代码，并生成 Java 源文件，扩展名为“.java”；编译是指 Java 编译程序对 Java 源文件进行错误排查和编译，并生成与平台无关的二进制代码文件，即字节码文件，扩展名为“.class”；运行是指在特定平台下运行的 Java 解释器将字节码文件翻译成机器代码，并执行。解释器对 Java 程序屏蔽了底层的操作系统和硬件平台的差异，因此同一个 Java 程序代码可以运行在不同的硬件平台和操作系统上。可以说，Java 程序代码是运行在一个 Java 虚拟机（JVM）上。

JVM 是在物理计算机上通过执行一些软件（包括 Java 解释器和一组类库）模拟处理机来实现的。JVM 有自己虚拟的硬件，如处理器、堆栈、寄存器和指令系统。

JVM 是运行 Java 程序必不可少的机制。编译后的 Java 程序指令并不直接在硬件系统的 CPU 上执行，而是由 JVM 执行。JVM 是编译后的 Java 程序和硬件系统之间的接口，程序员可以把 JVM 看作一个虚拟的处理器。它不仅解释执行编译后的 Java 指令，还会进行安全检查。JVM 说明 Java 语言实现了与平台的无关性和可移植性。

Java 语言这种“一次编写，到处运行”的方式，有效地解决了很多高级程序设计语言需要针对不同系统来编译产生不同机器代码的问题，大大降低了程序开发、维护和管理的开销。

## 任务 1.2　运行学生成绩管理系统界面程序

### 任务描述

任务 1.1 用记事本完成了代码编写，但是还无法看到代码执行后的效果。任务 1.2 是在任务 1.1 的基础上，利用 Java 语言的开发工具运行该程序，并得到运行结果。在此过程中，需要了解开发工具的使用方法、源文件建立的方法、代码的编写与存储，以及程序的运行过程。

## 任务分析

本任务是把任务 1.1 编写的代码分别在 JDK 和 Eclipse 两种环境中运行，得到运行结果。

（1）借助 JDK 运行 Java 源程序步骤如下：

步骤一：下载 JDK；

步骤二：安装 JDK，配置环境变量；

步骤三：打开 cmd 命令窗口；

步骤四：编译程序；

步骤五：运行程序。

（2）Eclipse 中运行 Java 源程序步骤如下：

步骤一：下载并安装 Eclipse；

步骤二：编辑程序；

步骤三：编译并运行程序。

## 任务实施

### 一、JDK 中运行 Java 源程序

1．下载 JDK

JDK 的下载、安装与配置

（1）2009 年 4 月 20 日，甲骨文以 74 亿美元收购 Sun 公司，因此 JDK 可以在甲骨文的网站上下载。JDK 的下载地址为：http://www.oracle.com/technetwork/java/javase/downloads/index-jsp-138363.html?ssSourceSiteId=ocomen，如图 1-1 所示。

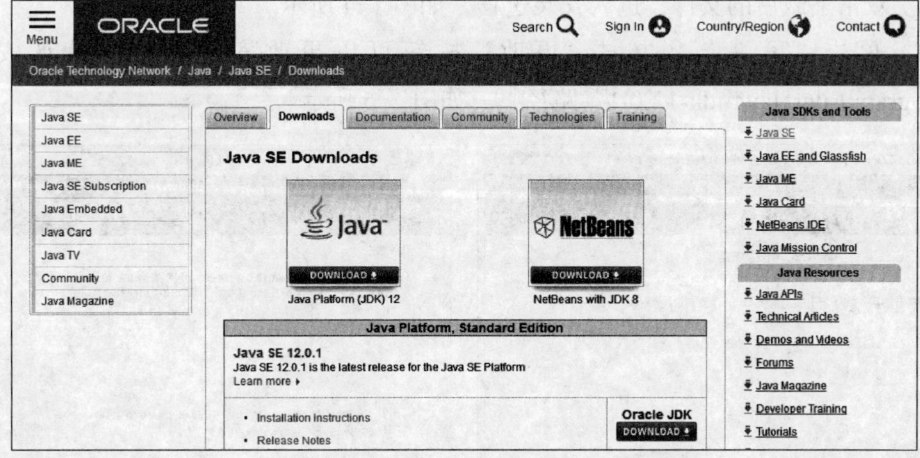


图 1-1　JDK 下载网页

（2）选择图 1-2 中的接受协议，选择合适的操作系统版本进行下载。这里选择 Windows 平台下的 JDK 进行下载，如图 1-3 所示。

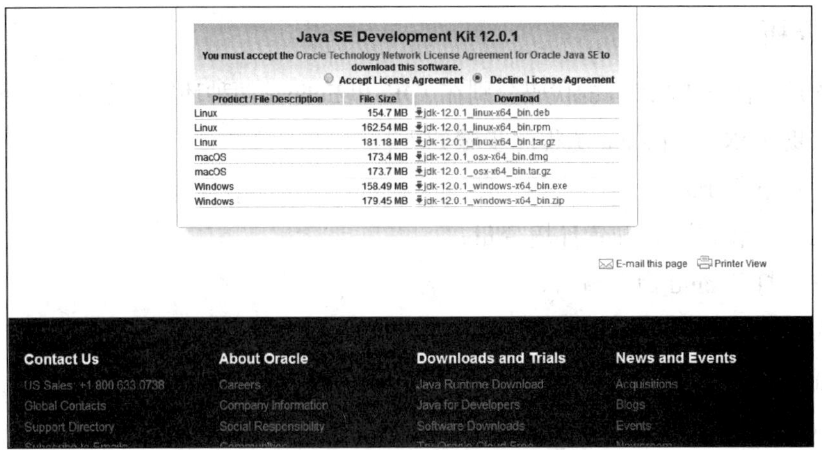


图 1-2　接受下载协议页面

**Java SE Development Kit 12.0.1**

You must accept the Oracle Technology Network License Agreement for Oracle Java SE to download this software.

Thank you for accepting the Oracle Technology Network License Agreement for Oracle Java SE; you may now download this software.

| Product / File Description | File Size | Download |
|---|---|---|
| Linux | 154.7 MB | jdk-12.0.1_linux-x64_bin.deb |
| Linux | 162.54 MB | jdk-12.0.1_linux-x64_bin.rpm |
| Linux | 181.18 MB | jdk-12.0.1_linux-x64_bin.tar.gz |
| macOS | 173.4 MB | jdk-12.0.1_osx-x64_bin.dmg |
| macOS | 173.7 MB | jdk-12.0.1_osx-x64_bin.tar.gz |
| Windows | 158.49 MB | jdk-12.0.1_windows-x64_bin.exe |
| Windows | 179.45 MB | jdk-12.0.1_windows-x64_bin.zip |

图 1-3　JDK 供下载的版本

2．安装 JDK，配置环境变量

（1）双击下载后的文件，进入安装过程，如图 1-4 所示。

（2）单击“下一步”，单击“更改”按钮可以更改安装路径，默认安装在“C:\Program Files\Java\jdk-12.0.1”路径下，如图 1-5 所示。

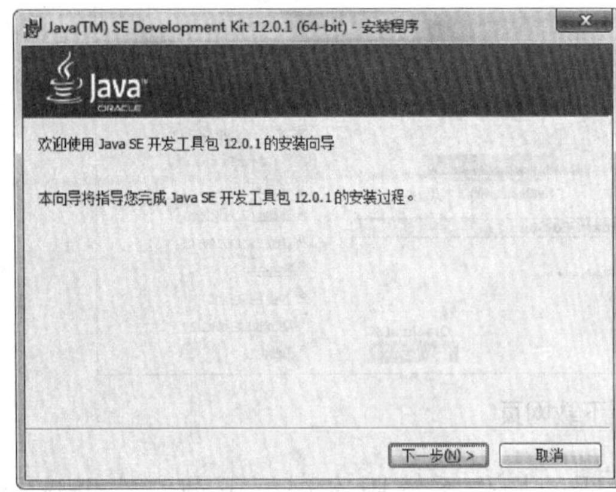


图 1-4　JDK 安装界面

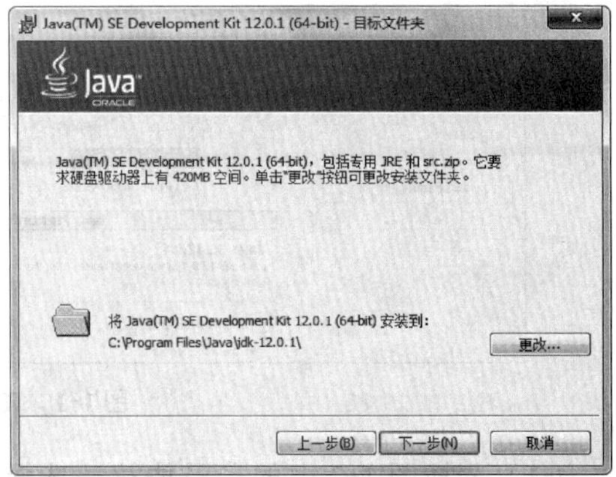


图 1-5　JDK 安装路径选择

（3）单击“下一步”，继续安装，安装进度如图 1-6 所示，安装完成如图 1-7 所示。

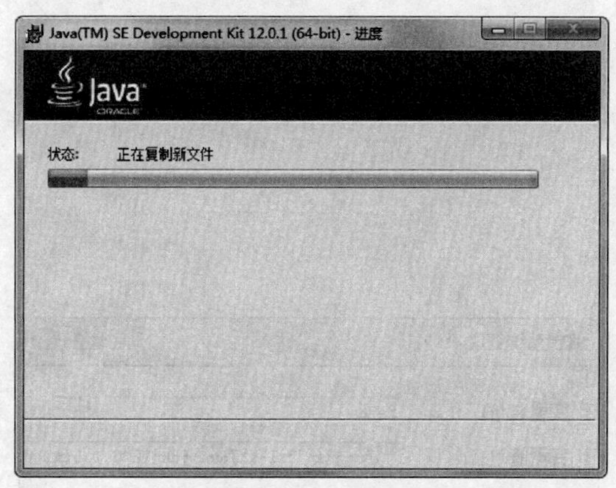


图 1-6　安装进度图

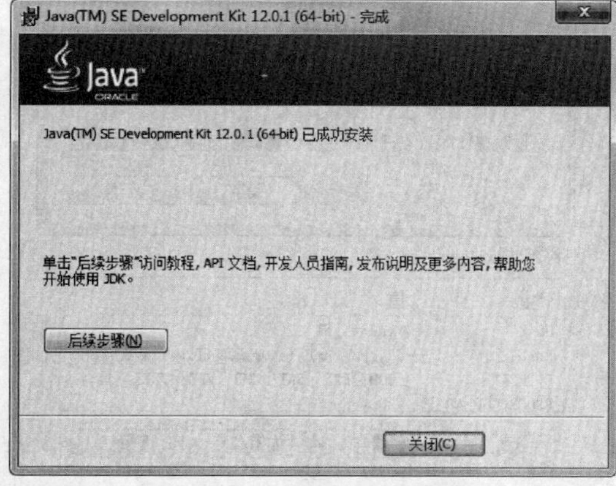


图 1-7　安装完成示意图

3．JDK 的配置

（1）在“我的电脑”上用右键单击，从弹出的菜单中选择“属性”，选择“高级”选项卡，打开“系统属性”对话框，如图 1-8 所示。

（2）单击“环境变量”，弹出“环境变量”对话框，如图 1-9 所示。

（3）从系统变量中查看是否有 path 变量，如没有则新建，如有则在原有的值后面添加“C:\Program Files\Java\jdk-12.0.1\bin”，环境变量之间用英文的“;”间隔开，单击“确定”按钮，设置 path 环境变量，如图 1-10、图 1-11 所示。

配置 path 变量的方法如图 1-12 所示：

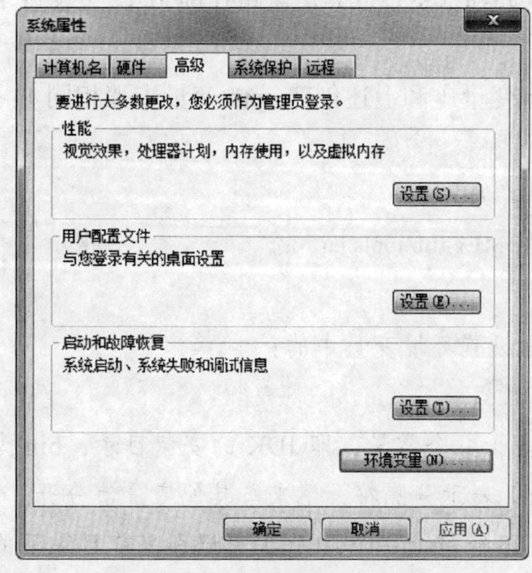


图 1-8　“系统属性”对话框

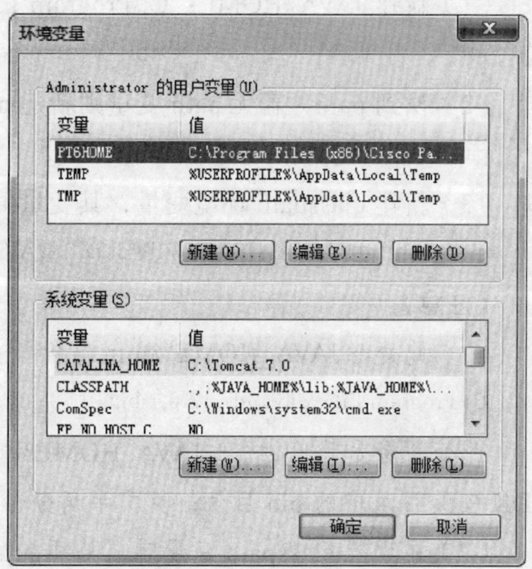


图 1-9　“环境变量”对话框

图 1-10 “编辑系统变量”对话框

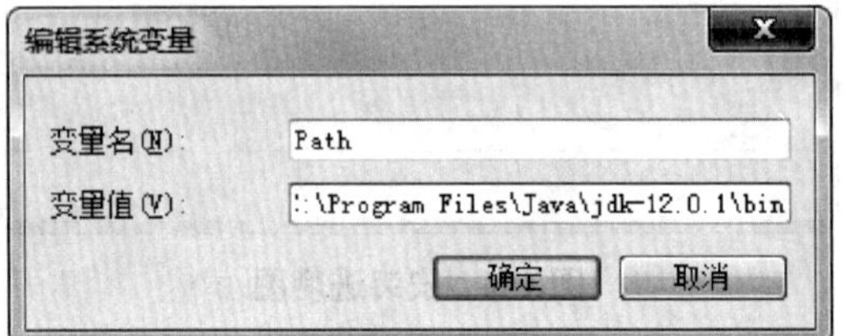


图 1-11 path 变量的设置

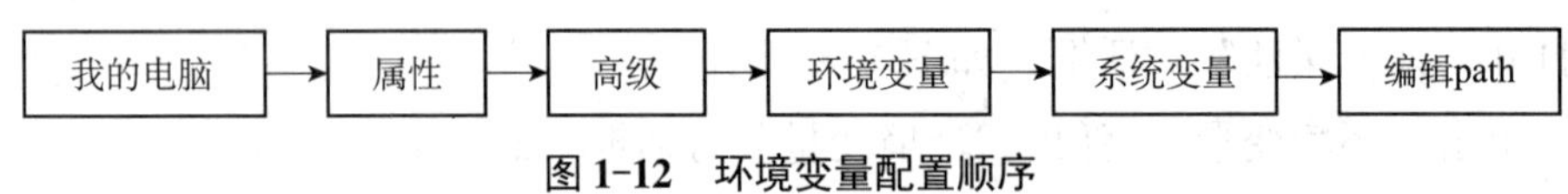


图 1-12 环境变量配置顺序

【注意】Windows 系统中 path 的各变量之间用英文分号分隔开，而 UNIX 类系统各系统环境变量中路径名用英文冒号分隔。

此外，我们也可以按照更完备的方法设置环境变量：

（1）新建 JAVA_HOME：C:\Program Files\Java\jdk-12.0.1\，该路径即 JDK 安装目录路径；

（2）找到 path，若无 path 变量则新建 path 变量（和上述创建 path 变量步骤相同）：

```
path：%JAVA_HOME%\bin
```

（3）新建 classpath 环境变量，其变量值设置为：

```
classpath：.;%JAVA_HOME%\lib\dt.jar;%JAVA_HOME%\lib\tools.jar
```

【注意】

（1）此处 %JAVA_HOME%\bin 等价于前面设置环境变量中的：

```
C:\Program Files\Java\jdk-12.0.1\bin
```

此处两者是等价的。%JAVA_HOME% 相当于一个常量，即 JDK 的安装目录；bin 为 JDK 安装目录中的 bin 目录；英文半角分号（;）表示分隔符，用来与其他变量值分开。

（2）在设置 classpath 变量时，必须在配置路径前加一个点（.）来识别当前目录下的 Java 类。

（3）JDK1.4 之前必须配置 classpath 变量，但从 JDK1.5 开始，如果 classpath 环境变量没有设置，那么虚拟机会自动搜索当前路径下的类文件，并且自动加载 dt.jar 和 tools.

jar 文件中的 Java 类，因此可以不设置 classpath 环境变量。

4. JDK 安装验证

（1）打开 cmd 命令窗口，如图 1-13 所示。

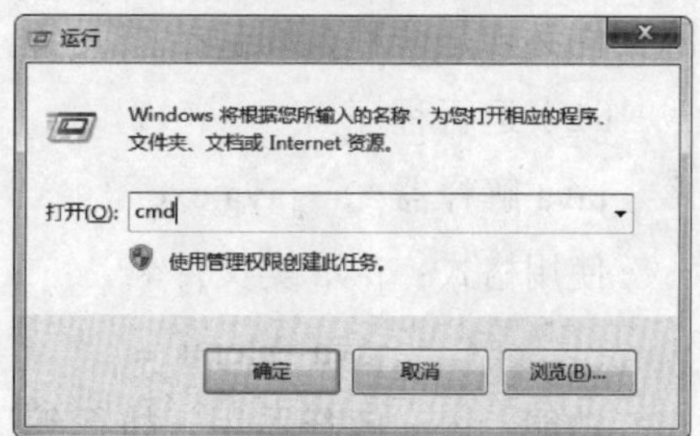


图 1-13 运行窗口

（2）键入 java 和 javac 命令，如果出现命令的用法则表明安装成功。

键入 java-version，如图 1-14 所示，则表明安装成功。

图 1-14 java-version 命令显示

【注意】常用 DOS 命令见表 1-1。

表 1-1 常用 DOS 命令

| 序号 | 命令 | 命令含义 |
| --- | --- | --- |
| 1 | cd | 改变当前目录 |
| 2 | d: | 转到 D 盘根目录 |
| 3 | cls | 清屏 |
| 4 | ↑ | 执行上一条指令 |
| 5 | ↓ | 执行下一条指令 |

5. 编译运行程序

（1）编译程序。

运行第一个 Java 程序

将任务 1.1 中的源程序存储为与类同名的文档“Menu”，并将原本的“txt”文件扩展名更改为“java”。javac.exe 是 java 编译程序。

使用格式：javac java 源文件名

javac Menu.java

功能：java 编译程序将以“.java”为扩展名的 java 源文件编译成类（.class）。java

源文件必须是全称，即包括扩展名。

（2）运行程序。

java 解释器——java.exe

使用格式：java 类文件名

　　　　　java Menu

功能：java 解释器用于执行编译过的 java 应用程序的类文件，即“.class”文件。类文件名的扩展名“.class”可以省略。

**【注意】** 当源文件和编译文件与 cmd 的当前路径不同时，将提示“找不到文件”，如图 1-15 所示：

```
管理员: C:\Windows\system32\cmd.exe
Microsoft Windows [版本 6.1.7601]
版权所有 (c) 2009 Microsoft Corporation。保留所有权利。

C:\Users\Administrator>javac Menu.java
错误: 找不到文件: Menu.java
用法: javac <选项> <源文件>
使用 --help 可列出可能的选项
```

**图 1-15　“找不到文件”提示**

例如，java 源文件位于“C:\Users\Administrator\Desktop”路径下，需要采用如下命令更改当前路径：

```
cd C:\Users\Administrator\Desktop
```

如图 1-16 所示。

```
管理员: C:\Windows\system32\cmd.exe
Microsoft Windows [版本 6.1.7601]
版权所有 (c) 2009 Microsoft Corporation。保留所有权利。

C:\Users\Administrator>javac Menu.java
错误: 找不到文件: Menu.java
用法: javac <选项> <源文件>
使用 --help 可列出可能的选项

C:\Users\Administrator>cd C:\Users\Administrator\Desktop

C:\Users\Administrator\Desktop>
```

**图 1-16　利用 cd 命令更改当前路径**

程序运行结果如图 1-17 所示：

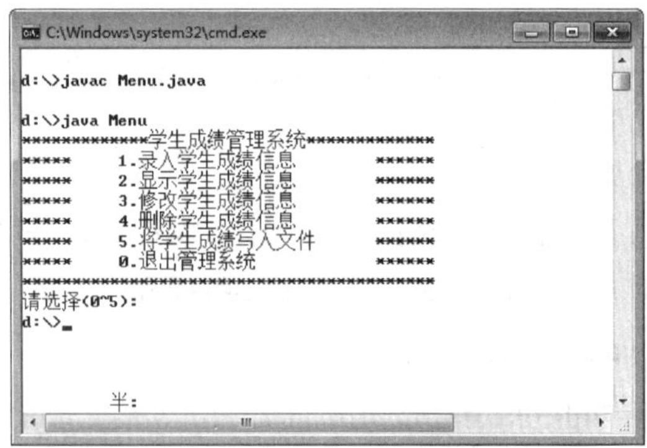


**图 1-17　成绩管理系统初始界面运行结果**

【注意】使用命令行运行 Java 类时，有时会遇到“找不到或无法加载主类 XXX”的错误，这里可能有以下三个原因：

（1）java 里的环境变量 JAVA_HOME、classpath、path 没有正确配置；

（2）命令行所在路径与 Java 文件所在路径不同；

（3）定义了包名的类，需要特殊处理。

## 二、Eclipse 中运行 Java 源程序

1．下载 Eclipse

下载地址：http://www.eclipse.org/downloads/

Eclipse 下载页面如图 1-18 所示。Eclipse 下载链接如图 1-19 所示。

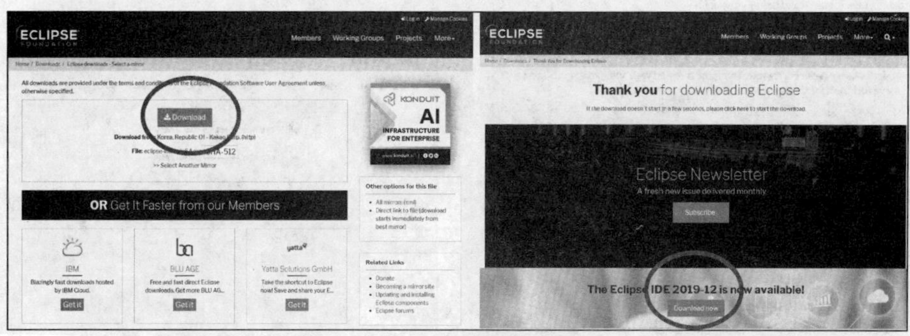


图 1-18　Eclipse 下载页面

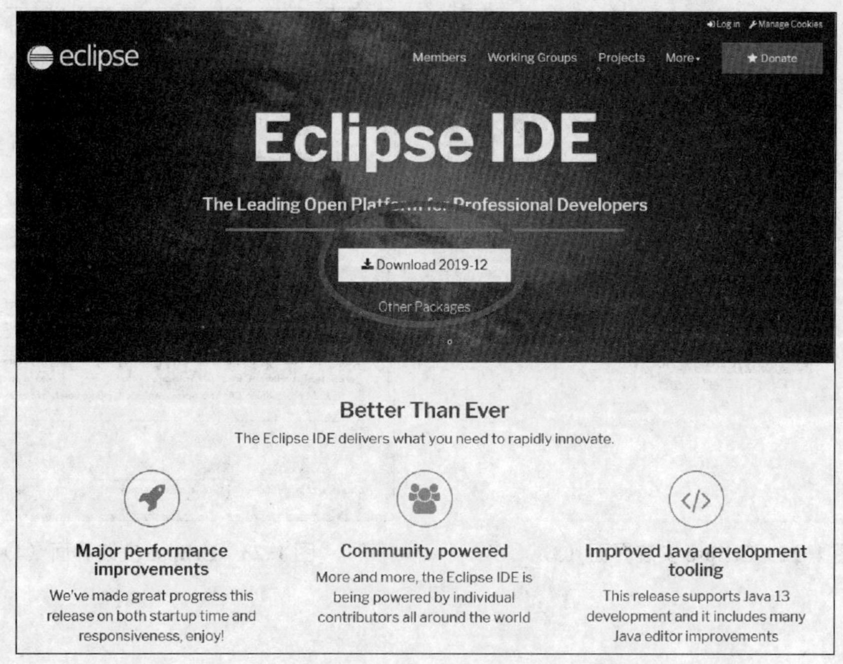


图 1-19　Eclipse 下载链接

2．安装 Eclipse

（1）选择“Eclipse IDE for Java Developers”或者“Eclipse IDE for Java EE Developers”，单击“INSTALL”按钮，启动安装，如图 1-20～图 1-24 所示。

（2）等待 Eclipse 安装完成后，单击“LAUNCH”按钮，启动 Eclipse 软件。启动接口如图 1-25 所示，启动界面如图 1-26 所示。

（3）Eclipse 启动后的软件接口如图 1-27 和图 1-28 所示。

图 1-20　Eclipse 安装界面（1）

图 1-21　Eclipse 安装界面（2）

图 1-22　Eclipse 安装界面（3）

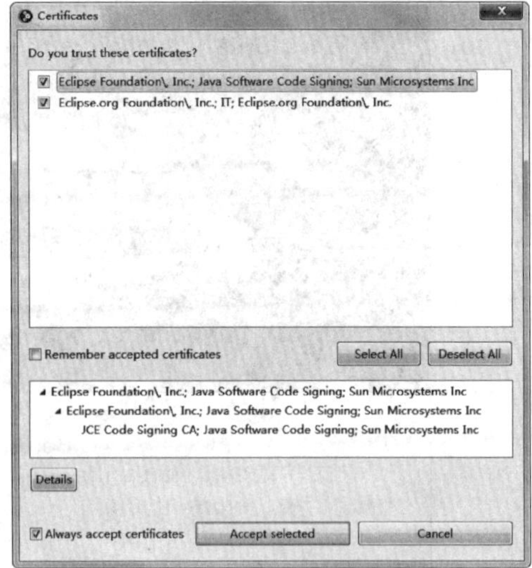


图 1-23　Eclipse 安装界面（4）

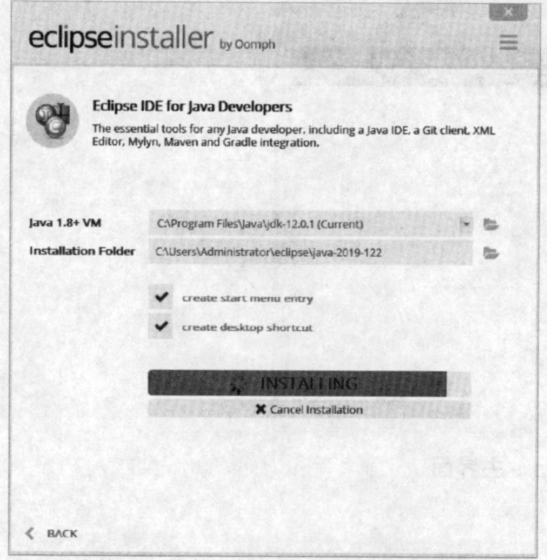


图 1-24　Eclipse 安装界面（5）

图 1-25　Eclipse 安装完成界面

图 1-26　Eclipse 启动界面

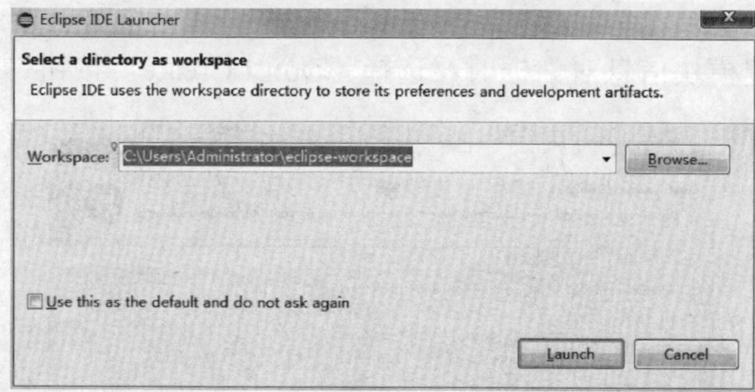


图 1-27　Workspace 选择界面

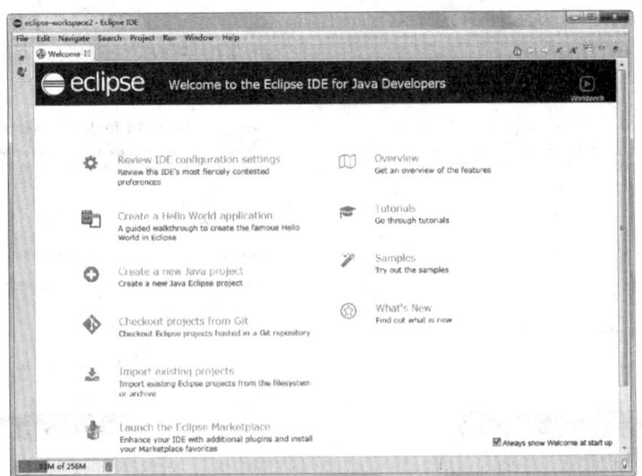


图 1-28　Eclipse 主界面

3．编辑程序

（1）选择文件→新建→其他，选择“Java”，选择“Java Project”，命名为“SGMCUI”，如图 1-29 和图 1-30 所示。

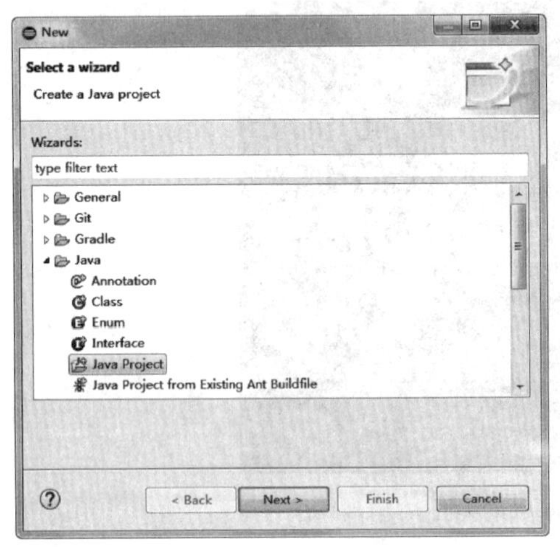


图 1-29　新建 Java Project 项目

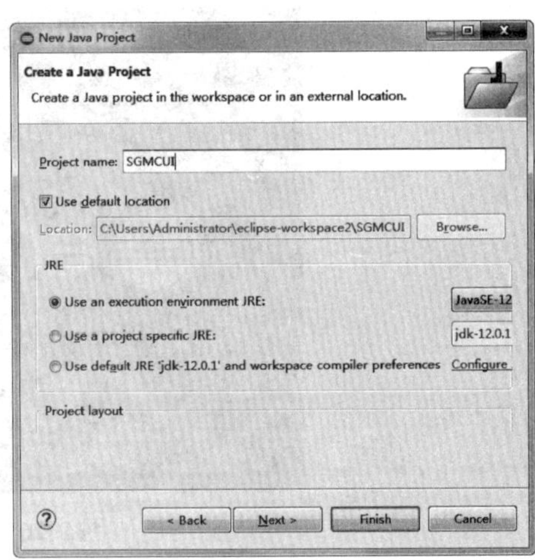


图 1-30　填写项目名称界面

（2）当弹出创建模块信息对话框时，选择“Don’t Create”按钮，如图 1-31 所示。

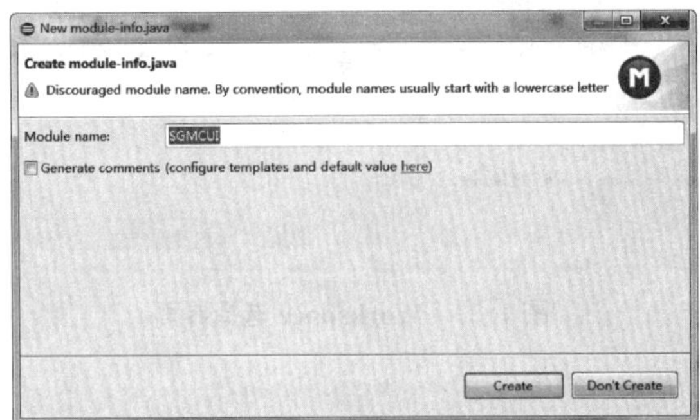


图 1-31　新建模块对话框

（3）在左侧的包资源管理器中，选择 src 文件夹，右键单击，新建一个类，命名为“Menu”，如图 1-32 和图 1-33 所示。

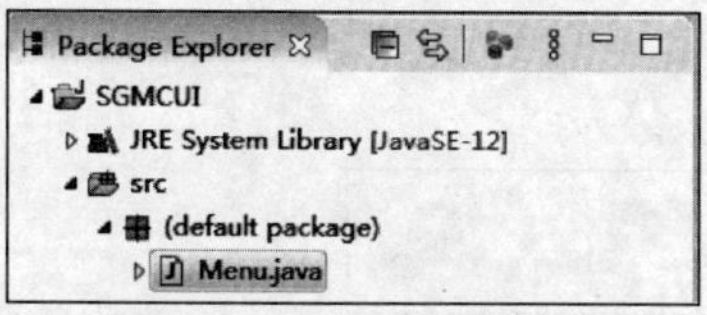

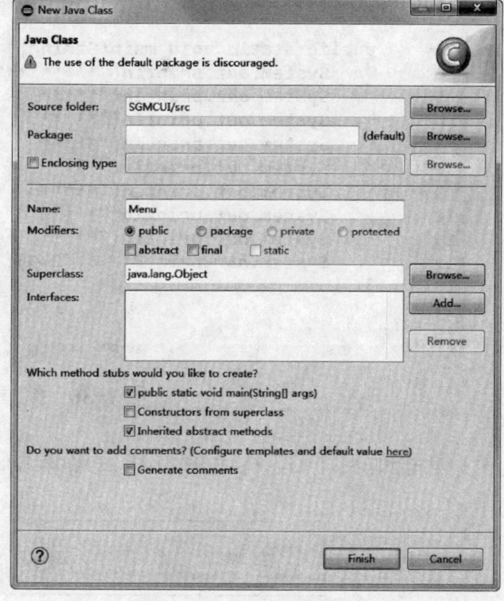


图 1-32　项目默认目录

图 1-33　新建类 Menu

在图 1-33 中，若勾选 public static void main（String[] args）复选项，则在源代码中将会自动添加 main 方法。

【注意】如果 Eclipse 中的字体太小，那么可以通过以下步骤改变字体大小：

（1）选择【Window】|【Preferences】，选择左侧的“General”下的“Appearance”，在右侧窗体中选择“Java Editor Text Font”，单击“Edit”按钮，设置字体为“小二”号，单击“确定”按钮，然后单击“Apply and Close”按钮，如图 1-34 和图 1-35 所示。

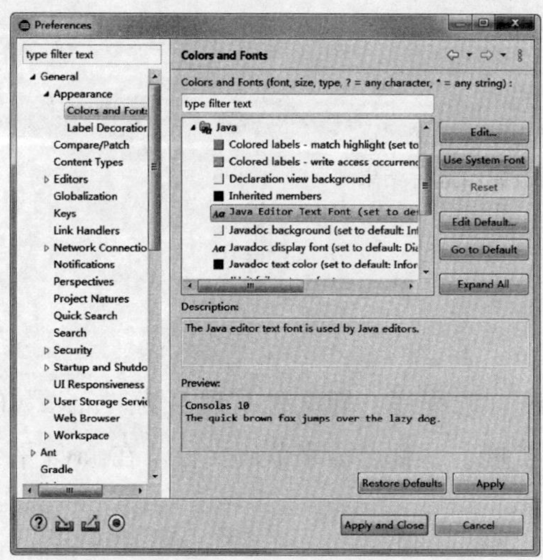


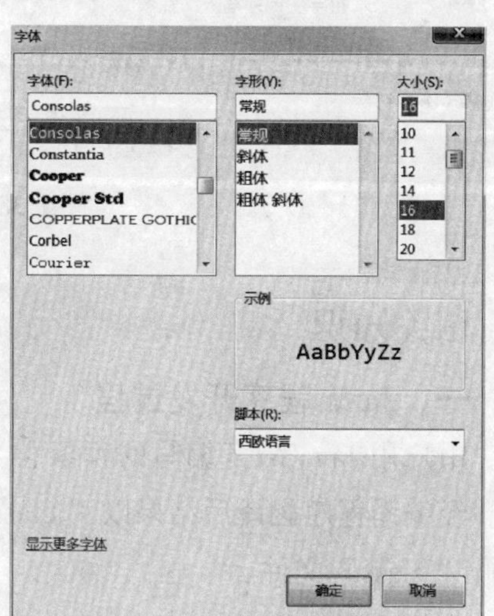


图 1-34　外观设置对话框

图 1-35　字体设置对话框

（2）编辑程序如图 1-36 所示。

```java
public class Menu {

    public static void main(String[] args) {
        System.out.println("*************学生成绩管理系统*************");
        System.out.println("*****      1.录入学生成绩信息      ******");
        System.out.println("*****      2.显示学生成绩信息      ******");
        System.out.println("*****      3.修改学生成绩信息      ******");
        System.out.println("*****      4.删除学生成绩信息      ******");
        System.out.println("*****      5.将学生成绩写入文件    ******");
        System.out.println("*****      0.退出管理系统         ******");
        System.out.println("****************************************");
        System.out.print("请选择(0~5):");
    }

}
```

图 1-36　编辑程序示意图

（3）单击如图 1-37 所示的按钮，编译并运行程序。

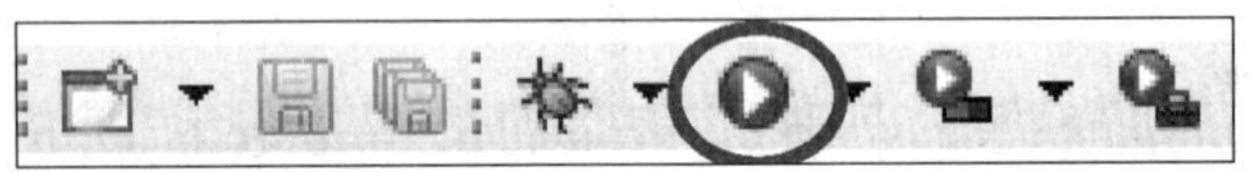

图 1-37　运行命令

运行结果显示在控制面板窗口，如图 1-38 所示。

```
<terminated> Menu [Java Application] C:\Program Files\Java\jre-9.0.1\bin\javaw.exe (2020年3月17日 下午4:04:03)
*************学生成绩管理系统*************
*****      1.录入学生成绩信息      ******
*****      2.显示学生成绩信息      ******
*****      3.修改学生成绩信息      ******
*****      4.删除学生成绩信息      ******
*****      5.将学生成绩写入文件    ******
*****      0.退出管理系统         ******
****************************************
请选择(0~5):
```

图 1-38　控制面板窗口运行结果

## 相关知识

### 一、Java 程序开发过程

用户用 Java 语言编写的程序称为 Java 语言源程序，即文件扩展名为“.java”的文件。经编译程序翻译后结果以“.class”作为扩展名，称之为字节码文件。在 Java 平台上运行“.class”文件。

Java 语言：

过程：编辑→编译→解释并执行

文件类型：.java → .class

C 语言：

过程：编辑→编译→连接→运行

文件类型：.c → .obj → .exe

## 二、Java 程序开发工具

本教材使用 JDK 和 Eclipse 作为开发工具，实现 Java 语言程序的编辑、编译、解释并执行。除此以外，Java 的集成开发环境还有 JBuilder、MyEclipse、NetBeans、JCreator 等。

# 任务训练

把以下题目代码输入 Eclipse 中，运行出正确的结果。

（1）编写代码，实现在显示器上输出“Hello World！ 我的第一个 Java 程序！”。

参考代码：

```
public class Test1 {
    public static void main(String[] args) {
        System.out.println("Hello World！ 我的第一个 Java 程序！ \n");
    }
}
```

（2）在 Eclipse 中编写代码，并运行输出以下信息。

```
****** 学生成绩管理系统 ******
*        1. 查询学生成绩         *
*        2. 增加学生成绩         *
*        3. 删除学生成绩         *
*        4. 修改学生成绩         *
*        5.     退出            *
```

参考代码：

```
public class Test2 {
    public static void main(String[] args) {
        System.out.println("****** 学生成绩管理系统 ******");
        System.out.println("*        1. 查询学生成绩         *");
        System.out.println("*        2. 增加学生成绩         *");
        System.out.println("*        3. 删除学生成绩         *");
        System.out.println("*        4. 修改学生成绩         *");
        System.out.println("*        5.     退出            *");
    }
}
```

## 拓展提高

### 一、JDK 简介

JDK，即 Java Development Kit，是 Java 开发的核心，它包括 Java 运行环境（Java Runtime Environment），一组建立、测试 Java 程序的实用程序以及 Java 基础类库。Java 运行环境是可以运行、测试 Java 程序的平台，它包括 Java 虚拟机、Java 平台核心类和支持文件。Java 基础类库包括语言结构类、基本图形类、网络类和文件 I/O 类。

JDK 由 Sun 公司发布，它的实用程序工具库提供了强大的程序编译和执行功能，其主要程序包括：

javac：Java 语言编译程序，用于将 Java 源程序编译成 Java 字节码。

java：Java 字节码解释器，用于运行 Java 程序。

javah：从 Java 类生成 C 语言头文件和 C 语言源文件，使 Java 和 C 代码可以进行交互。

javap：将字节码分解还原成源文件，显示类文件中的可访问功能和数据。

javadoc：Java API 文档生成器，可以从 Java 源文件生成帮助文档。

jdp：Java 调试器，可以逐行执行 Java 程序、设置断点和检查变量，是查找程序错误的有效工具。

### 二、Eclipse 简介

Eclipse，中文翻译为日食或月食。在这里，Eclipse 是一个开放源代码的、基于 Java 的可扩展开发平台。Eclipse 附带一个标准的插件集，包括 Java 开发工具（Java Development Kit，JDK）。

Eclipse 是著名的跨平台的自由集成开发环境（IDE），最初主要用来 Java 语言开发。通过安装不同的插件，Eclipse 可以支持不同的计算机语言，比如 C++ 和 Python 等开发语言。Eclipse 本身只是一个框架平台，但是支持众多插件的 Eclipse 比其他功能更为单一、固定的 IDE 缺少灵活性。许多软件开发商以 Eclipse 为框架开发自己的 IDE。

### 三、MyEclipse 简介

MyEclipse 企业级工作平台（MyEclipse Enterprise Workbench，简称 MyEclipse）是对 Eclipse IDE 的扩展，使用它可以在数据库、J2EE 的开发和发布以及应用程序服务器的整合方面极大地提高工作效率。它是功能丰富的 J2EE 集成开发环境，包括完备的编码、调试、测试和发布功能。MyEclipse 的功能非常强大，支持也十分广泛，尤其是对各种开源产品的支持非常不错。MyEclipse 目前支持 Java Servlet、AJAX、JSP、JSF、Struts、Spring、Hibernate、EJB3、JDBC 数据库链接工具等多项功能，可以说，MyEclipse 是几乎囊括了目前所有主流开源产品的专属 Eclipse 开发工具。

### 四、JBuilder 简介

JBuilder 是 Borland 公司开发的针对 Java 的开发工具，使用 JBuilder 可以快速、有效地开发各类 Java 应用程序。JBuilder 使用的 JDK 与 Sun 公司标准的 JDK 不同，它经过了较多的修改，以便开发人员能够像开发 Delphi 应用程序那样开发 Java 应用程序。JBuilder 的核心有一部分采用了 VCL 技术，使得程序的条理非常清晰，就算是初学者，也能轻松地看完整个代码。JBuilder 的另一个特点是简化了团队合作，它采用的互联网工作室技术使不同地区，甚至不同国家的人联合开发一个项目成为可能。

### 五、JCreator 简介

JCreator 是一个小巧灵活的 Java 开发工具，它可将 Java 程序的编写、编译、运行和调试集成到该软件自身的环境中直接进行，且无须对系统进行环境变量的设置。用户可以直接在 JCreator 中编辑 Java 源文件，选择相应的菜单和单击相关的命令按钮就可以完成 Java 程序的编译和运行等工作，十分方便。JCreator 由于集成了对 Java 程序的编辑、编译、运行和调试，因此又被称为 IDE（Integration Developer Environment，集成开发环境）。

### 六、NetBeans 简介

NetBeans 由 Sun 公司在 2000 年创立，其源代码开放且免费，是一个全功能的开放源码 Java IDE，可以帮助开发人员编写、编译、调试和部署 Java 应用，并将版本控制和 XML 编辑融入其众多功能之中。NetBeans 当前可以在 Solaris、Windows、Linux 和 Macintosh OS X 平台上进行开发，并在 SPL（Sun 公用许可）范围内使用。NetBeans 包括开源的开发环境和应用平台，NetBeans IDE 可以使开发人员利用 Java 平台建立桌面应用、企业级应用、Web 开发和 Java 移动应用程序开发、C/C++，甚至 Ruby。

## 任务小结

本任务的任务 1.1 主要介绍了 Java 语言的发展和特点，通过具体的程序实例剖析了 Java 程序的构成和书写格式，使学生初步了解和掌握 Java 语言及程序的基本知识。任务 1.2 中详细介绍了 Java 语言程序的开发工具 JDK 及 Eclipse 的用法，包括文件的创建、编辑、编译和解释运行几个过程。通过任务一的完整实现，学生能够掌握该开发工具的用法，并能够熟练地进行 Java 语言程序的编辑、编译和运行。

## 习题与实训

### 一、选择题

1. 一个 Java 语言程序是由（　　）组成的。

A. 主程序　　B. 子程序　　C. 类　　D. 过程

2. 下面（　　）是 JDK 中的 Java 运行工具。

A. javadoc　　B. javam　　C. java　　D. javar

3. 用于将 Java 源代码文件编译成字节码的编译程序是（　　）。

A. javac　　B. java　　C. jdb　　D. javah

4. 在 Java 语言中，下面列出的符号用于语句结束的是（　　）。

A. 逗号　　B. 句号　　C. 冒号　　D. 分号

5. Java 应用程序的入口方法是（　　）。

A. start()　　B. init()　　C. paint()　　D. main()

6. 下面不属于 Java 语言的特点的是（　　）。

A. Java 语言具有可移植性　　B. Java 语言是一种面向对象程序设计语言

C. Java 语言适合底层开发　　D. Java 语言是一种高级语言

7. 下面关于程序的说法中，（　　）是正确的。

A. 程序是指由二进制 0 和 1 构成的代码

B. 程序就是人与计算机进行“交流”的语言

C. 将需要计算机完成的工作写成一种形式化的指令，而这些单个的指令就是“程序”

D. 程序设计形式是一致的

8. 下面关于注释的说明中，（　　）是正确的。

A. 在执行程序时，注释会导致计算机在屏幕上显示“/*”和“*/”之间的内容

B. 注释不可以分多行来写

C. 注释会增加程序代码的长度，也会增加目标代码的长度

D. 在程序中添加注释可以增强代码的可读性，应该鼓励多写注释

## 二、编程题

1. 编写代码，输出以下信息：“我编写的第一个 Java 语言小程序！”

2. 编写代码，实现在显示器上输出以下信息：

```
################################################
#                                              #
#          欢迎使用【银行储蓄平台系统】          #
#                                              #
################################################
```

# 任务二

# 学生成绩管理系统的输入输出与评定设计

【任务目标】

1. 了解Java语言中常用数据类型；
2. 掌握标识符的命名原则；
3. 掌握变量定义的语法规则；
4. 理解变量的赋值方法；
5. 掌握数据输入和输出方法；
6. 理解顺序结构程序设计思想。

【任务简介】

本任务是学生成绩管理系统中有关数据使用的第一个任务，功能是通过数据定义描述一名学生成绩的相关信息，并能使用Java语言程序设计实现该名学生成绩信息的输入与输出。在完成任务的过程中，学生能够掌握常量、变量、数据类型、输入和输出方法等知识。

## 任务2.1　一名学生成绩信息描述及输入和输出

### 任务描述

刘磊是山东理工职业学院软件工程学院软件技术专业的一名学生，刚刚接触“Java语言编程基础”这门课程。他想将自己的信息和成绩（学号：10101；性别：male；数据库原理与应用：86；网页设计：91；Java程序设计基础：78；体育：69；是否住校：是）从键盘存储到电脑中，如何实现呢？

## 任务分析

要想将刘磊的成绩等有关信息通过 Java 程序存储到电脑中，首先要定义好接收数据的变量，然后通过键盘输入的方式把数据存放到变量中。这是一种解决简单任务的常用方法，适合于已经知道具体数据信息的情况。那么，如何定义变量呢？如何将已经知道的信息和成绩从键盘赋值给变量呢？又如何将信息以一定的格式显示在计算机屏幕上呢？操作步骤如下：

步骤一：定义存放学号、性别、sql、webdesign、java、gym 成绩的变量。

步骤二：通过 Scanner 类为定义的各个变量赋值。

步骤三：将学生信息输出到计算机屏幕。

## 任务实施

我们在 Java 语言环境下可输入如下代码段来完成这名同学的成绩描述：

```
import java.util.Scanner;
public class StuScore {
    public static void main(String args[]) {
        int no; // 定义学号 no 为整型变量
        String name; // 定义学生的姓名
        String sex; // 定义性别 sex 为字符串型变量
        float sql, webdesign; // 定义四门课程的成绩为实型变量
        double java, gym;
        boolean zx;
        Scanner sc = new Scanner(System.in);    // 定义 Scanner 类的对象
        no = sc.nextInt(); // 为各变量赋值
        name=sc.next();
        sex = sc.next();
        sql = sc.nextFloat();
        webdesign = sc.nextFloat();
        java = sc.nextDouble();
        gym = sc.nextDouble();
        zx=sc.nextBoolean();
        System.out.println(name + " 的学号：" + no + ", 性别：" + sex + ", sql 成绩：" + sql+ ", 网页
        设计成绩：" + webdesign+ ", Java 成绩：" + java+ ", 体育成绩：" + gym+ ", 是否住校：" + zx);
    }
}
```

## 相关知识

### 一、Java 的注释与分句

Java 有三种注释形式：

（1）“//” 单行注释。表示从此向后，直到行尾都是注释。

（2）“/*……*/” 注释。表示在 “/*” 和 “*/” 之间都是注释，块注释不能嵌套。

（3）“/**……*/” 注释。表示所有在 “/**” 和 “*/” 之间的内容可以用来自动形成文档（用 javadoc.exe 可以生成文档注释）。

Java 的每句话以 “;”（英文输入法下的分号）作为结束。

### 二、Java 标识符

Java 关键字和标识符

所谓标识符，是指常量、变量、方法、对象和类的名称。标识符必须满足以下规则：

（1）硬性规定：

①组成：标识符只能由英文字母、数字、下划线、美元符号（$）组成。

②开头：标识符只能由英文字母、下划线、美元符号（$）开头。

③不重名：不和关键字重名。

（2）软性规定：

标识符命名应直观易读，尽量做到“见名识意”。

**【注意】**

（1）标识符对大小写敏感，因此大小写字母代表不同的标识符。

（2）标识符内不允许有空格。

（3）由于 Java 语言采用 Unicode 编码作为字符的内部字节码，一个字符用 2 个字节表示，因此 Java 字符不仅包括 26 个英文字母，还包括很多非英语系国家的语言文字（如汉字），如标识符“my 名字”合法。

### 三、数据类型

Java 语言数据类型可分为基本数据类型、引用数据类型两大类。

1. 基本数据类型

基本数据类型

基本数据类型包括 8 种：布尔型（boolean）、字节型（byte）、字符型（char）、短整型（short）、整型（int）、长整型（long）、浮点型（float）和双精度型（double）。

其中，char 数据类型可以存储 16 位 Unicode 字符，可容纳各国字符集。Unicode 范围为 ‘\u0000’ 到 ‘ufff’，整数范围为 0～65535。例如，65 代表 ‘A’，97 代表 ‘a’。

2. 引用数据类型

引用数据类型包括 3 类：类（class）、接口（interface）和数组（array）。

表 2-1 列出了各数据类型取值的数据范围和占用的内存空间。

表 2-1 基本数据类型

| 名称 | | 关键字 | 字节数 | 取值范围 | 默认值 |
|---|---|---|---|---|---|
| 整数类型 | 字节型 | byte | 1 个字节（8 位） | −128～127 | 0 |
| | 短整型 | short | 2 个字节（16 位） | $-2^{15}\sim2^{15}-1$ | 0 |
| | 整型 | int | 4 个字节（32 位） | $-2^{31}\sim2^{31}-1$ | 0 |
| | 长整型 | long | 8 个字节（64 位） | −263～263−1 | 0 |
| 浮点类型 | 浮点型 | float | 4 个字节（32 位） | 1.4013E−45～3.4028E+38 | 0.0F |
| | 双精度型 | double | 8 个字节（64 位） | 4.9E−324～1.7977E+308 | 0.0D |
| 字符型 | | char | 2 个字节（16 位） | 0～65535 | '\u0000' |
| 布尔型 | | boolean | 1 个字节（8 位） | true,false | false |

## 四、常量和变量

常量与变量

1. 常量

常量是在程序运行过程中类型和值都保持不变的量。表 2-2 列出了四类常量的取值类型和注意事项。

表 2-2 不同数据类型的常量

| 不同数据类型的常量 | 常量取值举例 | 注意事项 |
|---|---|---|
| 布尔常量 | true,false | 不加单引号或双引号 |
| 整型常量 | 025（八进制）、0X23（十六进制）、129L（长整型） | 0 表示八进制<br>0x、0X 表示十六进制<br>l、L 表示长整型 |
| 浮点型常量 | 12.45、123e3、12.3F、34.5D | e 或 E 表示科学计数法<br>f 或 F 表示 float 类型<br>d 或 D 表示 double 类型 |
| 字符常量 | 'H'、'9'、'$' | 单引号括起来 |

其中，字符常量可以取值为转义字符。转义字符是一些具有特殊含义和功能的字符，如执行回车、换行等操作。Java 中所有转义字符都用反斜杠（\）开头，后边的字符表达特殊含义，见表 2-3。

表 2-3 转义字符

| 转义字符 | 字符功能 |
|---|---|
| \n | 回车换行 |
| \t | 横向跳到下一制表位置 |
| \b | 退格 |

续前表

| 转义字符 | 字符功能 |
|---|---|
| \r | 回车 |
| \f | 走纸换页 |
| \\ | 反斜杠符 |
| \' | 单引号符 |
| \" | 双引号符 |

2．变量

变量是在程序执行过程中其值可以变化的量。变量遵循“先定义后使用”的原则。

变量定义格式：

类型 变量名 1[, 变量名 2,...]

说明：变量具有三个要素，即名称、类型和变量值；方括号内是可选项，可以同时声明多个类型相同的变量，它们之间需要用逗号分隔。

例如：int a,b,c,d;  // 定义 a,b,c,d 四个变量。

**【例 2.1】** 定义 8 种类型变量。

```
public class Exp21{
  public static void main(String[] args){
  boolean  poli_flag;
  char sex;
  byte btname;
  int age;
  float salary;
  double tax;
  short height;
  long weight;
  }
}
```

3．变量赋初值

在 Java 语言中，所有变量必须先声明再使用。被声明为 final 的变量在声明的同时必须给出初值。Java 语言中变量赋初值的方式有如下两种：

（1）在变量定义时赋初值：

```
int a=1,b=2,c=3;
```

（2）先定义变量，然后在程序执行过程中赋初值：

```
int a,b,c;
 a=1;
 b=2;
 c=3;
```

## 任务训练

（1）编写代码，求两个实型变量的和。

参考代码：

```
public class Test1 {
    public static void main(String[] args) {
        float a=12,b=15,s;
        s=a+b;
        System.out.println(" 两个实型变量的和为："+s);
    }
}
```

（2）编写代码，实现小写字母 a、b 分别转换为大写字母 A、B。

参考代码：

```
public class Test2 {
    public static void main(String[] args) {
        char m,n;
        m='a'-32;
        n='b'-32;
        System.out.println(" 小写字母 a,b 分别转换为大写字母："+m+","+n);
    }
}
```

（3）编写代码，实现输入圆的半径、输出圆的周长和面积。

提示：程序需要设置变量 r 表示圆的半径、变量 C 表示圆的周长、变量 S 表示圆的面积；常量 PI，值为 3.14。按照公式 C=2*3.14*r 计算圆的周长，公式 S=3.14*r*r 计算圆的面积。

参考代码：

```
import java.util.Scanner;
public class Test3 {
    public static void main(String[] args) {
        double r,C,S;
        final double PI=3.14;
        Scanner sc=new Scanner(System.in);
        r=sc.nextDouble();
        System.out.println("r="+r);
        C=2*PI*r;
        S=PI*r*r;
        System.out.println(" 圆的周长为："+C);
```

```
            System.out.println(" 圆的面积为："+S);
    }
}
```

## 拓展提高

数据类型的转换

### 一、数据类型转换

1．自然转换

关于不同数据类型的转换，按照字节数少的类型自动转换成字节数多的数据类型，自然转换规则如图 2-1 所示。

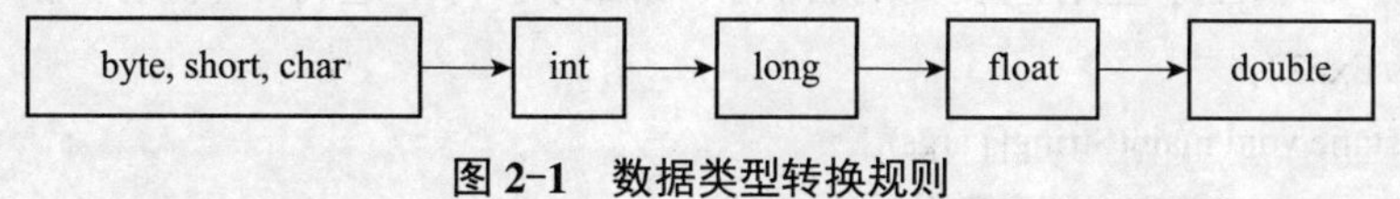


图 2-1　数据类型转换规则

精度不同的两种类型的数据进行运算时，低精度类型数据自动转换为相应的高精度类型数据。

例如：

```
int i='a';
long j=i;
```

从 char 型转换到 int 型，从 int 型转换到 long 型，都是机器可以自动执行的，不用做任何处理，系统会自动将值转换为对应的类型。

2．强制转换

当高精度类型数据向低精度类型数据转换时，需要使用强制类型转换，转换格式如下：

（低精度类型）高精度数据

例如：

```
double a=3.14;
float b=(float)a;
```

### 二、包装类及其转换方法

包装类

在 Java 中，各种基本类型均有默认值，并且每个基本类型对应有一个“包装类”。除了 int 和 char 以外，包装类的名称就是将对应基本数据类型的首字母转换成大写字母，可以使用这些包装类的方法将字符串转换为各种基本类型。包装类和基本类型的转换见表 2-4。

表 2-4　包装类和基本类型的转换

| 基本类型 | 包装类 | 转换方法 |
| --- | --- | --- |
| boolean | Boolean | Boolean.parseBoolean（数字字符串） |

续前表

| 基本类型 | 包装类 | 转换方法 |
| --- | --- | --- |
| byte | Byte | Byte.parseByte（数字字符串） |
| short | Short | Short.parseShort（数字字符串） |
| char | Character | 没有对应的 parse 方法 |
| int | Integer | Integer.parseInt（数字字符串） |
| long | Long | Long.parseLong（数字字符串） |
| float | Float | Float.parseFloat（数字字符串） |
| double | Double | Double.parseDouble（数字字符串） |

【例 2.2】 如下程序应用包装类的各转换方法对字符串进行了转换并输出。

```
public class Exp22{
    public static void main(String[] args) {
        String str="123";//123 为字符串型
        Boolean a1=Boolean.parseBoolean(str);
        System.out.println(a1);
        Byte a2=Byte.parseByte(str);
        System.out.println(a2);
        short a3=Short.parseShort(str);
        System.out.println(a3);
        int a4=Integer.parseInt(str);
        System.out.println(a4);
        long a5=Long.parseLong(str);
        System.out.println(a5);
        float a6=Float.parseFloat(str);
        System.out.println(a6);
        double a7=Double.parseDouble(str);
        System.out.println(a7);
    }
}
```

输出结果为：

```
false
123
123
123
123
123.0
123.0
```

## 任务 2.2　一名学生四门课程成绩的统计与评定

### 任务描述

根据任务 2.1，一名学生分别有四门课程的成绩，本任务要求计算学生四门课程成绩的平均分，并输出评语：平均分在 90 分（含）与 100 分之间为优秀，80 分（含）与 90 分之间为良好，60 分（含）与 80 分之间为及格，60 分以下为不及格。

### 任务分析

步骤一：计算四门课程的平均分。

步骤二：进行成绩评定时，先判断平均分在哪个分数段，然后根据不同情况选择给出评语，这时需要用到 if...else 选择结构。

### 任务实施

编辑程序：

```
import java.util.Scanner;
public class StuScore {
    public static void main(String args[]) {
        int no; // 定义学号 no 为整型变量
        String name; // 定义姓名 name 为字符串型变量
        float sql, webdesign; // 定义四门课程的成绩为实型变量
        double java, gym;
        double average;
        Scanner sc = new Scanner(System.in); // 定义 Scanner 类的对象
        System.out.println(" 请输入您的学号 ");
        no = sc.nextInt(); // 为各变量赋值
        System.out.println(" 请输入您姓名 ");
        name = sc.next();
        System.out.println(" 请输入 sql 成绩 ");
        sql = sc.nextFloat();
        System.out.println(" 请输入网页设计成绩 ");
        webdesign = sc.nextFloat();
        System.out.println(" 请输入 java 成绩 ");
        java = sc.nextDouble();
        System.out.println(" 请输入体育成绩 ");
        gym = sc.nextDouble();
```

```
        average = (sql + webdesign + java + gym) / 4; // 计算平均成绩
        System.out.println(" 该生的平均分是：" + average);
        System.out.println(" 输出评语：");
        if (average >= 90) {
            System.out.println(" 优秀 ");
        } else if (average >= 80) {
            System.out.println(" 良好 ");
        } else if (average >= 60) {
            System.out.println(" 及格 ");
        } else {
            System.out.println(" 不及格 ");
        }
    }
}
```

运行结果如图 2-2 所示。

```
请输入您的学号
0609101102
请输入您姓名
蔡文静
请输入sql成绩
78
请输入网页设计成绩
89
请输入java成绩
78
请输入体育成绩
90
该生的平均分是：83.75
输出评语：
良好
```

图 2-2　任务 2.2 输出结果

## 相关知识

### 一、Scanner 类和键盘输入

基本输入与输出

Scanner 类是 Java 类库中提供的一个类，当程序需要从键盘获取用户输入的命令或数据时，可以通过 Scanner 类方便地获取用户输入。通过 Scanner 类获取用户输入时，控制面板会一直等待用户的输入，直到用户敲回车键结束，这时所输入的内容传给 Scanner 类。之后程序要从 Scanner 类获取输入的内容，则只需要调用 Scanner 类的方法即可。

1. Scanner 类的初始化

声明一个 Scanner 变量，并用 new 运算符实例化 Scanner。实例化 Scanner 时，需要传入 System.in 对象，Scanner 通过传入的 System.in 获取使用者输入，并对使用者输入的

内容进行处理，屏蔽了获取用户输入的复杂操作。例如：

```
Scanner scan=new Scanner(System.in);
```

2．Scanner 类的方法

Scanner 类提供了多种方法，用于读取从键盘中输入的数据，见表 2-5。

**表 2-5　Scanner 对象读取指定数据的方法**

| 方法名 | 说明 |
|---|---|
| nextByte() | 读取 byte 类型 |
| nextShort() | 读取 short 类型 |
| nextInt() | 读取 int 类型 |
| nextLong() | 读取 long 类型 |
| nextFloat() | 读取 float 类型 |
| nextDouble() | 读取 double 类型 |
| nextBoolean() | 读取 boolean 类型 |
| nextLine() | 读取一行的值 |

## 二、流程控制之选择（分支）结构

Java 程序由若干条语句组成，每句以“;”号（英文状态分号）结束，多条语句用“{}”号括起来。

流程控制结构一般由顺序结构、选择（分支）结构和循环结构三种组成。一般多条语句按照语句的先后顺序逐条执行。

选择结构有四种形式：简单 if 语句、if...else 语句、if 语句多分支结构、switch 语句。

1．简单 if 语句

格式：

```
if( 表达式 )
   语句块
```

**if 语句**

语义：如果表达式的值为真，则执行其后的语句，否则不执行该语句。

**【例 2.3】** 将两个数中较大的显示在屏幕上。

```
public class Exp23{
    public static void main(String args[]) {
        float  a, b;                    // 定义两个变量 a、b
        a=4;
        b=12;
        if(a>b)
           System.out.println("The bigger num is"+a); // 输出两个变量中较大的值
        if(a<=b)
           System.out.println("The bigger num is"+b); // 输出两个变量中较大的值
```

```
    }
}
```

【运行结果】

```
The bigger num is 12
```

2. if...else 语句

格式：

```
if( 表达式 )
    语句块 1
else
    语句块 2
```

语义：如果表达式的值为真，则执行语句 1，否则执行语句 2。

**【例 2.4】** 将两个数中较大的显示在屏幕上。

```
public class Exp24{
    public static void main(String args[]) {
        float  a, b;                    // 定义两个变量 a、b
        a=4;
        b=12;
        if(a>b)
         System.out.println("The bigger num is"+a); // 输出两个变量中较大的值
        else
         System.out.println("The bigger num is"+b); // 输出两个变量中较大的值
    }
}
```

【运行结果】

```
The bigger num is 12
```

3. if 语句多分支结构

格式：

```
if( 表达式 1)
    语句块 1
else if( 表达式 2)
    语句块 2
else if( 表达式 3)
    语句块 3
…
else if( 表达式 n)
    语句块 n
else
    语句块 n+1
```

语义：依次判断表达式的值，当出现某个表达式的值为真时，则执行其对应的语句，然后跳到整个 if 语句之外继续执行程序。如果所有的表达式均为假，则执行语句 n+1，然后继续执行后续程序。

**【例 2.5】** 从键盘输入字符，判别该字符的类别。

```
import java.io.IOException;
import java.util.Scanner;
public class Exp25{
    public static void main(String args[]) throws IOException {
        char c;
        Scanner sc = new Scanner(System.in);// 定义 Scanner 类的对象
        System.out.println("input a character:");
        c = (char) System.in.read();// System.in.read() 从键盘获取输入一个字符
        if (c < 32)
            System.out.println("This is a control character");
        else if (c >= '0' && c <= '9')
            System.out.println("This is a digit");
        else if (c >= 'A' && c <= 'Z')
            System.out.println("This is a capital letter");
        else if (c >= 'a' && c <= 'z')
            System.out.println("This is a small letter");
        else
            System.out.println("This is another character");
    }
}
```

可以根据输入字符的 ASCII 码来判别类型。由 ASCII 码表可知，ASCII 码值在“0”和“9”之间的为数字，在“A”和“Z”之间的为大写字母，在“a”和“z”之间的为小写字母，小于 32 的为控制字符，其余则为其他字符。这是一个多分支选择的问题，用 if-else-if 语句编程，判断输入字符 ASCII 码值所在的范围，并分别给出不同的输出。

switch 语句

4．switch 语句

格式：

```
switch( 表达式 ){
  case 常量表达式 1:
      语句块 1
      break;
  case 常量表达式 2:
      语句块 2
      break;
```

```
    …
    case 常量表达式 n:
        语句块 n
        break;
    default:
        语句块 n+1
}
```

表达式的类型应为 byte、short、int，语句中的 default 语句可以省略。执行 switch 语句，先计算表达式，将表达式的值与各个常量表达式的值进行比较，若与某个表达式相等，就执行后面的语句。若省略掉 break 语句，则会一直按顺序执行下去，直到遇到 break 或者语句的结束标志“}”。

**【例 2.6】** 将本任务中的 if...else 结构转换为 switch 结构，并观察运行结果。

```
import java.util.Scanner;
public class Exp26{
    public static void main(String args[]) {
        int no; // 定义学号 no 为整型变量
        String name; // 定义姓名为字符串型变量
        float sql, webdesign; // 定义四门课程的成绩为实型变量
        double java, gym;
        double average;
        Scanner sc = new Scanner(System.in); // 定义 Scanner 类的对象
        System.out.println(" 请输入您的学号 ");
        no = sc.nextInt(); // 为各变量赋值
        System.out.println(" 请输入您姓名 ");
        name = sc.next();
        System.out.println(" 请输入 sql 成绩 ");
        sql = sc.nextFloat();
        System.out.println(" 请输入网页设计成绩 ");
        webdesign = sc.nextFloat();
        System.out.println(" 请输入 java 成绩 ");
        java = sc.nextDouble();
        System.out.println(" 请输入体育成绩 ");
        gym = sc.nextDouble();
        average = (sql + webdesign + java + gym) / 4; // 计算平均成绩
        System.out.println(" 该生的平均分是： " + average);
        System.out.println(" 输出评语： ");
        int flag = (int) average / 10; // 强制类型转换
        switch (flag) {
        case 9:
```

```
                System.out.println(" 优秀 ");
                break;
            case 8:
                System.out.println(" 良好 ");
                break;
            case 7:
                System.out.println(" 及格 ");
                break;
            case 6:
                System.out.println(" 及格 ");
                break;
            default:
                System.out.println(" 不及格 ");
            }
        }
    }
```

5．使用 if 语句时应注意的问题

在三种形式的 if 语句中，if 关键字之后均为表达式。该表达式通常是逻辑表达式或关系表达式，但也可以是其他表达式，如赋值表达式等，甚至可以是一个变量，只要表达式的值为非 0，即为“真”。

例如：if(a=2) 语句；　　　// 合法

　　　if(b) 语句；　　　　// 合法

在“if(a=2) 语句；”中，表达式的值永远为真，所以其后的语句总要执行，当然这种情况不一定在程序中出现，但在语法上是合法的。

例如：

```
if(a=b)
System.out.println(a);
else
System.out.println("a=0");
```

本语句的语义是，把 b 值赋予 a，如为非 0 则输出该值，否则输出字符串“a=0”。

在 if 语句中，条件判断表达式必须用圆括号 () 括起来，在语句之后必须加分号。

在 if 语句的三种形式中，所有语句应为单个语句，如果要想在满足条件时执行多个语句，则必须把这一组语句用 {} 括起来组成一个复合语句。但要注意的是在“}”之后不能再加分号。

例如：

```
if(a>b)
{ a++;
```

```
        b++;}
    else
    { a=0;
        b=10;}
```

## 三、算术运算符和表达式

算术运算符和表达式

1. 基本的算术运算符

（1）加法运算符“+”：双目运算符，即应有两个量参与加法运算，如 m+n、2+3 等，具有左结合性。

（2）减法运算符“-”：双目运算符。但“-”也可作负值运算符，此时为单目运算符，如 -x、-5 等，具有左结合性。

（3）乘法运算符“*”：双目运算符，具有左结合性。

（4）除法运算符“/”：双目运算符，具有左结合性。参与运算的两个量均为整型时，结果也为整型，舍去小数。

（5）求余运算符（模运算符）“%”：双目运算符，具有左结合性。要求参与运算的量均为整型。求余运算的结果等于两数相除后的余数。

2. 复合的赋值运算符

在赋值符“=”之前加上其他二目运算符可构成复合赋值符。例如：+=，-=，*=，/=，%=，<<=，>>=，&=，^=，|=。

构成复合赋值表达式的一般形式为：

变量　双目运算符 = 表达式

它等价于：变量 = 变量 运算符 表达式

例如：a+=2　　　　等价于 a=a+2

　　　x*=y+3　　　等价于 x=x*(y+3)

　　　m%=n　　　　等价于 m=m%n

**【注意】**复合赋值符这种写法，对初学者来说可能不习惯，但十分有利于编译处理，能提高编译效率并产生质量较高的目标代码。

## 任务训练

（1）输入三个数 a、b、c，要求按由小到大的顺序输出。

参考代码：

```
import java.util.Scanner;
public class Test1{
    public static void main(String[] args) {
        int a,b,c,temp;
        Scanner sc=new Scanner(System.in);
```

```
        a=sc.nextInt();
        b=sc.nextInt();
        c=sc.nextInt();
        if(a>b)
        {
            temp=a;
            a=b;
            b=temp;
        }
        if(a>c)
        {
            temp=a;
            a=c;
            c=temp;
        }
        if(b>c)
        {
            temp=b;
            b=c;
            c=temp;
        }
        System.out.println(" 按从小到大的顺序输出为："+a+","+b+","+c);
    }
}
```

（2）编写程序，输入一个整数，打印出它是奇数还是偶数。

参考代码：

```
import java.util.Scanner;
public class Test2 {
    public static void main(String[] args) {
        int m;
        Scanner sc=new Scanner(System.in);
        m=sc.nextInt();
        if(m%2==0)
            System.out.println(" 这个数是偶数 ");
        else
            System.out.println(" 这个数是奇数 ");
    }
}
```

（3）编写程序，从键盘输入三角形的三边，求三角形的周长和面积并输出。

提示：求解三角形面积的时候需要用到 Math（数学）类的 sqrt（开方）方法。

参考代码：

```
import java.util.Scanner;
public class Test3 {
    public static void main(String[] args) {
      int a,b,c;
      double p,C,S;
      Scanner sc=new Scanner(System.in);
      a=sc.nextInt();
      b=sc.nextInt();
      c=sc.nextInt();
      if(a+b>c&&a+c>b&&b+c>a)
      {
          p=(a+b+c)/2.0;
          S=Math.sqrt(p*(p-a)*(p-b)*(p-c));
          System.out.println(" 三角形的周长为："+(a+b+c));
          System.out.println(" 三角形的面积为："+S);
      }
      else
          System.out.println(" 您输入的三边不能构成三角形！ ");
    }
}
```

## 拓展提高

### 一、Java 的输入与输出

1．输出流（System.out）

最常用的方法：

print()：输出后不换行

println()：输出后换行

例如，下面的代码：

```
System.out.println("Example1!");
System.out.println("Example2!");
```

执行该代码将显示下述输出结果：

```
Example1!
Example2!
```

**【注意】**

（1）print() 或 println() 这两个方法，一次只能输出一项，如果要输出多项，应用

"+" 连接。

（2）如果输出常量表达式的值，应用括号括起来。

例如：System.out.println("3+5="+(3+5));

结果：3+5=8

2．输入流（System.in）

常用方法：

（1）read()。

功能：从键盘接收一个字符，然后返回它的 Unicode 码。

**【例 2.7】** 从键盘读一个字符。

```
import java.io.*;
class Exp27{
    public static void main(String args[])throws IOException {
    int i=System.in.read();
    char ch=(char)i;
    System.out.println(ch) ;
    }
}
```

（2）readLine()。

功能：从键盘接收一行，遇到回车符结束。

使用方法：

BufferedReader in=new BufferedReader(new InputStreamReader(System.in));

String s=in.readLine();

等价于：

InputStreamReader std=new InputStreamReader(System.in);

BufferedReader in=new BufferedReader(std);

String s=in.readLine();

说明：表示由键盘输入的数据作为字节输入流对象被缓冲到字符输入流 in 中，然后由 String 类变量 s 指向缓冲在 in 中的数据。

## 二、其他常用运算符和表达式

1．逻辑运算符及表达式

逻辑运算符

逻辑运算符共三种：逻辑与（&&）、逻辑或（||）和逻辑非（!），其操作数和操作结果都是布尔型的（见表 2-6）。其中，"&&" 和 "||" 是二元运算符，"!" 是一元运算符。

表 2-6　布尔值的逻辑运算表

| a | b | a&&b | a\|\|b | !a |
| --- | --- | --- | --- | --- |
| true | true | true | true | false |
| true | false | false | true | false |
| false | true | false | true | true |
| false | false | false | false | true |

例如：

```
boolean flag;
flag=true;
!(flag);
flag&&true;
```

2. 关系运算符及表达式

关系运算符共六种，有大于（>）、小于（<）、大于等于（>=）、小于等于（<=）、等于（==）、不等于（!=），见表 2-7。关系运算符用于对两个数进行比较，其返回结果是布尔型。关系运算符都是二元运算符。

表 2-7　关系运算符

| 运算符 | 表达式 | 功能 |
| --- | --- | --- |
| > | a>b | 比较 a 是否大于 b |
| < | a<b | 比较 a 是否小于 b |
| >= | a>=b | 比较 a 是否大于等于 b |
| <= | a<=b | 比较 a 是否小于等于 b |
| == | a==b | 比较 a 是否等于 b |
| != | a!=b | 比较 a 是否不等于 b |

例如：

```
int l,m,n;
l>5;
m==0;
n!=-3;
```

3. 位运算符及表达式

计算机中数字都是以二进制形式存储的，位运算符用来对二进制数位进行逻辑运算，操作数只能为整型或字符型数据，结果也是整型数。位运算符有按位非（~）、按位与（&）、按位或（|）、按位异或（^）、左移（<<）、右移（>>）、无符号右移（>>>），见表 2-8。除了“~”是一元运算符外，其他均为二元运算符。

表 2-8　位运算符

| 运算符 | 表达式 | 功能 |
|---|---|---|
| ~ | ~a | 对 a 按位取反 |
| & | a&b | a 和 b 按位与 |
| \| | a\|b | a 和 b 按位或 |
| ^ | a^b | a 和 b 按位异或 |
| << | a<<b | 对 a 按位左移 b 位 |
| >> | a>>b | 对 a 按位右移 b 位 |
| >>> | a>>>b | 对 a 按位右移 b 位，右移时 a 的高位补 0 |

例如，有以下位运算测试程序：

```
public class Test4 {
        public static void main(String[] args) {
            int a=-50,b=11;
            System.out.println("a="+a+","+"b="+b);
            System.out.println("~a="+~a);
            System.out.println("a&b="+(a&b));
            System.out.println("a|b="+(a|b));
            System.out.println("a^b="+(a^b));
            System.out.println("a<<2="+(a<<2));
            System.out.println("a>>2="+(a>>2));
            System.out.println("a>>>3="+(a>>>3));
        }
}
```

4．条件运算符及表达式

条件运算符（?=）是三元运算符。条件运算表达式的一般格式为：

表达式 1 ？ 表达式 2：表达式 3

条件运算符

其运算方法是：先计算“表达式 1”的值，当其结果为 true 时，则将“表达式 2”的值作为整个表达式的值；否则，则将“表达式 3”的值作为整个表达式的值。

例如：

```
int a=1,b=2,max;
max=a>b?a:b;//max 等于 2
```

5．运算符优先级

运算符的优先级

对表达式进行运算时，要按照运算符的优先级顺序从高到低进行，同级的运算则按照从左到右的顺序进行。但也没有必要特意去记忆运算符号的优先级，在编写程序时尽量使用括号是一个很好的习惯，可以产生多种形式的运算次序，便于阅读。表 2-9 列出了 Java 的运算符优先级。

表 2-9　运算符优先级

| 优先级 | 运算符 | 结合性 |
|---|---|---|
| 1 | [] () . , ; | |
| 2 | instanceof ++ -- | 从右到左 |
| 3 | * / % | 从左到右 |
| 4 | + - | 从左到右 |
| 5 | >> << >>> | 从左到右 |
| 6 | < <= > >= | 从左到右 |
| 7 | == != | 从左到右 |
| 8 | & | 从左到右 |
| 9 | ^ | 从左到右 |
| 10 | ! | 从左到右 |
| 11 | && | 从左到右 |
| 12 | \|\| | 从左到右 |
| 13 | ?: | 从右到左 |
| 14 | = += -= *= /= %= | 从右到左 |

## 任务 2.3　多名匿名学生成绩的统计与评定

### 任务描述

在设计成绩管理系统时，我们发现，通常需要完成输入多个学生信息的功能，那么如何同时输入多个学生的信息呢？在任务 2.2 的基础上，我们尝试通过循环结构完成从键盘输入五个学生四门课程的成绩，并且计算平均分，按照任务 2.2 的评定标准输出评语。

### 任务分析

在任务 2.2 中，学生的成绩有四门，用四个不同的变量进行了存储。如果学生人数较多，程序就会出现大量的重复操作，显得烦琐。因此我们引入循环结构，尝试利用循环结构将任务 2.2 中输入学生信息、成绩、成绩评定的部分放入循环体，这样使得程序简洁许多，同时也实现了多名学生成绩的统计与评定。

### 任务实施

编辑程序：

```
import java.util.Scanner;
public class StuScore {
```

```
public static void main(String args[]) {
    int no; // 定义学号 no 为整型变量
    String name; // 定义姓名 name 为字符串型变量
    float sql, webdesign; // 定义四门课程的成绩为实型变量
    double java, gym;
    double average;
    Scanner sc = new Scanner(System.in); // 定义 Scanner 类的对象
    for (int i = 1; i <= 5; i++) {
        System.out.print(" 请输入第 " + i + " 名学生的学号 ");
        no = sc.nextInt(); // 为各变量赋值
        System.out.print(" 请输入第 " + i + " 名学生姓名 ");
        name = sc.next();
        System.out.print(" 请输入第 " + i + " 名学生 sql 成绩 ");
        sql = sc.nextFloat();
        System.out.print(" 请输入第 " + i + " 名学生网页设计成绩 ");
        webdesign = sc.nextFloat();
        System.out.print(" 请输入第 " + i + " 名学生 java 成绩 ");
        java = sc.nextDouble();
        System.out.print(" 请输入第 " + i + " 名学生体育成绩 ");
        gym = sc.nextDouble();
        average = (sql + webdesign + java + gym) / 4; // 计算平均成绩
        System.out.println(" 第 " + i + " 名学生的平均分是: " + average);
        System.out.println(" 第 " + i + " 名学生输出评语: ");
        int flag = (int) average / 10;
        switch (flag) {
        case 9:
            System.out.println(" 优秀 ");
            break;
        case 8:
            System.out.println(" 良好 ");
            break;
        case 7:
            System.out.println(" 及格 ");
            break;
        case 6:
            System.out.println(" 及格 ");
            break;
        default:
            System.out.println(" 不及格 ");
        }
```

```
        }
    }
}
```

运行结果部分截图如图 2-3 所示。

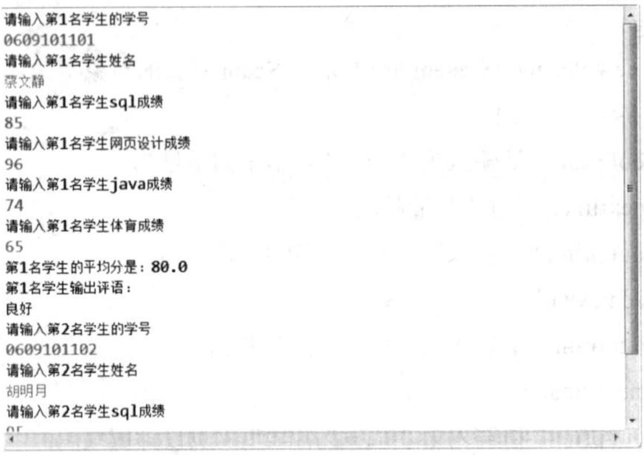

```
请输入第1名学生的学号
0609101101
请输入第1名学生姓名
蔡文静
请输入第1名学生sql成绩
85
请输入第1名学生网页设计成绩
96
请输入第1名学生java成绩
74
请输入第1名学生体育成绩
65
第1名学生的平均分是：80.0
第1名学生输出评语：
良好
请输入第2名学生的学号
0609101102
请输入第2名学生姓名
胡明月
请输入第2名学生sql成绩
```

图 2-3　运行结果图

## 相关知识

### 一、自增、自减运算符

自增运算符记为“++”，其功能是使变量的值增 1。自减运算符记为“--”，其功能是使变量的值减 1。自增、自减运算符均为单目运算，都具有右结合性。可有以下几种形式：

++i　　　i 先自加 1，再参与运算。

--i　　　i 先自减 1，再参与运算。

i++　　　i 参与运算后，i 的值再加 1。

i--　　　i 参与运算后，i 的值再减 1。

当 i++ 和 i-- 出现在较复杂的表达式或语句中时，会难以弄清，因此应仔细分析再去使用。通过下面的例子，可仔细体会每个自增、自减运算符的作用。

**【例 2.8】** 有以下程序段，注意分析每次输出的 i 的值。

```
public class Exp28{
    public static void main(String[] args) {
        int i=6;
        System.out.println("i="+(++i));
        System.out.println("i="+(--i));
        System.out.println("i="+(i++));
        System.out.println("i="+(i--));
        System.out.println("i="+(-i++));
```

```
            System.out.println("i="+(-i--));
        }
    }
```

运行结果如图 2-4 所示。

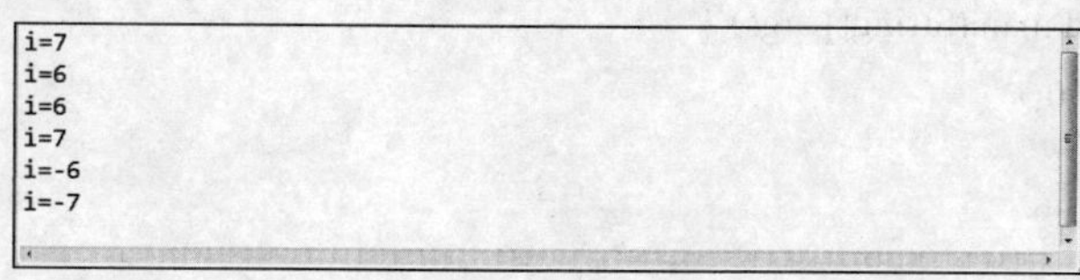


**图 2-4　自增、自减运算符运行结果图**

执行过程：i 的初值为 6，第 1 行 i 加 1 后输出 7；第 2 行减 1 后输出 6；第 3 行输出 i 为 6 之后再加 1（为 7）；第 4 行输出 i 为 7 之后再减 1（为 6）；第 5 行输出 -6 之后再加 1（为 7），第 6 行输出 -7 之后再减 1，i 的最后值为 6。

## 二、循环结构

### 1．while 语句

格式：while( 表达式 ) 语句

其中，表达式为循环条件，语句为循环体。while 语句的语义是：计算表达式的值，当值为真（非 0）时，执行循环体语句。

**while 循环语句与 do-while 循环语句**

**【例 2.9】** 用 while 语句求 1+2+3+4+…+100 的值。

```
public class Exp29 {
    public static void main(String[] args) {
        int i, sum = 0;
        i = 1;
        while (i <= 100) {
            sum = sum + i;
            i++;
        }
        System.out.println("sum=" + sum);
    }
}
```

运行结果：sum=5050

### 2．do-while 语句

```
do-while 语句的一般形式为：
    do{
        语句
    }while( 表达式 );
```

这个循环与 while 循环的区别在于：它先执行循环体，然后再判断表达式是否为真，如果为真，则继续循环；如果为假，则终止循环。因此，do-while 循环至少要执行一次循环体。

【例 2.10】 用 do-while 语句求 1+2+3+4+…+100 的值。

```
public class Exp210 {
    public static void main(String[] args) {
        int i, sum = 0;
        i = 1;
        do{
            sum = sum + i;
            i++;
        }while (i <= 100);
        System.out.println("sum=" + sum);
    }
}
```

运行结果：sum=5050

同样，当有循环体含有多条语句时，要用“{}”把它们括起来。此外，需注意 while() 条件后需要加上“;”。

for 循环语句

3．for 语句

for 语句完全可以取代 while 语句，并且运用起来更加灵活。它的一般形式为：

```
for( 表达式 1; 表达式 2; 表达式 3) {
        循环体语句
}
```

它的执行过程如下：

（1）求解表达式 1。

（2）求解表达式 2，若其值为真（非 0），则执行循环体中的语句，然后执行第（3）步；若其值为假（0），则结束循环，转到第（5）步。

（3）求解表达式 3。

（4）转回上面第（2）步继续执行。

（5）循环结束，执行 for 语句下面的语句。

for 语句最简单的应用形式如下：

```
for( 循环变量赋初值 ; 循环条件 ; 循环变量增量 ) 语句
```

循环变量赋初值用来给循环控制变量赋初值，它是一个赋值语句；循环条件是一个关系表达式，它决定满足什么条件时退出循环；循环变量增量用来定义循环控制变量每循环一次后按什么方式变化。这三个部分之间用“;”隔开。

例如：

```
for(i=1; i<=100; i++) sum=sum+i;
```

先给 i 赋初值 1，然后判断 i 是否小于等于 100，若是则执行语句 sum=sum+i，之后 i 的值加 1。然后再重新判断，直到条件为假，即 i>100 时，结束循环。相当于：

```
i=1;
while(i<=100){
    sum=sum+i;
     i++;}
```

for 循环中语句的一般形式，就是如下的 while 循环形式：

```
表达式 1;
while( 表达式 2)
    { 语句
      表达式 3;}
```

**【注意】**

（1）for 循环中的“表达式 1”“表达式 2”和“表达式 3”都可以缺省，但“;”不能缺省。

（2）省略了“表达式 1”（循环变量赋初值），表示不对循环控制变量赋初值。

（3）省略了“表达式 2”（循环条件），则不做其他处理时便成为死循环。

例如：for(i=1;;i++) sum=sum+i;

相当于：

```
i=1;
while(1)
{sum=sum+i;
 i++;}
```

若循环条件始终为真，则循环会一直执行下去。

（4）省略了“表达式 3”（循环变量增量），可以在循环体中加入修改循环控制变量的语句。

例如：

```
for(i=1;i<=100;)
{sum=sum+i;
i++;}
```

（5）省略了“表达式 1”和“表达式 3”。

例如：

```
for(;i<=100;)
{sum=sum+i;
i++;}
```

相当于：

```
while(i<=100)
{sum=sum+i;
 i++;}
```

（6）三个表达式都可以省略。

例如：for(;;) 语句

相当于：while(1) 语句

（7）表达式 1 也可以是其他表达式。

例如：

```
for(sum=0;i<=100;i++)sum=sum+i;
```

（8）表达式 1 和表达式 3 可以是简单表达式，也可以是逗号表达式。

```
for(sum=0,i=1;i<=100;i++)sum=sum+i;
```

或：

```
for(i=0,j=100;i<=100;i++,j--)k=i+j;
```

## 任务训练

（1）编写程序，输出乘法口诀。

参考代码：

```
public class Test1 {
    public static void main(String[] args) {
     int i, j;
     for(i=1;i<10;i++)
        {
          for(j=1;j<=i;j++)
             System.out.print(i+"*"+j+"="+(i*j)+"  ");
             System.out.println();
        }
    }
}
```

（2）从键盘输入任意个数，直到输入 -1 结束，求正数的个数。

参考代码：

```
import java.util.Scanner;
public class Test2 {
    public static void main(String[] args) {
        int m,i=0;
        do
        { Scanner scan=new Scanner(System.in);
             m=scan.nextInt();
```

```
            if(m!=-1&&m>0)
                { i++;}
        }while(m!=-1);
        System.out.print(" 正数的个数为："+i);
    }
}
```

（3）编写程序，求解百鸡问题：公鸡 5 元 1 只，母鸡 3 元 1 只，小鸡 1 元 3 只，假设 100 元买 100 只鸡，那么其中公鸡、母鸡、小鸡各几只？

提示：根据列数学方程的思路求解，可设公鸡、母鸡和小鸡分别为 x、y、z 只；根据鸡的单价和总钱数可得出 x、y、z 的取值范围；同时还需满足总钱数和总鸡数都为 100 的条件。

参考代码：

```
public class Test3 {
    public static void main(String[] args) {
        int z;
        for(int x=0;x<=20;x++) {
            for(int y=0;y<=33;y++) {
                z=100-x-y;
                if((z%3==0)&&(5*x+3*y+z/3==100))
                    System.out.println(" 公鸡 "+x+" 只，"+" 母鸡 "+y+" 只，"+" 小鸡 "+z+" 只 ");
            }
        }
    }
}
```

（4）编写一个猜数游戏程序：随机给定一个 1～10 之间的被猜整数，从键盘上反复输入整数进行试猜。如果没猜中，会提示数过大或过小，直到所猜次数用完；如果猜中了，会提示试猜的次数。

提示：被猜数可用随机函数来生成（Math 类的 random() 方法）。

参考代码：

```
import java.util.Scanner;
import javax.swing.JOptionPane;
public class Test4{
    public static void main(String[] args) {
    int randomNumber=(int)(Math.random()*10+1); //randomNumber 表示随机生成的被猜数
    int guessNumber=0; //guessNumber 表示用户所猜的数
    boolean flag=false; //flag 表示是否猜中
    int count=0; //count 表示试猜的次数
    while(flag!=true&&count<5) {
```

```
            guessNumber=Integer.parseInt(JOptionPane.showInputDialog(" 请输入整数进行试猜，最多允
            许猜 5 次！ ",new Integer(guessNumber)));
            if(guessNumber>randomNumber) {
                count++;
                System.out.println(" 您输入的数字太大了，请重新输入！ ");
            }
            else if (guessNumber<randomNumber) {
                count++;
                System.out.println(" 您输入的数字太小了，请重新输入！ ");
            }
            else {
                count++;
                System.out.println(" 恭喜您猜对了！ 您共猜了 "+count+" 次。");
                flag=true;
            }
        }
        if (flag!=true&&count==5)
          System.out.println(" 很遗憾！ 您共猜了 "+count+" 次，已经超过了次数限制！ 游戏结束！ ");
    }
}
```

## 拓展提高

### 一、break 语句

**break, continue 和 return 语句**

break：中断、退出，可用于 switch 分支结构和循环结构中。用在 switch 语句中的作用是强制退出 switch 结构，执行 switch 结构后面的语句。用在循环结构中时，作用是强行跳出当前循环，不再执行剩余代码；当有多层循环嵌套，并且 break 语句出现在嵌套循环中的内层循环时，它只能终止内层循环的执行，不会影响外层循环。

例如，有以下程序：

```
for (int i=0; i<10; i++) {
        if (i == 6) {
            break; // 在执行 i==6 时强制终止循环
        }
        System.out.println(i);
}
```

程序的输出结果为：0 1 2 3 4 5，6 以后的不会被输出。

再如，题目要求输出 100 以内的素数，也可以借助 break 语句来实现，参考程序如下：

```
public class Prime {
```

```
public static void main(String[] args) {
        int number,i;
        for(number=2;number<=100;number++) {
            for(i=2;i<number;i++) {
                if(number%i==0)
                    break;
            }
            if(i==number)
                System.out.print(number+"  ");
        }
    }
}
```

### 二、continue 语句

continue：继续，用于停止当次循环，回到循环的起始处，进入下一次循环操作。简单来说，continue 只是中断一次循环的执行而已。

例如，有以下程序：

```
for (int i=0; i<10; i++) {
        if (i == 6) {
            continue; // 中止当前循环，进入下一轮
        }
        System.out.println(i);
}
```

程序的输出结果为：0 1 2 3 4 5 7 8 9，6 没有被输出。

### 三、return 语句

return：返回，表示从当前的方法中退出，返回到调用该方法的语句处，继续执行；或者返回一个值给调用该方法的语句，返回值的数据类型必须与方法声明中的返回值的类型一致。

## 任务 2.4　利用数组改进多名学生成绩的统计与评定

### 任务描述

任务 2.3 对多名学生的信息进行输入和输出，但其中缺少学生的性别信息，而且每个学生的信息都存在于不同的变量中。在本任务中，我们将引入字符串数组实现姓名的定义和处理，同时借助数组实现对多个成绩的存储。本任务是在前面任务的基础上，完善学生的信息描述，实现多名学生信息和多门成绩的输入、统计与输出。

## 任务分析

数组和字符串是使用频度较高的两种数据类型，这两种数据类型的使用将会简化程序的设计。本任务重点解决定义姓名和多门课程成绩的问题。对于姓名变量，以字符串的形式存在，需要引入字符串数组。而在任务 2.3 中，为了方便求总分，学生的每门课成绩都存入了不同的变量中。因为四门课的成绩是类型和属性相同的变量，所以在下面的程序中，我们引入数组进行成绩的存放，实现了数据的批量存储。因此，任务 2.4 在前面任务的基础上，进一步完善了程序的功能，丰富了数据处理方式，实现了批量存储数据。

## 任务实施

（1）编辑程序：

```
import java.util.Scanner;
public class StuScore{
    public static void main(String[] args) {
        int no; // 定义学号 no 为整型变量
        String sex; // 定义性别 sex 为字符串型变量
        // 定义姓名数组并赋初值
        String name[] = { " 刘磊 ", " 胡明月 ", " 乔福建 ", " 王英 ", " 王茜茜 " };
        // 定义四门课程的成绩数组并进行初始化
        float sql[] = new float[5];
        float webdesign[] = new float[5];
        double[] java = new double[5];
        double[] gym;
        gym = new double[5];
        double average;
        Scanner sc = new Scanner(System.in); // 定义 Scanner 类的对象
        for (int i = 0; i <5; i++) {
            //System.out.print(" 请输入第 " + i + " 名学生姓名 ");
            //name[i] = sc.next();
            System.out.print(" 请输入 " + name[i] + " 的学号 ");
            no = sc.nextInt(); // 为各变量赋值
            System.out.print(" 请输入 " + name[i] + " 性别 ");
            sex = sc.next();
            System.out.print(" 请输入 " + name[i] + "sql 成绩 ");
            sql[i] = sc.nextFloat();
            System.out.print(" 请输入 " + name[i] + " 网页设计成绩 ");
            webdesign[i] = sc.nextFloat();
            System.out.print(" 请输入 " + name[i] + "java 成绩 ");
            java[i] = sc.nextDouble();
```

```
            System.out.print(" 请输入 " + name[i] + " 体育成绩 ");
            gym[i] = sc.nextDouble();
            // 计算平均成绩
            average = (sql[i] + webdesign[i] + java[i] + gym[i]) / 4;
            System.out.println(" 请输入 " + name[i] + " 的平均分是： " + average);
            System.out.println(" 请输入 " + name[i] + " 输出评语： ");
            int flag = (int) average / 10;
            switch (flag) {
            case 9:
                System.out.println(" 优秀 ");
                break;
            case 8:
                System.out.println(" 良好 ");
                break;
            case 7:
                System.out.println(" 及格 ");
                break;
            case 6:
                System.out.println(" 及格 ");
                break;
            default:
                System.out.println(" 不及格 ");
            }
        }
    }
}
```

运行结果部分截图如图 2-5 所示。

```
请输入刘磊的学号01
请输入刘磊性别男
请输入刘磊sql成绩86
请输入刘磊网页设计成绩89
请输入刘磊java成绩90
请输入刘磊体育成绩78
请输入刘磊的平均分是：85.75
请输入刘磊输出评语：
良好
请输入胡明月的学号02
请输入胡明月性别男
请输入胡明月sql成绩86
请输入胡明月网页设计成绩89
请输入胡明月java成绩96
请输入胡明月体育成绩78
请输入胡明月的平均分是：87.25
请输入胡明月输出评语：
良好
请输入乔福建的学号03
请输入乔福建性别男
请输入乔福建sql成绩89
请输入乔福建网页设计成绩98
请输入乔福建java成绩78
请输入乔福建体育成绩65
```

图 2-5　任务 2.4 运行结果图

（2）改写程序：

观察上述程序，找到以下两行代码：

```
//System.out.print(" 请输入第 " + i + " 名学生姓名 ");
//name[i] = sc.next();
```

将这两行代码的注释符号去掉，这样可以对数组 name[] 通过键盘进行赋值。

## 相关知识

### 一、一维数组

所谓数组，是指一组有序数据的集合。用统一的数组名称标识这一数组，而用下标指定数组中的元素。数组中的所有元素必须属于同一数据类型。

一维数组

1．一维数组的声明

格式：类型说明符 数组名 [];

或者

类型说明符 [] 数组名;

其中，类型说明符可以是任何一种基本数据类型或构造数据类型，数组名是用户定义的数组标识符。声明数组时，并不为数组分配存储空间，因此不能直接指出数组中元素的个数（即数组长度）。

例如：int a[]; // 声明数组 a

float b[],c[]; // 声明数组 b 和 c

**【注意】**

（1）对于同一个数组，其所有元素的数据类型都相同。

（2）数组下标从 0 开始。可以采用 a[ 下标 ] 的方式进行初始化。例如，a[0]=100。

（3）在声明数组的同时，不能像 C 语言一样给出长度，C 语言做法是：int a[5]，而在 Java 语言中，int a[5] 是错误的。

（4）数组声明中的中括号既可以放在类型说明符后，也可以放在数组名称后。例如，int[] a 和 int a[] 是等价的。

2．一维数组的创建和初始化

（1）用 new 创建数组：

Java 语言使用 new 操作符来创建数组，有两种形式。

形式一：先声明后分配

```
类型 [ ] 数组名 ;
数组名 = new 类型 [ 数组长度 ];
```

例如：

```
int[ ] intArray;                    // 先声明
intArray = new  int[5];              // 后分配
```

形式二：声明时分配

```
类型 [ ] 数组名 =new 类型 [ 数组长度 ];
```

例如：

```
int[ ] intArray= new  int[5]; // 在声明的同时分配空间
```

说明：用 new 分配空间时，必须指明数组的长度（长度确定后不能再改变），同时数组元素会自动赋一个默认值。

（2）用初始化方式创建数组：

数组的初始化方式就是在说明数组的同时为数组元素指定初始值，同时为数组分配相应的内存空间。

格式：

```
类型 数组名 [ ]={ 表达式 1, 表达式 2,…};
类型 [ ] 数组名 ={ 表达式 1, 表达式 2,…};
```

例如：

```
int[ ]  a={1,2,3,4};     // 等价于 int a[ ]={1,2,3,4};
String[] str={"we","are","good"};
```

说明：在创建一维整型数组 a 的同时，a[0]=1，a[1]=2，a[2]=3，a[3]=4，这种方式必须在创建的时候使用。字符串数组同样。

**【例 2.11】** 计算十名同学 Java 成绩的平均数，并查找最高成绩。

```
public class Exp211 {
    public static void main(String[] args) {
        // 数组大小
        int size = 10;
        // 定义数组
        double[] score = new double[size];
        score[0] = 86;
        score[1] = 75;
        score[2] = 69;
        score[3] = 78;
        score[4] = 85;
        score[5] = 45;
        score[6] = 98;
        score[7] = 85;
        score[8] = 45;
        score[9] = 78;
```

```
            // 打印所有数组元素
            for (int i = 0; i < score.length; i++) {
                System.out.println(score[i] + " ");
            }
            // 计算所有学生的平均成绩
            double average = 0;
            for (int i = 0; i < size; i++) {
                average += score[i];
            }
            average = average / size;
            System.out.println(size + " 名同学 Java 平均成绩为: " + average);
            // 查找数组中的最大元素
            double max = score[0];
            for (int i = 1; i < score.length; i++) {
                if (score[i] > max)
                    max = score[i];
            }
            System.out.println("Max is " + max);
    }
}
```

运行结果：

```
86.0
75.0
69.0
78.0
85.0
45.0
98.0
85.0
45.0
78.0
十名同学 Java 平均成绩为: 74.4
Max is 98.0
```

**【例 2.12】** 利用新的循环类型输出各数组元素。

```
public class Exp212{
    public static void main(String[] args) {
            double[] score = {79, 88, 98, 86};
            // 打印所有数组元素
            for (double element: score) {
```

```
                System.out.println(element);
            }
        }
}
```

运行结果：

```
79.0
88.0
98.0
86.0
```

## 二、二维数组

二维数组

Java 语言中，多维数组被看作一维数组的数组。

1．二维数组声明形式

```
类型 数组名 [][];
类型 [][]  数组名;
类型 []  数组名 [];
```

例如：

```
int[][] a;
float[] f[];
```

2．用 new 分配内存空间

直接为每一维分配内存：

```
类型 [][]  数组名= new  类型 [ 长度 1][ 长度 2];
```

例如：

```
int[][] a = new int[2][3];
```

该语句创建了一个二维数组 a，其较高一维含 2 个元素，每个元素为由 3 个整型数构成的整型数组。

从最高维开始，分别为每一维分配空间：

```
类型 [][] 数组名=new 类型 [ size1][];
数组名 [0]=new 类型 [size20];
数组名 [1]=new 类型 [size21];
...
```

例如：

```
int[][] a=new int[2][];
a[0]=new int[2];
a[1]=new int[3];
```

**【注意】**在使用运算符 new 来分配内存时，对于多维数组至少要给出最高维的大小，低维可以在使用 new 运算符时分配空间大小。

3．二维数组元素的初始化

（1）直接对每个元素进行赋值。

（2）在声明数组的同时进行初始化。

例如：

```
int[][] a={{2,3},{1,5},{3,4}};
```

声明了一个 3×2 的数组，并对每个元素赋值。即：

```
a[0][0] =2      a[0][1] =3
a[1][0] =1      a[1][1] =5
a[2][0] =3      a[2][1] =4
```

再如：

```
int[][]  intArray={{1,2},{2,3},{3,4,5}};
```

Java 语言中，由于把二维数组看作数组的数组，因此不要求二维数组每一维的大小相同。

4．二维数组元素的引用

对二维数组中的每个元素，引用格式为：

```
数组名 [ 下标 1] [ 下标 2]
```

其中，下标 1、下标 2 为非负的整型表达式，每一维的下标取值都是从 0 开始。

**【例 2.13】** 输出二维数组的各元素。

```
public class Exp213 {
    public static void main(String args[]) {
        int[][] a = { { 1, 2 }, { 3, 4, 5 } };
        System.out.println(" 输出 a 数组：");
        for (int i = 0; i < a.length; i++) {
            for (int j = 0; j < a[i].length; j++)
                System.out.print(a[i][j] + " ");
            System.out.println();
        }
    }
}
```

运行结果：

```
输出 a 数组：
1 2
3 4 5
```

**【例 2.14】** 将任务 2.4 中的一维数组存取各课程成绩、各同学姓名的做法转换为二维数组存储每位同学的信息。求平均成绩并给出成绩评语。

```
import java.util.Scanner;
```

```
public class Exp214 {
    public static void main(String[] args) {
        int no; // 定义学号 no 为整型变量
        float average = 0; // 定义每名学生平均成绩
        // 定义姓名数组并赋初值
        String name[] = { " 刘磊 ", " 胡明月 ", " 乔福建 ", " 王英 ", " 王茜茜 " };
        // 定义四门课程的成绩数组并进行初始化
        String course[]={"sql","java","webdesign","gym"};
        float score[][] = new float[5][4];// 定义存放各个学生各门课程成绩数组
        Scanner sc = new Scanner(System.in); // 定义 Scanner 类的对象
        for (int i = 0; i < 5; i++) {
            System.out.print(" 请输入 " + name[i] + " 的学号 ");
            no= sc.nextInt(); // 为各变量赋值
            float total = 0; // 定义每名学生成绩总和
            for (int j = 0; j < 4; j++) {
                System.out.print(" 请输入 " + name[i] + course[j]+ " 课程成绩 ");
                score[i][j] = sc.nextFloat();
                total += score[i][j];
            }
            // 计算平均成绩
            average = total / 4;
            System.out.println(" 请输入 " + name[i] + " 的平均分是：" + average);
            System.out.println(" 请输入 " + name[i] + " 输出评语：");
            int flag = (int) average / 10;
            switch (flag) {
            case 9:
                System.out.println(" 优秀 ");
                break;
            case 8:
                System.out.println(" 良好 ");
                break;
            case 7:
                System.out.println(" 及格 ");
                break;
            case 6:
                System.out.println(" 及格 ");
                break;
            default:
                System.out.println(" 不及格 ");
            }
```

```
            }
        }
    }
```

运行结果如图 2-6 所示。

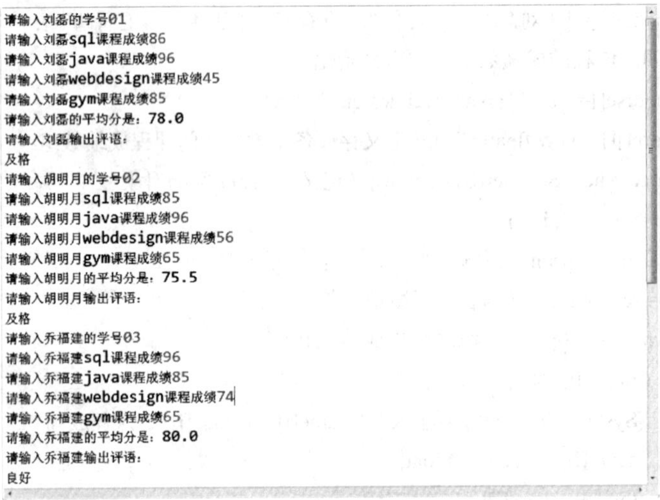

```
请输入刘磊的学号01
请输入刘磊sql课程成绩86
请输入刘磊java课程成绩96
请输入刘磊webdesign课程成绩45
请输入刘磊gym课程成绩85
请输入刘磊的平均分是：78.0
请输入刘磊输出评语：
及格
请输入胡明月的学号02
请输入胡明月sql课程成绩85
请输入胡明月java课程成绩96
请输入胡明月webdesign课程成绩56
请输入胡明月gym课程成绩65
请输入胡明月的平均分是：75.5
请输入胡明月输出评语：
及格
请输入乔福建的学号03
请输入乔福建sql课程成绩96
请输入乔福建java课程成绩85
请输入乔福建webdesign课程成绩74
请输入乔福建gym课程成绩65
请输入乔福建的平均分是：80.0
请输入乔福建输出评语：
良好
```

图 2-6 例 2.14 运行结果图

## 任务训练

（1）编写一个算法，输出一个二维数组（3*2）的转置矩阵。

参考代码：

```
import java.util.Scanner;
public class Test1 {
    public static void main(String[] args) {
        int a[][]=new int[3][2];
        int b[][]=new int[2][3];
        System.out.println(" 请先输入数组各元素的值：");
        Scanner sc=new Scanner(System.in);
        for(int i=0; i<3; i++) {
            for(int j=0; j<2; j++) {
                a[i][j]=sc.nextInt();
            }
        }
        System.out.println(" 输出数组的各元素值为：");
        for(int i=0; i<3; i++) {
            for(int j=0; j<2; j++) {
                System.out.print(a[i][j]+"  ");
```

```
            }
              System.out.println();
        }
        for(int i=0; i<3; i++) {
          for(int j=0; j<2; j++) {
              b[j][i]=a[i][j];
          }
        }
        System.out.println(" 转置后的数组各元素值为：");
        for(int i=0; i<2; i++) {
          for(int j=0; j<3; j++) {
              System.out.print(b[i][j]+"  ");
          }
              System.out.println();
        }
      }
  }
```

（2）有一个数组，包含 10 个数据，要求找出最小的数和它的下标，然后把它和数组中最前面的元素对换。

参考代码：

```
import java.util.Scanner;
public class Test2 {
    public static void main(String[] args) {
      int a[]=new int[10];
      int i,j=0,min,temp;
      System.out.println(" 请先输入数组各元素的值：");
      Scanner sc=new Scanner(System.in);
      for(i=0; i<10; i++) {
          a[i]=sc.nextInt();
      }
      System.out.println(" 输出原数组：");
      for(i=0; i<10; i++) {
              System.out.print(a[i]+"  ");
      }
      System.out.println();
      min=a[0];
      for(i=0; i<10; i++) {
        if (a[i]<min) {
          min=a[i];
```

```
                j=i;
            }
        }
        temp=a[0];
        a[0]=a[j];
        a[j]=temp;
        System.out.println(" 最小的数是 "+min+","+" 下标是 "+j);
        System.out.println(" 输出交换后数组：");
        for(i=0; i<10; i++) {
            System.out.print(a[i]+"  ");
        }
    }
}
```

（3）编写代码，输出 Fibonacci（斐波那契）数列的前 20 项。（Fibonacci 数列的定义：开头两个数是 1，从第三个数开始往后的每个数都是前面两个数之和。）

参考代码：

```
import java.util.Scanner;
public class Test3 {
    public static void main(String[] args) {
        int a[]=new int[20];
        a[0]=1;a[1]=1;
        for(int i=2; i<20; i++) {
            a[i]=a[i-1]+a[i-2];
        }
        System.out.println(" 输出 Fibonacci 数列：");
        for(int i=0; i<20; i++) {
            System.out.print(a[i]+" ");
        }
    }
}
```

（4）编写程序，实现数组的插入。即从键盘输入一个新数，将其插入已排好序的数组中，使数组仍然按照顺序排列。

参考代码：

```
import java.util.Scanner;
public class Test4 {
    public static void main(String[] args) {
        int array[]=new int[6];
        array[0]=78;
        array[1]=59;
```

```
        array[2]=33;
        array[3]=26;
        array[4]=10;
        int i,j,a;
        System.out.println(" 插入前的数组为：");
        for (i=0; i<array.length; i++) {
            System.out.print(array[i]+" ");
        }
        System.out.println();
        System.out.println(" 请输入一个新数：");
        Scanner sc=new Scanner(System.in);
        a=sc.nextInt();
        for (i=0; i<array.length; i++) {
            if (array[i]<=a)
                break;
            else
                array[array.length-1]=a;
        }
        for (j=array.length-1; j>i; j--)
            array[j]=array[j-1];
        array[i]=a;
        System.out.println(" 插入后的数组为：");
        for (i=0; i<6; i++) {
            System.out.print(array[i]+" ");
        }
    }
}
```

## 拓展提高

### 一、冒泡排序

实际应用中，常常需要对一组数据进行排序，这里介绍一种较为经典的排序算法：冒泡排序法。

冒泡排序法的基本原理是（按从小到大的顺序排列）：依次比较相邻的两个数，将小数放前面，大数放后面。第一轮：先比较第 1 个数和第 2 个数，将小数放前，大数放后；再比较第 2 个数和第 3 个数，将小数放前，大数放后；如此继续，直至比较最后两个数，将小数放前，大数放后。这样经过一轮比较之后，最大的数就放在了最后。第二轮：仍从第一对数开始比较，将小数放前，大数放后，直至比较到倒数第二个数，第二轮结束。这样就把第二大的数放在了倒数第二的位置上。如此下去，重复以上比较过程，直至最终完成排序。

下面给出冒泡排序法的参考代码：

```
public class BubbleSort{
    public static void main(String[] args) {
        int sort[]= {8,5,2,9,6,1,3,7,4,0};
        int i,j,temp;
        System.out.println(" 排序前的数组为：");
        for (i=0; i<sort.length; i++) {
            System.out.print(sort[i]+" ");
        }
        for (i=0; i<sort.length-1; i++)
            for (j=0; j<sort.length-1; j++) {
                if (sort[j]>sort[j+1]) {
                    temp=sort[j];
                    sort[j]=sort[j+1];
                    sort[j+1]=temp;
                }
            }
        System.out.println(" 排序后的数组为：");
        for (i=0; i<sort.length; i++) {
            System.out.print(sort[i]+" ");
        }
    }
}
```

## 二、字符串

字符串是内存中连续排列的一个或多个字符。在 Java 语言中，把字符串作为对象来处理，该对象封装了一个字符序列以及有关该字符序列的其他信息和操作。

字符串

Java 提供的标准包 java.lang 中封装了 String 和 StringBuffer 类，这两个类中封装了很多方法，用来对字符串进行操作。其中，String 类用来处理不变字符串，即创建之后就不能改变的字符串常量；StringBuffer 类用来处理可变字符串，即创建之后允许再改变的字符串变量。

在 Java 语言中，String 是比较特殊的数据类型，它不属于基本数据类型，但是可以和基本数据类型一样直接赋值，也可以使用 new 运算符进行实例化。例如：

```
String str1="Hello!";
String str2=new String("Hello!");
```

String 类的常用构造方法见表 2-10。此外，String 类提供了很多方法来完成获取字符串长度、字符串比较、字符串截取、字符串连接等操作，其他方法见任务六中的表 6-1。

表 2-10　String 类的常用构造方法

| 方法声明 | 功能描述 |
| --- | --- |
| String() | 创建一个内容为空的字符串 |
| String (String value) | 根据指定的字符串内容创建对象 |
| String (char[] value) | 根据指定的字符数组创建对象 |

**【例 2.15】**

```
public class Exp215 {
    public static void main(String[] args) {
        // 创建一个空的字符串
        String str1=new String();
        // 创建一个内容为 abc 的字符串
        String str2=new String("abc");
        char[] charArray=new char[] {'A','B','C'};
        String str3=new String(charArray);
        // 输出结果
        System.out.println("a"+str1+"b");
        System.out.println(str2);
        System.out.println(str3);
    }
}
```

运行结果如图 2-7 所示。

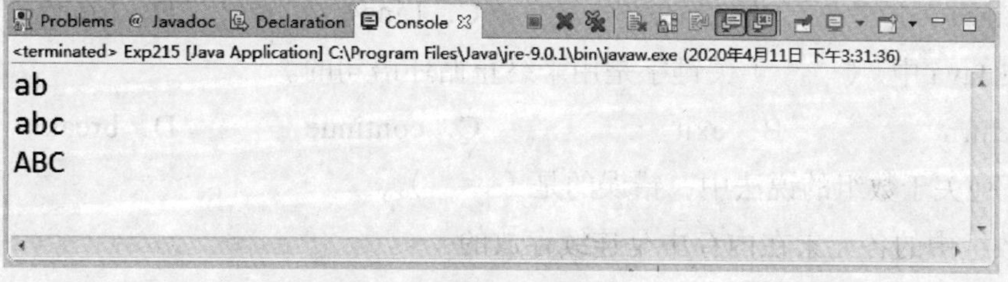


图 2-7　例 2.15 运行结果

## 任务小结

本任务分解为四个子任务，通过实现四个子任务，我们学习了 Java 的基本数据类型、Java 语言的标识符、常量与变量、注释与分句、运算符与表达式等基本语法知识，并基本掌握了三种基本控制结构，即顺序结构、选择（分支）结构、循环结构，同时学习了一维数组和二维数组的定义及相关操作。通过本任务的学习，读者能够掌握 Java 基本语法与格式，这是我们实施后续任务的基础。

## 习题与实训

### 一、选择题

1．下列哪项不属于 Java 语言的基本数据类型？（　　）

A．int　　B．String　　C．double　　D．boolean

2．以下选项中，合法的赋值语句是（　　）。

A．a==1;　　B．++i;　　C．a=a+1=5;　　D．y=int(i);

3．下列哪项不是有效的标识符？（　　）

A．userName　　B．2test　　C．$change　　D．_password

4．运算符 ?: 属于（　　）运算符。

A．三目　　B．二目　　C．四目　　D．一目

5．下列哪项不是 Java 语言的关键字？（　　）

A．goto　　B．sizeof　　C．instanceof　　D．volatile

6．现有如下五个声明：

```
Line1: int a_really_really_really_long_variable_name=5;
Line2: int  _hi=6;
Line3: int  big=Integer. getInteger("7");
Line4: int $dollars=8;
Line5: int %opercent=9;
```

哪行无法通过编译？（　　）

A．Line1　　B．Line3　　C．Line4　　D．Line5

7．在 Java 中，（　　）关键字是用来终止循环语句的。

A．return　　B．exit　　C．continue　　D．break

8．下列关于数组的说法中，错误的是（　　）。

A．数组中的各元素在内存中是连续存放的

B．数组必须先声明，然后才能使用

C．在类中声明一个整型数组作为成员变量，如果没有给它赋值，数组元素值为空

D．数组本身是一个对象

9．下列语句序列执行后，j 的值是（　　）。

```
int j=1;
for(int i=5;i>0;i-=2) j*=i;
```

A．0　　B．1　　C．15　　D．60

10．下列语句序列执行后，i 的值是（　　）。

```
int s=1,i=1;
while(i<=4){s*=i;i++;}
```

A．6　　B．4　　C．24　　D．5

11．以下代码中，哪一句是错误的？（　　）

```
class Test2 {
    public static void main (String[] args) {
        short a,b,c;
        a=1;
        b=2;
        c=a+b;
        a+=2;
    }
}
```

A．a=1　　B．c=a+b　　C．a+=2　　D．short a,b,c

12．下列创建二维数组正确的语句是（　　）。

A．int a[][]=new int[5,5]　　B．int a[5][5]=new int[][]

C．int a[][]=new int[5][5]　　D．int a[][]=new int[5][]

13．现有代码片段：

```
String s="123";
String s1=s+456;
```

请问：s1 的结果是哪项？（　　）

A．123456　　B．579

C．编译错误　　D．运行时抛出异常

14．基本数据类型 float 的包装类是哪项？（　　）

A．Integer　　B．Double　　C．Float　　D．Character

15．以下程序的结果为（　　）。

```
class  Test {
    public static void main (String[]  args)  {
            boolean x=true;
            boolean y=false;
            short z=42;
            if((z++==42)&&(y=true))  z++;
            if((x=false)||(++z==45))  z++;
            System.out.println("z="+z);
    }
}
```

A．z=42　　B．z=44　　C．z= 45　　D．z= 46

16．下列程序运行后的结果为（　　）。

```
public class Test {
    public static void main(String[] args) {
        for (int i=0;i<10;i++){
            if(i==3)
            break;
            System. out .print (i);
        }
    }
}
```

A．0123　　B．012456789　　C．0123456789　　D．012

## 二、编程题

1．从键盘输入两个数，求这两个数的和、差、积、商。

2．求 1 000 以内的水仙花数。（水仙花数是指一个三位数，它的每一位上的数字的三次方之和等于它本身。）

3．输入一行字符，统计其中大写字母、小写字母、数字、空格出现的次数。

4．定义一个由整数组成的数组，要求求出里面的奇数和偶数的个数。

# 任务三

# 学生成绩管理系统输入功能的改进

### 【任务目标】

1. 了解类与对象的概念；
2. 掌握类的基本操作；
3. 掌握继承、多态的使用；
4. 掌握属性和方法的使用；
5. 理解面向对象设计思想。

### 【任务简介】

Java 是一门典型的面向对象的语言。在编写程序的过程中，我们倾向于利用面向对象中的类、对象、继承、多态等概念来解析问题域中的问题，通过构建程序的基本组成单位类，借以实现程序的全部功能。本任务是在任务一、任务二的基础上，运用面向对象的思想进行持续改进，包括将学生定义为类、实例化对象、将学生数据存入文件中等操作。

## 任务 3.1　学生成绩输入功能的改进（一）

### 任务描述

在任务二中，我们将学生姓名、学生成绩定义为数组，但是由于学生姓名、学生成绩属于不同的数据类型，因此我们分别定义了不同的数组进行存储。那么有没有数据类型既能够描述学生这类对象，又能用不同的数据类型来描述他们的属性呢？

## 任务分析

操作步骤如下：

步骤一：定义学生类的属性；

步骤二：定义学生类的 setter 和 getter 方法；

步骤三：定义学生类的构造方法。

## 任务实施

### 一、步骤一：定义学生类的属性

在该任务中，首先需要新建一个包，即在 src 上用右键单击，选择创建一个包（package），将包命名为“com.sdlgzy.sgmcli”，然后在包上用右键单击，选择创建一个类，命名为“Student”。

```
package com.sdlgzy.sgmcli;
public class Student {
  private String sno; // 定义学生学号
  private String name; // 定义学生姓名
  private String classname; // 定义班级
  private float sql;  // 定义 sql 成绩
  private float java;  // 定义 java 成绩
  private float webdesign;  // 定义网页设计成绩
  private float gym;  // 定义体育成绩
  private boolean sis; // 定义为是否住校
}
```

**【注意】**

（1）包的定义：

格式：

```
package 包名；
```

包的定义需要写在 Java 类的第一行。每个包对应着自己的文件夹，而每个在类开头声明为这个包的 Java 类均存放在这个文件夹里。包名要符合标识符命名规则。此处我们将包命名为“com.sdlgzy.sgmcli”，即 com. 公司名 . 项目名。

（2）类的属性通常定义为私有的，要加 private 修饰符。而方法一般定义为公有的，要加 public 修饰符。

### 二、步骤二：定义学生类的 setter 和 getter 方法

```
package com.sdlgzy.sgmcli;
public class Student{
    private String sno; // 定义学生学号
```

```
private String name; // 定义学生姓名
private String classname; // 定义班级
private float sql; // 定义 sql 成绩
private float java; // 定义 java 成绩
private float webdesign; // 定义网页设计成绩
private float gym; // 定义体育成绩
private boolean sis; // 定义为是否住校
public String getSno() {
    return sno;
}
public void setSno(String sno) {
    this.sno = sno;
}
public String getName() {
    return name;
}
public void setName(String name) {
    this.name = name;
}
public String getClassname() {
    return classname;
}
public void setClassname(String classname) {
    this.classname = classname;
}
public float getSql() {
    return sql;
}
public void setSql(float sql) {
    this.sql = sql;
}
public float getJava() {
    return java;
}
public void setJava(float java) {
    this.java = java;
}
public float getWebdesign() {
    return webdesign;
}
```

```
    public void setWebdesign(float webdesign) {
        this.webdesign = webdesign;
    }
    public float getGym() {
        return gym;
    }
    public void setGym(float gym) {
        this.gym = gym;
    }
    public boolean isSis() {
        return sis;
    }
    public void setSis(boolean sis) {
        this.sis = sis;
    }
}
```

**【注意】**

（1）为什么要定义 setter 和 getter 方法？

由于类的属性通常定义为私有的，当其实例化为对象后，需要对其读取、设置其属性值，因为它是私有的，所以不可见，不能通过“=”“.”等运算符对其进行设置和读取，因此我们可以通过为每个属性定义公有的 setter 和 getter 方法来进行设置和读取。

（2）setter 和 getter 方法的参数和返回值具有什么规律特点呢？

setter 方法的返回值为 void，参数类型为该属性具有的数据类型；getter 方法的函数返回值为该属性的数据类型。

Eclipse 中，可以根据属性自动生成 setter 和 getter 方法。用右键单击，从“source”菜单中选择“Generate Getters and Setters”菜单项，可以选择生成属性的 getter 和 setter 方法。如图 3-1 所示。

## 三、步骤三：定义学生类的构造方法

```
package com.sdlgzy.sgmcli;
public class Student{
    // 省略属性定义，参照上一步骤
    // 省略 setter 和 getter 方法，参照上一步骤
    // 无参构造方法
    public Student() {

    }
    // 有参构造方法
    public Student(String sno, String name, String classname, float sql, float java, float webdesign, float
```

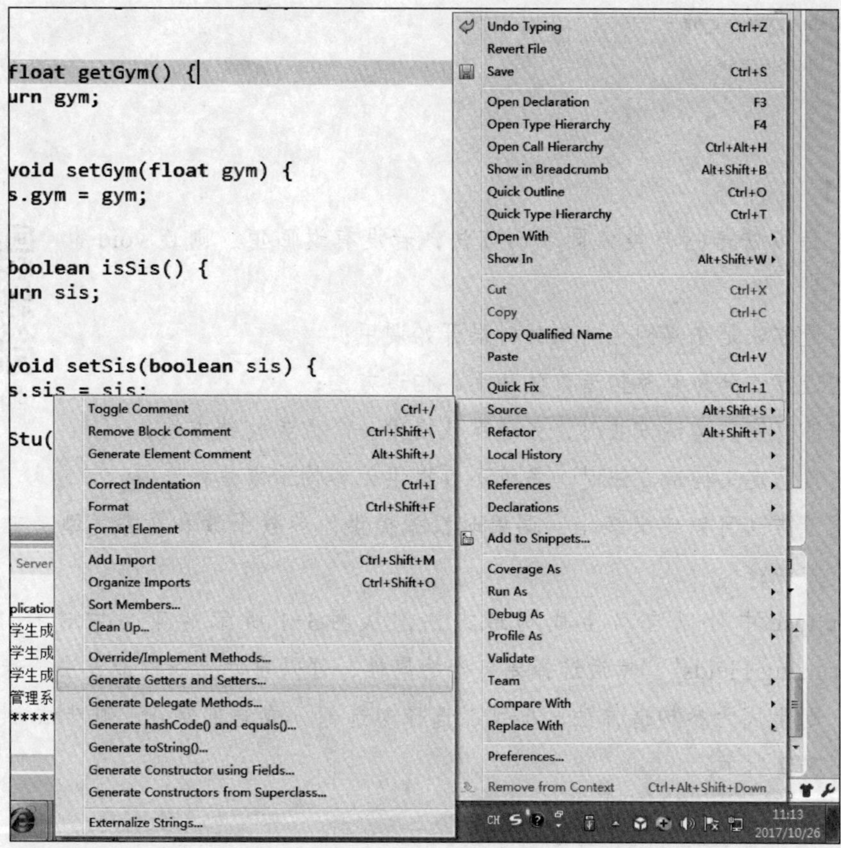


图 3-1 **getter** 和 **setter** 方法的自动生成

```
gym) {
        this.sno = sno;
        this.name = name;
        this.classname = classname;
        this.sql = sql;
        this.java = java;
        this.webdesign = webdesign;
        this.gym = gym;
    }
    public Student(String sno, String name, String classname, float sql, float java, float webdesign, float
gym, boolean sis) {
        this.sno = sno;
        this.name = name;
        this.classname = classname;
        this.sql = sql;
        this.java = java;
        this.webdesign = webdesign;
```

```
            this.gym = gym;
            this.sis = sis;
        }
    }
```

【注意】

（1）构造方法是指与类名同名的方法，若没有返回值，则连 void 也不加；

构造方法

（2）构造方法是在实例化对象的时候开始调用；

（3）构造方法分为有参构造方法和无参构造方法；

（4）当没有定义构造方法时，系统默认提供一个无参构造方法；

（5）当自己定义构造方法时，系统不再提供无参构造方法；

（6）构造方法可以定义多个，调用时根据提供的参数个数和数据类型，来选择调用哪一个构造方法；

（7）Eclipse 中可以自动生成构造方法，从图 3-1 所示的菜单中选择“Generate Constructor using Fields”，然后选择要包含的属性，可以自动生成构造方法。若每个字段都不勾选，则生成无参构造方法，也可以选择勾选部分或全部字段，则生成不同的构造方法。如图 3-2 所示。

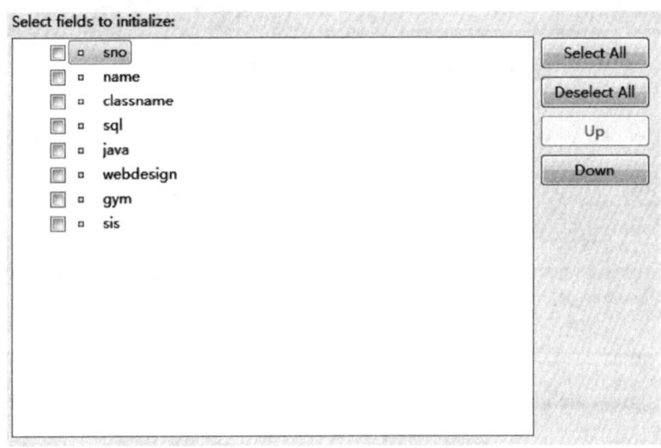


图 3-2　选择相关字段自动生成构造方法

## 相关知识

### 一、类与对象

类：class 是一种新数据类型，属于复合数据类型，是我们根据需要自行创建的。类以共同属性和行为定义实体。

类和对象

对象：对象是存在的具体实体，具有明确定义的属性和行为。

类的组成：

（1）成员变量：描述类的相同属性；

（2）成员方法：描述类的相同行为。

类与对象的关系如图 3-3 所示。

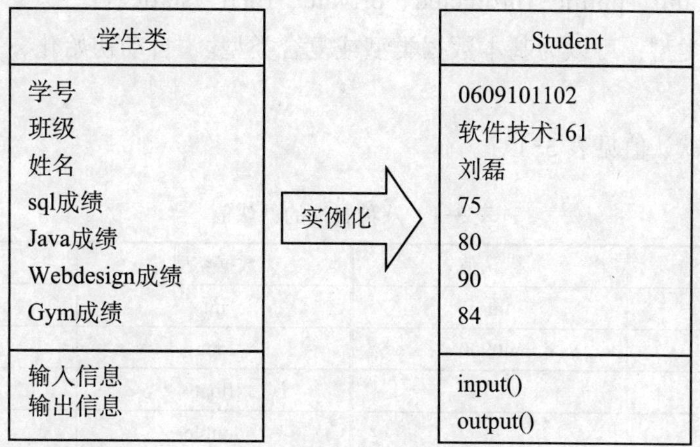


**图 3-3　类与对象的关系**

## 二、面向对象的基本特征

（1）封装性，是指将数据成员和属于此数据的操作方法封装在一起成为一个整体——类。封装实现了信息隐藏，避免错误的存取发生。

（2）继承性，是指一个对象获得另一个对象的属性和方法的过程。继承的作用是实现代码复用和功能扩展，也是理解多态的基础。

（3）多态性，即多种状态，是指程序的多种表现形式，如重载。

（4）抽象性，抽象是具体事物一般化的过程。

## 三、类的定义

格式：

```
[ 修饰符 ] class 类名 {
                成员变量声明；// 属性（或称为字段）
                成员方法声明；// 行为（或称为方法）
}
```

类修饰符（4 个）：default（缺省）、public、final、abstract。

**【注意】**

（1）类体可以为空，称之为空类。

（2）在 Java 中所做的工作就是定义类，并产生类的对象，通过对象执行行为方法。

## 四、属性的定义

（1）事物的属性在类中表示为变量；

（2）每个对象的每个属性都拥有其特有的值；

（3）属性名称由类的所有对象共享。

定义的格式：

```
[修饰符] 数据类型 变量名;
```

修饰符：default、public、protected、private、final、static。

属性的数据类型：可以为基本数据类型或复合类型。（自动初始化，基本数据类型为默认值）

八种属性的默认值见表 3-1。

**表 3-1　八种属性的默认值**

| 数据类型 | 默认值 | 数据类型 | 默认值 |
| --- | --- | --- | --- |
| boolean | false | int | 0 |
| char | '\u0000' | long | 0 |
| byte | 0 | float | 0.0 |
| short | 0 | double | 0.0 |

## 五、方法的定义

方法决定了一个对象可以执行的操作，包括名称、参数、返回值和方法体，分为实例方法和类方法两种。

格式：

```
[修饰符] 方法名([参数列表]){
                方法体;
                [return(表达式); ]
}
```

说明：方法属于类的一部分，实例方法只有通过对象才能调用。一个类中可以定义多个方法，顺序任意。

# 任务训练

在 Student 类中定义 output() 方法，其功能是输出学生的学号、姓名、班级、成绩等信息。

参考代码：

```
package com.sdlgzy.sgmcli;
public class Student {
    private String sno; // 定义学生学号
    private String name; // 定义学生姓名
    private String classname; // 定义班级
    private float sql; // 定义 sql 成绩
    private float java; // 定义 java 成绩
    private float webdesign; // 定义网页设计成绩
```

```
    private float gym; // 定义体育成绩
    public void output() {
        System.out.println(" 学生的学号是："+sno);
        System.out.println(" 学生的姓名是："+name);
        System.out.println(" 学生的班级是："+classname);
        System.out.println(" 学生的数据库成绩是："+sql);
        System.out.println(" 学生的 Java 成绩是："+java);
        System.out.println(" 学生的网页设计成绩是："+webdesign);
        System.out.println(" 学生的体育成绩是："+gym);
    }
}
```

## 拓展提高

### this 关键字

this 关键字一般用于三种情况。

this 关键字

第一种情况是引用属性，当方法的形参或者局部变量与某个属性同名时，形参或局部变量优先，属性被隐藏。为了能够在方法中引用被隐藏的属性，可以借助 this 关键字来区分，由 this 引用的就是属性，没有 this 引用的就是形参或局部变量。例如，在 getter 方法中使用 this：

```
public class Test {
    private int a;
    public void setA(int a){
        this.a=a;
    }
}
```

第二种情况是通过 this 关键字调用成员方法。例如：

```
public class Student{
    public void openMouth(){
    …
    }
    public void speak(){
      this. openMouth (); // 此处的 this 可以省略不写
    }
}
```

第三种情况是引用构造方法，构造方法的 this 指向同一个类中不同参数列表的另外一个构造方法。例如：

```
public class Tname{
    String name;
```

```
        Tname(String name){
            this.name=name;
        }
        Tname(){
            this("XiaoMing");
        }
    }
```

在上例的类 Tname 中，定义了两个参数不同的构造方法：第一个构造方法是给类的成员 name 赋值；第二个构造方法是通过调用第一个构造方法，给成员变量一个初始值“XiaoMing”。

**【注意】**

（1）在构造方法中使用 this 调用其他构造方法的语句，必须放在第一行，且只能出现一次，否则将出现编译错误。

（2）只能在构造方法中使用 this 调用其他构造方法，不能在成员方法中使用。

（3）不能在一个类的两个构造方法中使用 this 互相调用。

**【例 3.1】** this 指针调用构造方法举例。

```
class Person {
    public Person() {
        System.out.println(" 已经调用了无参的构造方法 ");
    }

    public Person(int age) {
        this();// 调用无参的构造方法
        System.out.println(" 已经调用了有参的构造方法 ");
    }
}
public class Exp31 {
    public static void main(String[] args) {
        Person p1 = new Person(24);// 实例化 Person 对象
    }
}
```

运行结果如图 3-4 所示。

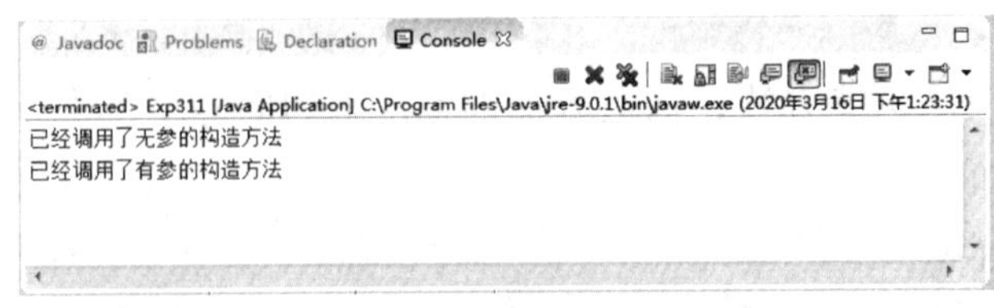


图 3-4　例 3.1 运行结果

## 任务 3.2 学生成绩输入功能的改进（二）

### 任务描述

将任务二中的学生成绩输入功能进行改进，通过学生类实例化对象的方法来操作学生对象的各个属性，将输入的学生信息与成绩存入记事本文档。系统最多支持一次输入100个学生信息，支持输入、修改、删除、显示学生信息，但是需要用户检查这些数据后，再将其写入 txt 文档。这里，需要注意的是，显示学生信息只是针对本次输入的学生数据，修改、删除也只是针对本次输入的数据。一旦数据写入 txt 文档中，将无法进行修改、删除、显示等操作。

### 任务分析

任务概览：

```
public class Student{
}
public class SMS{
    menu();// 主菜单
    add();// 添加学生信息
    select();// 显示本次录入学生信息
    modify();// 修改学生信息
    delete();// 删除学生信息
    writeFile ();// 将确认无误的学生信息写入 txt 文件
    judge();// 判断本次是否录入了学生信息
    main();
}
```

操作步骤如下：

步骤一：判断输入学生的学号是否重复。

步骤二：如不重复，则将学生信息存储到 Student 数组 s 中；如重复，则提示重新输入。

步骤三：判断是否继续输入，如果是，则继续输入；如果否，则判断是否返回主菜单，如果是则返回，如果否则退出应用程序。

### 任务实施

```
package com.sdlgzy.sgmcli;
import java.io.File;
```

```
import java.io.FileReader;
import java.io.FileWriter;
import java.io.IOException;
import java.util.Scanner;
public class SMS {
    // 定义学生对象数组 , 最多输入 100 名学生信息
    private static Student[] s = new Student[100];
    private int n = 0;
    private Scanner In = new Scanner(System.in);
    private File file = new File("D://stu.txt");
    public static void main(String[] args) {
        SMS sms = new SMS();
        for (int i = 0; i < 100; i++) // 实例化学生数组
            s[i] = new Student();
        try {
            sms.menu();
        } catch (IOException e) {
            e.printStackTrace();
        }
    }
    public void menu() throws IOException {
        int choice;// 定义操作选择
        System.out.println("************* 学生成绩管理系统 *************");
        System.out.println("*****        1. 录入学生成绩信息          ******");
        System.out.println("*****        2. 显示学生成绩信息          ******");
        System.out.println("*****        3. 修改学生成绩信息          ******");
        System.out.println("*****        4. 删除学生成绩信息          ******");
        System.out.println("*****        5. 将学生成绩写入文件        ******");
        System.out.println("*****        0. 退出管理系统              ******");
        System.out.println("**************************************");
        System.out.print(" 请选择 (0～5)：");
        choice = In.nextInt();
        while (choice < 0 || choice > 5) {
            System.out.print(" 输入无效，请重新输入：");
            choice = In.nextInt();
        }
        switch (choice) {
        case 1:
            this.add();// 添加学生信息，最多一次输入 100 个学生信息，后续任务定义
            break;
```

```
        case 2:
            this.select();// 查询此次输入学生信息，后续任务定义
            break;
        case 3:
            this.modify();// 修改此次输入学生信息，后续任务定义
            break;
        case 4:
            this.delete();// 删除此次输入学生信息，后续任务定义
            break;
        case 5:
            this.writeFile();// 将确认无误的学生信息写入 txt 文件，后续任务定义
            break;
        case 0:
            System.out.println(" 成功退出系统！！！ ");
            System.exit(0);
            break;
        }
    }
    public void add() throws IOException {
        String sno; // 定义暂时存放学生学号的变量 sno
        FileWriter fw = new FileWriter(file, true); // 将学生成绩存入到指定路径的文件
        int continueflag = 1;// 定义是否循环输入学生成绩信息的标志
        String cfirmstr;// 定义是否继续输入学生成绩信息的结果字符串
        // 定义是否继续输入学生成绩信息的字符串的首字符，为“Y" 或 "N"（包括小写）
        char cfirmchar;
        String cfirmrestr;// 定义存放是否返回主菜单时输入的字符串
        // 定义存放是否返回主菜单时输入的字符串的首字符，为“Y" 或 "N"（包括小写）
        char cfirmrechar;
        while (continueflag == 1) {
            System.out.println(" 请输入学生学号：");
            sno = In.next();
            // 判断学号是否重复
            for (int i = 0; i < n; i++) {
                while (s[i].getSno() == sno) {
                    System.out.println(" 已存在此学号，请重新输入 ");
                    System.out.print(" 请输入学号：");
                    sno = In.next();
                }
            }
            s[n].setSno(sno);
```

```
            sno = String.valueOf(sno);
            System.out.println(" 请输入学生姓名：");
            s[n].setName(In.next());
            System.out.println(" 请输入学生班级：");
            s[n].setClassname(In.next());
            System.out.println(" 请输入学生 sql 成绩：");
            s[n].setSql(In.nextFloat());
            System.out.println(" 请输入学生 java 成绩：");
            s[n].setJava(In.nextFloat());
            System.out.println(" 请输入学生网页设计成绩：");
            s[n].setWebdesign(In.nextFloat());
            System.out.println(" 请输入学生体育成绩：");
            s[n].setGym(In.nextFloat());
            n++;
            System.out.println();
            System.out.println(" 是否继续添加（Y/N）");
            cfirmstr = In.next();
            cfirmchar = cfirmstr.charAt(0);
            while (cfirmchar != 'N' && cfirmchar != 'n' &&
                    cfirmchar != 'Y' && cfirmchar != 'y') {
                System.out.println(" 输入无效，请重新输入：");
                cfirmstr = In.next();
                cfirmchar = cfirmstr.charAt(0);
            }
            if (cfirmchar == 'N' || cfirmchar == 'n') {
                fw.close();
                break;
            }
        }
        System.out.println();
        System.out.print(" 是否返回系统主菜单（Y/N）");
        cfirmrestr = In.next();
        cfirmchar = cfirmrestr.charAt(0);
        while (cfirmchar != 'Y' && cfirmchar != 'y' && cfirmchar != 'N' && cfirmchar != 'n') {
            System.out.println(" 输入无效，请重新输入：");
            cfirmrestr = In.next();
            cfirmchar = cfirmrestr.charAt(0);
        }
        if (cfirmchar == 'Y' || cfirmchar == 'y') {
            this.menu();
```

```
            }
            if (cfirmchar == 'N' || cfirmchar == 'n') {
                System.out.println();
                System.out.println(" 你已退出系统！！！ ");
                System.exit(0);
            }
        }
    }
```

## 相关知识

### 一、对象的定义与引用

对象是在程序执行过程中创建生成的，所占空间是动态分配的，当对象使用完后，Java 垃圾回收机制会把空间收回。对象的生命周期是：创建—使用—销毁。

1. 对象的声明和创建

格式：类名 对象名；

```
对象名 = new 类名 ([ 实参列表 ]);
```

等价于：

```
类名 对象名 = new 类名 ([ 实参列表 ]);
```

例如："Student stu1=new Student();"，此时会调用 Student 类的无参构造方法。

2. 对象的引用

引用属性：

```
对象名 . 属性
```

引用方法：

```
对象名 . 方法名 ( 参数列表 )
```

**【例 3.2】** 定义立方体类。

```
class Cube{
    double length;
    double width;
    double height;
    public double getVol() {
        return length * width * height;
    }
}
public class Exp32{
    public static void main(String[] args) {
        double v;
        Cube Cube1 = new Cube();
```

```
            Cube1.length = 20;
            Cube1.width = 30;
            Cube1.height = 40;
            v = Cube1.getVol();
            System.out.println("v1=" + v);
            Cube Cube2 = new Cube();
            Cube2.length = 50;
            Cube2.width = 50;
            Cube2.height = 60;
            v = Cube2.getVol();
            System.out.println("v2=" + v);
    }
}
```

运行结果：

```
v1=24000.0
v2=150000.0
```

【注意】这里直接用赋值符号对 Cube 对象的属性进行赋值，是因为其私有属性在 Cube 类内是可见的，类外则需要使用 setter 方法进行赋值。

## 二、异常

异常

1．异常处理的必要性

没有异常处理机制的语言要捕获到可能发生的错误，就必须使用大量的判断语句，这种做法未必能捕捉到所有错误，而且降低了程序运行效率。Java 的异常处理机制改进了这点，因此可以增进程序的稳定性及效率。

2．异常的概念

系统运行错误，是指程序运行过程中出现的影响语句正常运行顺序的意外或特殊事件。简单地说，异常就是正常执行程序过程中出现的不正常情况。

（1）编译错误。

编译错误是由于所编写的程序存在语法问题，未能通过由源代码到目标代码（Java 语言中由源代码到字节码）的编译过程而产生的，它由语言的编译系统负责检测和报告。

（2）运行错误。

运行错误包括系统运行错误和逻辑运行错误。

系统运行错误是指程序在执行过程中发生的错误，它会中断程序的正常执行。

没有了编译错误和系统运行错误，还有可能有逻辑运行错误。逻辑运行错误是指程序不能实现程序设计人员的设计意图和设计功能而产生的错误，如排序时不能正确排序。

3．异常的处理机制

Java 语言有两种异常处理机制：

（1）捕获异常（catch）：积极地处理异常的机制。

当运行环境得到一个异常对象时，它将按照方法调用的顺序进行查找，直到找到包含相应处理方法的代码，并将异常对象交给该方法为止。

格式：

```
try{
    可能出现异常的代码块
}catch(Exception ex){
    对异常的处理
}finally{
    无论异常是否发生都一定要执行的代码
}
```

**【例 3.3】**

```
import java.io.*;
public class Exp33{
    public static void main(String[] args) {
    String s="";
    System.out.print(" 请输入一个字符串：");
        try {
                BufferedReader in=new BufferedReader(new InputStreamReader(System.in));
                s=in.readLine();
        } catch(IOException e){
                System.out.println(“捕捉异常”); }
     System.out.println(" 您输入的字符串是："+s);
    }
}
```

（2）抛出异常（throws 和 throw）：消极地处理异常的机制。

如果一个方法不知道如何处理出现的异常，则可抛出异常，即产生一个异常事件，生成一个异常对象，并把它交给运行系统，由系统寻找相应的代码处理异常。

格式：

```
throws IOException（或其他 Exception 的子类）
```

**【例 3.4】**

```
import java.io.*;
public class Exp34 {
    public static void main(String[] args) throws  IOException {
        String s="";
```

```
            System.out.print(" 请输入一个字符串：");
            BufferedReader in=new BufferedReader(new  InputStreamReader(System.in));
            s=in.readLine();
            System.out.println(" 您输入的字符串是："+s);
        }
    }
```

（3）自定义异常。

Java 中定义了大量的异常类，虽然这些异常类可以描述编程时出现的大部分异常情况，但是在程序开发中有时可能需要描述程序中的异常情况。例如，定义一个 division() 方法，要求其被除数不能为负数，如是负数，需要报告异常。为了解决此类问题，Java 中允许用户自定义异常，但自定义的异常需要继承自 Exception 类或其子类。

**【例 3.5】**

```
// 类 DivideByMinusException
class DivideByMinusException extends Exception{
    public DivideByMinusException() {
        super();// 调用 Exception 无参的构造方法
    }
    public DivideByMinusException(String message) {
        super(message);// 调用 Exception 有参的构造方法
    }
}
// 类 Exp35
public class Exp35 {
    public static int division(int x, int y) throws DivideByMinusException {
        if (y < 0) {
            throw new DivideByMinusException(" 被除数为负数 ");
        }
        int result = x / y;
        return result;// 返回结果
    }
    public static void main(String[] args) {
        try {
            int result = division(10, -1);
            System.out.println(result);
        } catch (DivideByMinusException ex) {
            System.out.println(" 捕获的异常信息为：" + ex.getMessage());
        }
    }
}
```

运行结果如图 3-5 所示。

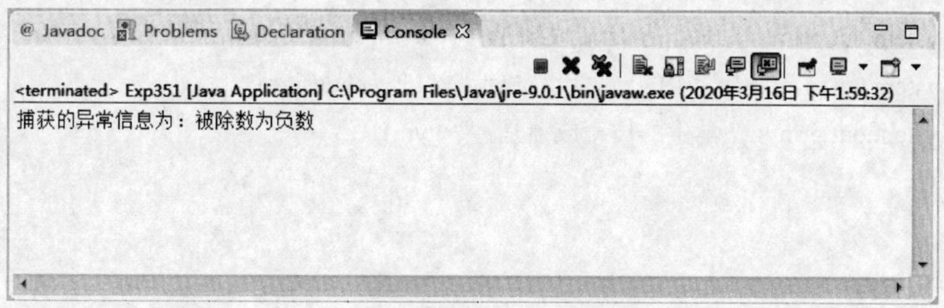


图 3-5 例 3.5 运行结果

## 任务训练

（1）对任务 3.1 中的程序进行完善，将 Student 类实例化，使程序可以正常运行并输出结果。

【注意】此例中另外定义了 Test 类作为主类，并将主方法放在 Test 类中。

参考代码：

```
class Student {
    private String sno; // 定义学生学号
    private String name; // 定义学生姓名
    private String classname; // 定义班级
    private float sql; // 定义 sql 成绩
    private float java; // 定义 java 成绩
    private float webdesign; // 定义网页设计成绩
    private float gym; // 定义体育成绩
    // 省略 setter 和 getter 方法
    public Student(String sno, String name, String classname, float sql, float java, float webdesign, float gym)
        {
            super();
            this.sno = sno;
            this.name = name;
            this.classname = classname;
            this.sql = sql;
            this.java = java;
            this.webdesign = webdesign;
            this.gym = gym;
        }
    public void output() {
        System.out.println(" 学生的学号是："+sno);
        System.out.println(" 学生的姓名是："+name);
```

```
            System.out.println(" 学生的班级是："+classname);
            System.out.println(" 学生的数据库成绩是："+sql);
            System.out.println(" 学生的 Java 成绩是："+java);
            System.out.println(" 学生的网页设计成绩是："+webdesign);
            System.out.println(" 学生的体育成绩是："+gym);
    }
}
public class Test {
    public static void main(String[] args) {
            Student student=new Student("1001","WangYan","RJ",87,85,90,75);
            student.output();
    }
}
```

（2）编写程序，实现求学生的总成绩和平均成绩。

**【注意】**可用两种方法实现：第一种，在 Student 类中添加两个成员方法 SumScore() 和 AvgScore()，分别用来求学生的总成绩和平均成绩；第二种，在 main 方法中直接求总成绩和平均成绩，由于成绩变量都是 Student 类的私有成员，因此可利用 setter 和 getter 方法。

参考代码（第一种）：

```
class Student {
    private String sno; // 定义学生学号
    private String name; // 定义学生姓名
    private String classname; // 定义班级
    private float sql; // 定义 sql 成绩
    private float java; // 定义 java 成绩
    private float webdesign; // 定义网页设计成绩
    private float gym; // 定义体育成绩
    public Student(String sno, String name, String classname, float sql, float java, float webdesign, float gym)
    {
            super();
            this.sno = sno;
            this.name = name;
            this.classname = classname;
            this.sql = sql;
            this.java = java;
            this.webdesign = webdesign;
            this.gym = gym;
    }
    public void SumScore() {
```

```
        System.out.println(" 总成绩为："+(sql+java+webdesign+gym));
    }
    public void AvgScore() {
        System.out.println(" 平均成绩为："+(sql+java+webdesign+gym)/4);
    }
}
public class Test {
    public static void main(String[] args) {
        Student student=new Student("1001","WangYan","RJ1",87,85,90,75);
        student.SumScore();
        student.AvgScore();
    }
}
```

参考代码（第二种）：

```
class Student {
    private String sno; // 定义学生学号
    private String name; // 定义学生姓名
    private String classname; // 定义班级
    private float sql; // 定义 sql 成绩
    private float java; // 定义 java 成绩
    private float webdesign; // 定义网页设计成绩
    private float gym; // 定义体育成绩
    // 省略构造方法
    public String getSno() {
        return sno;
    }
    public void setSno(String sno) {
        this.sno = sno;
    }
    public String getName() {
        return name;
    }
    public void setName(String name) {
        this.name = name;
    }
    public String getClassname() {
        return classname;
    }
    public void setClassname(String classname) {
        this.classname = classname;
```

```
        }
        public float getSql() {
            return sql;
        }
        public void setSql(float sql) {
            this.sql = sql;
        }
        public float getJava() {
            return java;
        }
        public void setJava(float java) {
            this.java = java;
        }
        public float getWebdesign() {
            return webdesign;
        }
        public void setWebdesign(float webdesign) {
            this.webdesign = webdesign;
        }
        public float getGym() {
            return gym;
        }
        public void setGym(float gym) {
            this.gym = gym;
        }
    }
    public class Test {
        public static void main(String[] args) {
            Student student=new Student();
            student.setSno("1001");
            student.setName("WangYan");
            student.setClassname("RJ1");
            student.setSql(87);
            student.setJava(85);
            student.setWebdesign(90);
            student.setGym(75);
            System.out.println(" 总成绩为："+(student.getSql()+student.getJava()+student.getWebdesign() +
            student.getGym()));
            System.out.println(" 平均成绩为："+(student.getSql()+student.getJava()+student. getWebdesign()+
```

```
            student.getGym())/4);
    }
}
```

（3）利用异常处理，编写程序，模拟拨打某快递公司客服电话的语音播报过程。

参考代码：

```
import java.util.Scanner;
public class Test3 {
    public static void main(String[] args) {
        System.out.println(" 欢迎拨打快递客服热线电话，寄件请按 1，查件请按 2，投诉请按 3，人
        工请按 0：");
        Scanner sc=new Scanner(System.in);
        int num=sc.nextInt();
        try {
            switch (num) {
            case 1:
                System.out.println(" 上门寄件 ");
                break ;
            case 2:
                System.out.println(" 查询快递 ");
                break ;
            case 3:
                System.out.println(" 投诉建议 ");
                break ;
            case 0:
                System.out.println(" 人工服务 ");
                break ;
            default:
                throw new IllegalArgumentException("Unexpected value: " + num);
            }
        } catch (Exception e) {
            System.out.println(" 输入有误，请重新输入！ ");
            e.printStackTrace();
        }finally {
            System.out.println(" 感谢您的来电！ ");
        }
    }
}
```

## 拓展提高

### 异常的种类与继承关系

异常类的继承关系如图 3-6 所示。

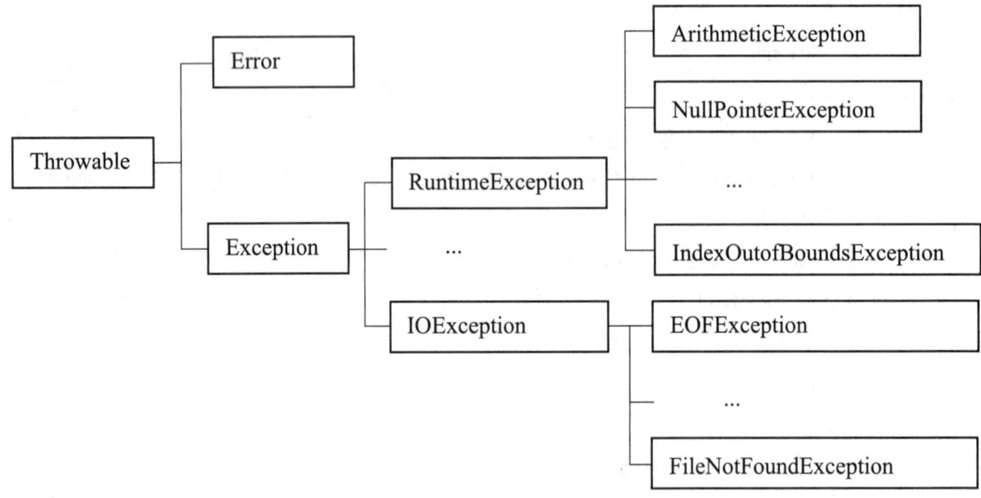


图 3-6　异常类的继承关系

常见的异常类见表 3-2。

表 3-2　常见的异常类

| 异常 | 说明 |
| --- | --- |
| RuntimeException | java.lang 包中多数异常的基类 |
| ArithmeticException | 算术错误，如除以 0 |
| IllegalArgumentException | 方法传递了一个不合法或不正确的参数 |
| ArrayIndexOutOfBoundsException | 数组下标出界 |
| NullPointerException | 试图访问 null 对象引用 |
| SecurityException | 试图违反安全性 |
| IOException | I/O 异常的根类 |
| FileNotFoundException | 不能找到文件 |
| EOFException | 文件结束 |

## 任务小结

本任务主要完成了学生成绩管理系统输入功能的改进。通过两个子任务的实施，我们学习了面向对象的基本概念和特征，以及类与对象之间的关系，掌握了类、属性、成员方法的定义，熟悉了对象的实例化及使用方法，最后学习了构造方法及 this 指针的使用、异常的基本概念和知识。本任务的重中之重是面向对象的思想与概念，读者一定要深入理解。

## 习题与实训

### 一、选择题

1．下面关于类的说法，不正确的是（　　）。

A．类是同种对象的集合和抽象

B．类属于 Java 语言中的复合数据类型

C．类就是对象

D．类是 Java 语言中的基本结构单位

2．下面关于方法的说法中，不正确的是（　　）。

A．Java 中的构造方法名必须和类名相同

B．如果一个类定义了构造方法，也可以用该类的默认构造方法

C．方法体是对方法的实现，包括变量声明和合法语句

D．类的私有方法不能被其他类直接访问

3．构造方法与实例方法的相同之处是（　　）。

A．两者都有返回类型　　B．两者名字都与类名相同

C．两者都有参数列表　　D．以上三个选项都对

4．自定义异常时，可以通过对下列哪一项进行继承？（　　）

A．Error 类　　B．Applet 类

C．Exception 类及其子类　　D．AssertionError 类

5．运行下列程序时，会产生什么异常？（　　）

```
public class Test {
    public static void main(String[] args) {
        int x=0;
        int y=5/x;
        int[] a={1,2,3,4};
        int b=a[4];
    }
}
```

A．ArithmeticException　　B．NumberFormatException

C．ArrayIndexOutOfBoundsException　　D．IOException

6．下列程序的运行结果是（　　）。

```
public class Test2 {
    public static void main(String[] args) {
        try {
            return;
        }
```

```
            finally {
                System.out.println("Finally");
            }
        }
    }
```

A．程序正常运行，但不输出任何结果

B．程序正常运行，并输出 Finally

C．编译通过，但运行时出现异常

D．因为没有 catch 语句，所以不能通过编译

7．定义类头时，不可能用到的关键字是（　　）。

A．class　　B．private　　C．extends　　D．public

8．运行下列程序时，会产生什么异常？（　　）

```
public class Test {
    public static void main(String[] args) {
        int[] a={1,2,3,4};
        int b=a[4];
        int x=0;
        int y=5/x;
    }
}
```

A．ArithmeticException　　B．NumberFormatException

C．ArrayIndexOutOfBoundsException　　D．IOException

9．设 A 为已定义的类名，下列创建 A 类的对象 a 的语句中正确的是（　　）。

A．A a=new A();　　B．public A a=A();

C．A a=new class();　　D．a A;

10．在 Java 中，若要使用一个包中的类，首先要求对包进行导入，其关键字是（　　）。

A．import　　B．package　　C．include　　D．interface

## 二、编程题

编写 book 类，要求类具有书号、书名、出版社、出版时间、价格。编写构造方法，实现对属性赋值。编写 print 方法，实现输出每本书的信息。编写测试类，创建 book 类对象，并使用构造方法和 print 方法。

## 三、简答题

1．简述构造方法与普通的成员方法有什么相似和不同之处。

2．简述 Java 中构造方法的特点。

任务四

# 学生成绩修改功能

## 【任务目标】

1. 了解类的继承机制；
2. 掌握继承的实现方法；
3. 掌握类成员的访问和继承规则；
4. 掌握类成员的继承原则；
5. 掌握 super 关键字的使用；
6. 熟悉 Object 类及其常用方法。

## 【任务简介】

在字符界面成绩管理系统中，学生成绩修改功能是较为重要的一个功能。为了使同学们更好地学习各个知识点，本任务设定为根据学号修改某一名本批次输入的学生成绩信息，而这批学生成绩信息当前并未存储到硬盘上。这里需要注意任务的目标并非修改硬盘上的学生成绩信息。当决定修改后，通过功能项选择确定修改某一名同学的哪一项数据，最后通过键入新数据来完成原有数据修改。在完成任务的过程中，学生能够掌握类的继承机制、继承的实现、类成员的访问和继承规则等知识和技能。

## 任务描述

为 SMS 类添加成绩修改功能 modify() 方法。该方法将为用户提供 6 个选择：（1）修改姓名；（2）修改班级；（3）修改 sql 成绩；（4）修改 java 成绩；（5）修改网页成绩；（6）修改体育成绩。用户选择之后，键入 1～6 则可以完成相应数据的修改。但这里需要注意的是，修改的数据只是针对 Student 数组 s 中的学生数据，而不是存储于记事本中的学生数据。

## 任务分析

操作步骤如下：

（1）步骤一：在任务三的基础上，在 SMS 类中添加 judge () 方法；

（2）步骤二：在 SMS 类中添加 modify 方法，其功能为修改学生成绩。

## 任务实施

任务概览：

```
public class Student{
}
pubic class SMS{
    menu();// 主菜单
    add();// 添加学生信息
    select();// 显示本次录入学生信息
    modify();// 修改学生信息
    delete();// 删除学生信息
    writeFile ();// 将确认无误的学生信息写入 txt 文件
    judge();// 判断本次是否录入了学生信息
    main();
}
```

（1）步骤一：在任务三的基础上，在 SMS 类中添加 judge () 方法。

```
public class Student{
}
public class SMS{
    main();
    menu();
    add();//SMS 类的相关变量与方法定义，参考任务三代码
    public void judge() throws IOException {
        int i;
        char ch;
        String str;
        Scanner In = new Scanner(System.in);
        if (n == 0) {
            System.out.println(" 你还没有录入任何学生信息，是否录入（Y/N）：");
            str = In.next();
            ch = str.charAt(0);
            while (ch != 'Y' && ch != 'y' && ch != 'N' && ch != 'n') {
                System.out.println(" 输入有误，请重新输入：");
                str = In.next();
```

```
                    ch = str.charAt(0);
                }
                if (ch == 'Y' || ch == 'y') {
                    this.add();
                }
                if (ch == 'N' || ch == 'n') {
                    this.menu();
                }
            }
        }
}
```

（2）步骤二：在 SMS 类中添加 modify 方法，其功能为修改学生成绩。

```
public class Student{
}
public class SMS{
    main();
    menu();
    add();//SMS 类的相关变量与方法定义，参考任务三代码
    judge();// 参考步骤一代码
    public void modify() throws IOException {
        this.judge();
        String sno;// 声明要修改的学生学号变量
        String classname;// 声明学生班级变量
        String name;// 声明学生姓名变量
        float sql;// 声明 sql 成绩变量
        float java;// 声明 java 成绩变量
        float webdesign;// 声明 webdesign 成绩变量
        float gym;// 声明体育成绩变量
        int j = 0;// 定义循环变量
        int alterindex = 0;// 定义要修改的学生下标
        int k = 0;// 定义是否存在要修改的学号，0 表示不存在，1 表示存在
        int choice = 0;// 定义操作选择项
        int c = 1;// 定义控制循环修改数据的变量，如果为 1，则循环修改数据
        char ch;
        String str;
        System.out.println(" 请输入要修改的学号：");
        sno = In.next();
        for (j = 0; j < n; j++) {
            if (s[j].getSno().equals(sno)) {
                k = 1;
```

```
                alterindex = j;
            }
        }
        if (k == 0) {
            System.out.println(" 对不起！你要修改的学号不存在！ ");
            System.out.println(" 系统将返回主菜单！ ");
            this.menu();
        }
        if (k == 1) {
            // 打印将要修改的学生信息
            System.out.println(" 你要修改的学生成绩信息如下：");
            System.out.println(" 学号 \t 姓名 \t 班级 \t SQL \t Java \t web \t gym");
            System.out.println(s[alterindex].getSno() + " \t "+ s[alterindex].getName() + " \t
            "+ s[alterindex].getClassname() + " \t " + s[alterindex].getSql() + " \t " +
            s[alterindex].getJava()+ " \t " + s[alterindex].getWebdesign() + " \t " +
            s[alterindex].getGym());
            System.out.println();
            System.out.println(" 你确定要修改（Y/N）：");
            str = In.next();
            ch = str.charAt(0);
            while (ch != 'Y' && ch != 'y' && ch != 'N' && ch != 'n') {
                System.out.println(" 输入无效，请重新输入：");
                str = In.next();
                ch = str.charAt(0);
            }
            if (ch == 'N' || ch == 'n') {
                System.out.println();
                System.out.println(" 系统返回主菜单！ ");
                this.menu();
            }
            while (c == 1) {
                if (ch == 'Y' || ch == 'y') {
                    System.out.println("*****************************************");
                    System.out.println("*****          1. 修改学生姓名              *****");
                    System.out.println("*****          2. 修改学生班级              *****");
                    System.out.println("*****          3. 修改 sql 成绩             *****");
                    System.out.println("*****          4. 修改 java 成绩            *****");
                    System.out.println("*****          5. 修改 webdesign 成绩       *****");
                    System.out.println("*****          6. 修改 gym 成绩             *****");
                    System.out.println("*****************************************");
```

```
            System.out.println(" 请选择：");
            choice = In.nextInt();
            switch (choice) {
            case 1:
                System.out.print(" 请输入新的学生姓名：");
                name = In.next();
                s[alterindex].setName(name);
                break;
            case 2:
                System.out.print(" 请输入新的学生班级：");
                classname = In.next();
                s[alterindex].setClassname(classname);
                break;
            case 3:
                System.out.print(" 请输入新的 sql 成绩：");
                sql = In.nextFloat();
                s[alterindex].setSql(sql);
                break;
            case 4:
                System.out.print(" 请输入新的 java 成绩：");
                java = In.nextFloat();
                s[alterindex].setJava(java);
                break;
            case 5:
                System.out.print(" 请输入新的 webdesign 成绩：");
                webdesign = In.nextFloat();
                s[alterindex].setWebdesign(webdesign);
                break;
            case 6:
                System.out.print(" 请输入新的 gym 成绩：");
                gym = In.nextFloat();
                s[alterindex].setGym(gym);
                break;
            }
            System.out.println(" 数据已成功修改！ ");
        }
        System.out.print(" 是否继续修改（Y/N）");
        str = In.next();
        ch = str.charAt(0);
        System.out.println();
```

```
                while (ch != 'Y' && ch != 'y' && ch != 'N' && ch != 'n') {
                    System.out.print(" 输入无效，请重新输入：");
                    str = In.next();
                    ch = str.charAt(0);
                }
                if (ch == 'N' || ch == 'n') {
                    break;
                }
            }
        }
        System.out.println();
        System.out.println(" 系统返回主菜单！ ");
        this.menu();
    }
}
```

【注意】在 Eclipse 中，选择左侧树形目录中的类，如图 4-1 所示，用右键单击，从弹出的菜单中选择“Refactor”下的“Rename”，即可对类名进行修改。

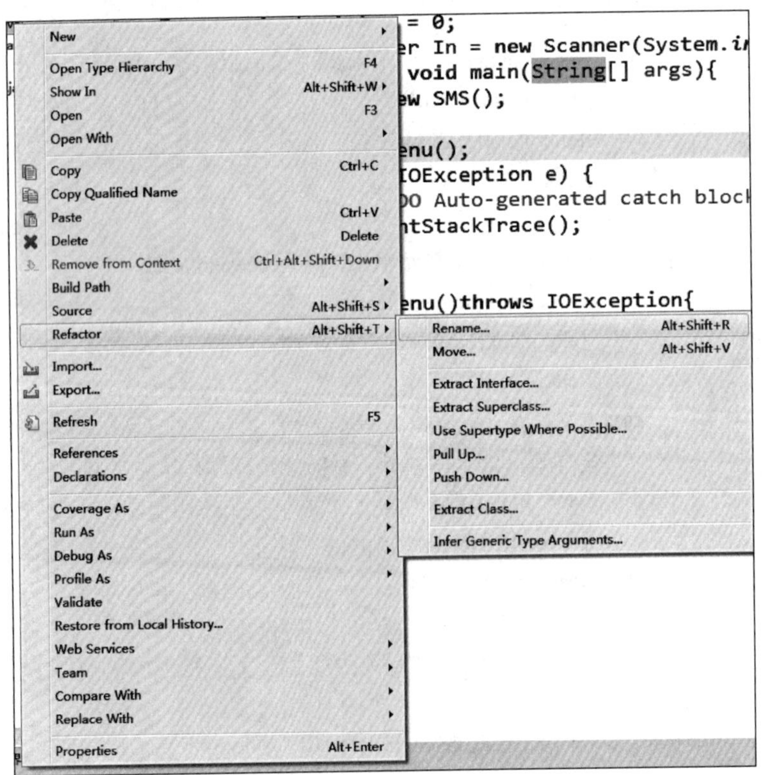


图 4-1　类的重命名

## 相关知识

### 一、类的继承

1. 创建子类

类的继承

格式：class 子类名　extends　父类名{
　　属性定义;
　　方法定义;
}

说明：子类可以继承父类中访问控制为 public、protected 的成员变量和方法，如果子类和父类在同一个包，还可以继承访问控制为 default 的成员变量和方法，并可以增加自己的属性和方法。如果不出现 extends 子句，则该类的父类为 Object。

2. 成员属性和方法的继承

（1）继承父类的属性。

**【例 4.1】** Student 类继承 Person 类的属性（一）。

```
class Person{
    String name=" 刘磊 ";
    int age=19;
}
class Student extends Person{
     String classname=" 软件 141";
     int sno=23;}
public class Exp41{
    public static void main(String args[]){
           Person p1=new Person();
           Student s1=new Student();
           System.out.println(" 父类的信息：");
           System.out.println(" 姓名："+p1.name+" 年龄："+p1.age);
           System.out.println(" 子类的信息：");
           System.out.println(" 姓名："+s1.name+" 年龄："+s1.age+" 班级："+s1.classname+" 学号：
           "+s1.sno);
    }
}
```

运行结果：

```
父类的信息：
姓名：刘磊 年龄：19
子类的信息：
姓名：刘磊 年龄：19 班级：软件 141 学号：23
```

**【例 4.2】** Student 类继承 Person 类的属性（二）。

```
class Person {
    String name;
    int age;
}
class Student extends Person {
    String classname;
    int sno;
}
public class Exp42{
    public static void main(String args[]) {
        Person p1 = new Person();
        p1.name = " 刘磊 ";
        p1.age = 19;
        Student s1 = new Student();
        s1.classname = " 软件 141";
        s1.sno = 23;
        System.out.println(" 父类的信息：");
        System.out.println(" 姓名：" + p1.name + " 年龄：" + p1.age);
        System.out.println(" 子类的信息：");
        System.out.println(" 姓名：" + s1.name + " 年龄：" + s1.age + " 班级：" + s1.classname + " 学
        号：" + s1.sno);
    }
}
```

运行结果：

```
父类的信息：
姓名：刘磊 年龄：19
子类的信息：
姓名：null 年龄：0 班级：软件 141 学号：23
```

（2）继承父类的方法。

**【例 4.3】** 继承父类的方法。

```
class Person {
    String name;
    int age;
    void setName(String name) {
        this.name = name;
    }
    void setAge(int age) {
        this.age = age;
```

```
    }
}
class Student extends Person {
    String classname;
    int sno;
    void setClassname(String classname) {
        this.classname = classname;
    }
    void setSno(int sno) {
        this.sno = sno;
    }
}
public class Exp43{
    public static void main(String args[]) {
        Person p1 = new Person();
        p1.setName(" 胡明月 ");
        p1.setAge(19);
        Student s1 = new Student();
        s1.setName(" 蔡文静 ");
        s1.setAge(18);
        s1.setClassname("0801");
        s1.setSno(11);
        System.out.println(" 父类的信息：");
        System.out.println(" 姓名：" + p1.name + " 年龄：" + p1.age);
        System.out.println(" 子类的信息：");
        System.out.println(" 姓名：" + s1.name + " 年龄：" + s1.age + " 班级：" + s1.classname + " 学
        号：" + s1.sno);
    }
}
```

运行结果：

```
父类的信息：
姓名：胡明月 年龄：19
子类的信息：
姓名：蔡文静 年龄：18 班级：0801 学号：11
```

（3）子类和父类的成员同名。

成员变量同名：在子类中父类的成员变量被隐藏，但在子类对象中仍然分配相应的存储空间，只是不可见。

成员方法同名：如果子类中的方法与父类中的方法具有相同的名称、参数表和返回值类型，则子类清除父类的同名成员方法，重写了父类的方法，否则可直接继承下来。

**【例 4.4】**

```
class Person {
    String name;
    int age;
    int weight=75; // 同名成员变量
    void setValue(String name, int age) { // 同名成员方法
        this.name = name;
        this.age = age;
    }
}
class Student extends Person {
    String classname;
    int weight;
    void setValue(String name, int age, String classname, int weight) {
        this.name = name;
        this.age = age;
        this.classname = classname;
        this.weight = weight;
    }
}
public class Exp43{
    public static void main(String args[]) {
        Person p1=new Person();
        p1.setValue(" 刘磊 ",19);
        System.out.println(" 父类的信息：");
        System.out.println(" 姓名：" + p1.name + " 年龄：" + p1.age+ " 体重：" + p1.weight);
        Student s1=new Student();
        System.out.println(" 子类的信息：");
        System.out.println(" 姓名：" + s1.name + " 年龄：" + s1.age + " 班级：" + s1.classname + " 体
        重：" + s1.weight);
        s1.setValue(" 刘磊 ",19," 软件 161",65);
        System.out.println(" 子类的信息：");
        System.out.println(" 姓名：" + s1.name + " 年龄：" + s1.age + " 班级：" + s1.classname + " 体
        重：" + s1.weight);
    }
}
```

运行结果：

```
父类的信息：
姓名：刘磊 年龄：19 体重：75
子类的信息：
```

```
姓名：null 年龄：0 班级：null 体重：0
子类的信息：
姓名：刘磊 年龄：19 班级：软件 161 体重：65
```

**【注意】**

（1）继承是与传统方法不同的一个最具特色的方法，用以实现代码的复用。

（2）继承是两个类之间的一种关系，即一个类可以从另一个类（即它的父类）继承状态和行为。被继承的类也可称为超类（父类），继承父类的类称为子类。Object 类是 Java 中所有类的超类，Java 中的类都是直接或间接地由 Object 类派生而来的。

（3）类的继承是用关键字 extends 说明的，一次只能继承一个类，即单重继承。

（4）子类永远不会继承父类的构造方法。除了构造方法之外，父类的所有非 private 方法和属性都由子类的对象继承，包括静态的。

（5）子类在继承的基础上可以增加自己的属性和方法。

（6）子类中的成员变量同父类的成员变量同名，称父类的成员变量被隐藏。

## 二、super 关键字

super 表示当前对象的直接父类对象，是当前对象的直接父类对象的引用。

super 关键字

使用方式：

方式一：super. 数据成员　　　　　// 子类访问父类同名成员变量

方式二：super. 成员方法（参数）// 子类访问父类同名成员方法

方式三：super（参数）　　　　　　// 调用父类的构造方法

1. 方式一：super. 数据成员

**【例 4.5】**

```
class Person {
    String name;
    int age;
    int weight; // 同名成员变量
    void setValue1(String name, int age, int weight) {
        this.name = name;
        this.age = age;
        this.weight = weight;
    }
}
class Student extends Person {
    String classname;
    int weight;
    void setValue2(String name, int age, String classname, int weight) {
        this.name = name;
        this.age = age;
```

```
            this.classname = classname;
            this.weight = weight;
        }
        void show() {
            System.out.println(" 同名成员变量 \n 父类：" + super.weight + "，子类：" + weight);
        }
    }
    public class Exp44{
        public static void main(String args[]) {
            Person p1=new Person();
            Student s1=new Student();
            p1.setValue1(" 刘磊 ", 19, 65);
            s1.setValue2(" 蔡文静 ", 21, " 软件 161",70);
            s1.show();
        }
    }
```

运行结果：

```
同名成员变量
父类：0，子类：70
```

2．方式二：super. 成员方法（参数）

**【例 4.6】**

```
class Person{
    String name;
    int age;
    void setValue(String name,int age){ // 思考 setValue 是同名方法，还是方法重写。
        this.name=name;
        this.age=age;}
 }
/*class Student extends Person{
      String classname;
      int sno;
      void setValue(String name,int age,String classname,int sno){
          this.name=name;
          this.age=age;
          this.classname=classname;
          this.sno=sno;}
}*/
// 以上 Student 定义等价于下面 Student 定义
class Student extends Person{
```

```
        String classname;
        int sno;
        void setValue(String name,int age,String classname,int sno){
            setValue(name,age);// 等价于 super.setValue(name,age);
            this.classname=classname;
            this.sno=sno;}
    }
    public class Exp46{
        public static void main(String args[]) {
            Student s1=new Student();
            s1.setValue(" 蔡文静 ", 21, " 软件 161", 102);
            System.out.println(" 姓名：" + s1.name + " 年龄：" + s1.age + " 班级：" + s1.classname + " 学
            号：" + s1.sno);
        }
    }
```

运行结果：

```
姓名：蔡文静  年龄：21  班级：软件 161  学号：102
```

**【注意】**

（1）上面两个 Student 类的定义等价，可以利用“super.setValue(name,age);”调用父类的成员方法。

（2）方法重载：在同一类或子类中允许多个方法同名，但这些方法参数不同。

（3）方法重写：子类的方法首部与父类的方法首部相同，但子类重新定义了该方法。

3．方式三：super（参数）

子类构造方法引用父类构造方法：

（1）在构造子类对象时，会先调用父类的构造方法。

（2）子类构造方法中通过 super 语句调用父类构造方法。

（3）如果子类构造方法中没有通过 super 语句调用父类构造方法，那么会调用父类的无参构造方法，如果不存在无参构造方法，将导致编译错误。

（4）super（参数）必须是子类构造方法中的第一句。

**【例 4.7】**

```
class Father{
    String fatherName;
    Father(){
      this.fatherName=" 未知 ";
    }
    Father(String fatherName){
      this.fatherName=fatherName;
```

```
    }
}
class Son extends Father{
    String sonName;
    Son(String sonName){
      this.sonName=sonName;
    }
    Son(String sonName,String fatherName){
      super(fatherName);
      this.sonName=sonName;
    }
}
public class Exp47{
      public static void main(String args[]) {
            Son s1=new Son (" 曹植 "," 曹操 ");
            System.out.println(" 儿子姓名：" + s1.sonName + "\n 父亲名字：" + s1.fatherName );
      }
}
```

运行结果：

```
儿子姓名：曹植
父亲名字：曹操
```

## 任务训练

编写一个程序，用于创建一个名为 Employee 的父类和两个名为 Manager 和 Director 的子类。Employee 类包含 3 个属性：name、basic 和 address。Manager 类有一个称为 department 的附加属性。Director 类有一个称为 transportAllowance 的附加属性。创建 Manager 和 Director 类的对象，并显示其详细信息。

参考代码：

```
public class Test1 {
      public static void main(String[] args) {
            Manager manager=new Manager("ZhangWei",8000,"HangZhou","Sales");
            Director director=new Director("MaYun",20000,"HangZhou",5000);
            manager.outputM();
            director.outputD();
      }
}
class Employee{
      String name;// 姓名
```

```
    float basic;// 基本工资
    String address;// 地址
    public Employee(String name, float basic, String address) {
        super();
        this.name = name;
        this.basic = basic;
        this.address = address;
    }
}
class Manager extends Employee{
    String department;// 部门
    public Manager(String name, float basic, String address, String department) {
        super(name, basic, address);
        this.department = department;
    }
    public void outputM() {
        System.out.println(" 姓名："+name+" 基本工资："+basic+" 地址："+address+" 部门："+department);
    }
}
class Director extends Employee{
    float transportAllowance;// 交通补贴
    public Director(String name, float basic, String address, float transportAllowance) {
        super(name, basic, address);
        this.transportAllowance = transportAllowance;
    }
    public void outputD() {
        System.out.println(" 姓名："+name+" 基本工资："+basic+" 地址："+address+" 交通补贴：
        "+transportAllowance);
    }
}
```

## 拓展提高

### Object 类及其常用方法

在 Java 语言中，所有的类都是直接或间接继承 java.lang.Object 类得到的，它是所有类的祖先，如果一个类没有显式指明其父类，那么它的父类就是 Object 类。Object 类提供了一些可完成特定功能的 public 方法，便于子类继承。下面介绍其中两个较为常用的方法：toString() 和 equals()。

1. 取得对象信息的方法：public String toString()

该方法在打印对象时被调用，将对象信息变为字符串返回，默认输出对象地址。例如有如下代码：

```
class Student
{
  String name="XiaoMing";
  int age=18;
}
public class Test{
  public static void main(String[] args)
  {
      Student stu = new Student();
      System.out.println(" 姓名："+stu.name+"，年龄："+stu.age);// 输出对象属性
      System.out.println(stu);// 直接输出对象信息
      System.out.println(stu.toString());// 调用父类方法输出对象信息
  }
}
```

输出结果为：

```
姓名：XiaoMing，年龄：18
cc.Student@279f2327
cc.Student@279f2327
```

上述结果中，编译程序默认调用 Object 类的 toString() 方法输出对象的地址信息，我们可以根据自己的需要重写 toString() 方法来输出对象的其他信息。

2．对象相等判断方法：public boolean equals(Object obj)

该方法判断的是两个对象是否相等，指的是两个对象的地址是否相等。Object 的子类一般都会根据自己的需要对 equals 方法进行重写，这体现了 Java 的灵活性和拓展性。例如有如下代码：

```
class Student
{
    String name;
    int age;
    public Student(String name,int age)
    {
        this.name=name;
        this.age=age;
    }
}
public class Test{
    public static void main(String[] args)
    {
```

```
            Student stu1 = new Student("XiaoMing",18);
            Student stu2 = new Student("XiaoMing",18);
            System.out.println(stu1.equals(stu2));// 输出一个布尔值
            // 条件运算符
            System.out.println(stu1.equals(stu2)?"stu1 和 stu2 是同一个人 ":"stu1 和 stu2 不是同一个人 ");
        }
    }
```

输出结果为：

```
false
stu1 和 stu2 不是同一个人
```

显然这不是我们想要的结果，原因是 stu1 和 stu2 的地址不同，所以我们只有重写方法才能达到目的。

```
class Student
{
    String name;
    int age;
    public Student(String name,int age)
    {
        this.name=name;
        this.age=age;
    }
    public boolean equals(Object obj) {
        Student stu=(Student)obj;
        if ((this.name==stu.name)&&(this.age==stu.age))
            return true;
        else
            return false;
    }
}
public class Test{
    public static void main(String[] args)
    {
        Student stu1 = new Student("XiaoMing",18);
        Student stu2 = new Student("XiaoMing",18);
        System.out.println(stu1.equals(stu2));// 输出一个布尔值
        // 条件运算符
        System.out.println(stu1.equals(stu2)?"stu1 和 stu2 是同一个人 ":"stu1 和 stu2 不是同一个人 ");
    }
}
```

输出结果为：

```
true
stu1 和 stu2 是同一个人
```

## 任务小结

本任务主要完成了学生成绩系统中修改学生成绩的功能。通过本任务的实施，我们复习巩固了前面任务中的相关知识，并进一步学习了类的继承、super 关键字的使用以及 Object 类及其常用方法等知识。这将为后续任务的实施与学习打下坚实的基础。

## 习题与实训

### 一、选择题

1. 继承是面向对象编程的一个重要特征，它可降低程序的复杂性并使代码（　　）。

A. 可读性好　　B. 可重用　　C. 可跨包访问　　D. 运行更安全

2. Java 语言类间的继承关系是（　　）。

A. 单继承　　B. 多重继承　　C. 不能继承　　D. 不一定

3. 区分类中重载方法的依据是（　　）。

A. 形参列表的类型和顺序　　B. 不同的形参名称

C. 返回值的类型不同　　D. 访问权限不同

4. 关键字（　　）是用来调用父类的构造方法。

A. base　　B. super　　C. this　　D. extends

5. 如果局部变量和成员变量同名，如何在局部变量作用域内引用成员变量？（　　）

A. 不能引用，必须改名，使它们的名称不相同

B. 在成员变量前加 this，使用 this 访问该成员变量

C. 在成员变量前加 super，使用 super 访问该成员变量

D. 不影响，系统可以自己区分

6. 下列关于继承的说法，正确的是（　　）。

A. 子类将继承父类所有的属性和方法

B. 子类将继承父类的非私有属性和方法

C. 子类只继承父类的 public 方法和属性

D. 子类只继承父类的方法，而不继承属性

7. 下列关于 super 的说法，正确的是（　　）。

A. 是指当前对象的内存地址

B．是指当前对象的父类

C．是指当前对象的父类对象的内存地址

D．可以用在 main() 方法中

8．下列关于覆盖和重载的说法，正确的是（　　）。

A．覆盖只有发生在父类与子类之间，而重载可以发生在同一个类中

B．覆盖方法可以不同名，而重载方法必须同名

C．final 修饰的方法可以被覆盖，但不能被重载

D．覆盖与重载是同一回事

9．以下程序的运行结果为（　　）。

```
public class Test {
    int value;
    public static void main(String[] args) {
      Test t=new Test();
      if(t==null)
            System.out.println("No Object");
      else
            System.out.println(t.value);
    }
}
```

A．0　　B．1　　C．No Object　　D．编译错误

10．以下程序的运行结果为（　　）。

```
public class Test{
    static int n=3;
    public static void main(String[] args) {
      int n=4;
      Test t1=new Test();
      t1.n++;
      Test t2=new Test();
      t2.n++;
      n++;
      System.out.println(t1.n);
    }
}
```

A．3　　B．4　　C．5　　D．6

11．以下程序的调试结果为（　　）。

```
class A{
  A(){
```

```
        int k=100;
        System.out.print(k);
    }
}
public class B{
    static int k=200;
    public static void main(String[] args) {
        B b=new B();
        System.out.print(k);
    }
}
```

A．100　　　　B．200　　　　C．100200　　　　D．编译错误

## 二、编程题

定义一个父类 Person 类，其属性为身份证号、姓名、出生日期，编写构造方法实现属性的赋值，编写 print 方法实现基本信息的输出。在此基础上派生出子类 Teacher 类，子类中定义自己的属性，即教师编号，编写自己的构造方法以及 print 方法，在其中增加打印自己属性的语句。

任务五

# 学生成绩删除功能

## 【任务目标】

1．了解 static 关键字和 final 关键字的作用；
2．掌握 static 关键字的使用方法；
3．掌握 final 关键字的使用方法。

## 【任务简介】

在字符界面学生成绩管理系统中，学生成绩删除功能同样是较为重要的一个功能。为了使同学们更好地学习各个知识点，本任务设定为根据学号删除某一名本批次输入的学生成绩信息，而这批学生成绩信息当前并未存储到硬盘上。这里需要注意的是，任务的目标并非删除硬盘上的学生成绩信息，而是通过查询已有学生成绩信息，判断其是否重复或错误，进而决定是否对原有数据进行删除。当决定删除后，系统再次询问用户是否删除，和用户确认后再执行删除数据操作。在完成任务的过程中，学生能够掌握 static 关键字和 final 关键字的使用等知识和技能。

## 任务描述

持续对任务四中的 SMS 类进行改进，增加 delete() 方法。首先查询 Student 数组 s 中是否有数据，如果没有，则提示输入，否则提示输入要删除的学生学号。输入学生学号后，打印学生相关信息，请用户确认是否要删除该学生信息：若输入为“Y”或“y”，则删除，删除后提示删除成功；若输入“N”或“n”，则返回主菜单。

## 任务分析

操作步骤如下：

步骤一：分析 SMS 的各成员方法；

步骤二：为 SMS 类增加 delete() 方法。

## 任务实施

任务概览：

```
public class Student{
}
public class SMS{
    menu();// 主菜单
    add();// 添加学生信息
    select();// 显示本次录入学生信息
    modify();// 修改学生信息
    delete();// 删除学生信息
    writeFile ();// 将确认无误的学生信息写入 txt 文件
    judge();// 判断本次是否录入了学生信息
    main();
}
```

（1）步骤一：分析 SMS 的各成员方法。

根据任务概览，分析 SMS 类中各方法及功能。

（2）步骤二：为 SMS 类增加 delete() 方法。

```
public void delete() throws IOException {
        this.judge();
        int j = 0, t = 0, k = 0;
        String sno;
        char ch;
        String str;
        System.out.println(" 请输入要删除的学号：");
        sno = In.next();
        for (j = 0; j < n; j++) {
            if ((s[j].getSno()).equals(sno)) {
                k = 1;
                t = j;
            }
        }
        if (k == 0) {
            System.out.println(" 对不起！你要删除的学号不存在！ ");
            System.out.println(" 系统将返回主菜单！ ");
            this.menu();
```

```
        }
        if (k == 1) {
            System.out.println(" 你要删除的学生信息如下："); // 打印要删除的学生信息
            System.out.println(" 学号 \t 姓名 \t 班级 \t SQL \t Java \t web \t gym");
            System.out.println(s[t].getSno() + "          " + s[t].getName() + "          " +
            s[t].getClassname() + " \t "+ s[t].getSql() + " \t " + s[t].getJava() + " \t " +
            s[t].getWebdesign() + " \t " + s[t].getGym());
            System.out.println();
            System.out.println(" 你确定要删除（Y/N）：");
            str = In.next();
            ch = str.charAt(0);
            while (ch != 'Y' && ch != 'y' && ch != 'N' && ch != 'n') {
                System.out.println(" 输入无效，请重新输入：");
                str = In.next();
                ch = str.charAt(0);
            }
            if (ch == 'N' || ch == 'n') {
                System.out.println();
                System.out.println(" 系统返回主菜单！ ");
                this.menu();
            }
            if (ch == 'Y' || ch == 'y') {
                for (j = t; j < n - 1; j++) {
                    s[j] = s[j + 1];
                    System.out.println(s[j].getSno());
                }
                n--;
                System.out.println(" 学生成绩成功删除！ ");
                System.out.println(" 系统返回主菜单！ ");
                this.menu();
            }
        }
    }
```

## 相关知识

### 类和成员的修饰符

访问修饰符

访问修饰符：public、protected、default、private

public：公共的，可用于修饰类、成员变量和成员方法。权限：访问不受限制，本包和其他包均可访问。

protected：受保护的，可用于修饰成员变量和成员方法。权限：同包或其他包中的继承类可访问。

default：缺省，可用于修饰类、成员变量和成员方法。权限：同包中的类访问。

private：私有，可用于修饰成员变量和成员方法。修饰符 private 用于修饰成员变量和成员方法，用于提高代码的安全性，被修饰的内容只限于本类中访问。若类外引用该成员变量和成员方法，则需要借助一些方法来实现：

getxxx()：获取属性值。

setxxx()：为属性赋值。

Java 语言中有各种不同作用的修饰符，修饰符在不同的包中的访问权限是不一样的，详见表 5-1。

**表 5-1　Java 修饰符访问权限**

| 序号 | 关键字 | 类 | 变量 | 方法 | 接口 | 说明 |
|---|---|---|---|---|---|---|
| 1 | default | √ | √ | √ | √ | 可被同一包中的类存取。 |
| 2 | public | √ | √ | √ | √ | 可被别的包中的类存取。 |
| 3 | final | √ | √ | √ |  | 不能有子类，方法不能被重写，变量为常量。 |
| 4 | abstract | √ |  | √ | √ | 类必须被扩展，方法必须被覆盖。 |
| 5 | private |  | √ | √ |  | 方法、变量只能在此类中被访问。 |
| 6 | protected |  | √ | √ |  | 方法或变量能被同一包中的类访问，以及被其他包中该类的子类访问。 |
| 7 | static |  | √ | √ |  | 定义成员变量及类方法。 |
| 8 | synchronized |  |  | √ |  | 在某一时刻，只有一个被该修饰符修饰的方法在执行。 |

**【例 5.1】** Default 的使用。

```
class DefaltClass{
    int x;
    int y;
    DefaltClass(int x,int y){
        System.out.println(" 缺省类的构造方法！ ");
        this.x=x;
        this.y=y;
    }
    int add(){
        return this.x+this.y;
    }
}
public class Exp51{
    public static void main(String args[]){
```

```
            DefaltClass o1=new DefaltClass(3,5);
            System.out.println("o1.x="+o1.x);
            System.out.println("o1.y="+o1.y);
            System.out.println("x+y="+o1.add());
    }
}
```

运行结果：

```
缺省类的构造方法！
o1.x=3
o1.y=5
x+y=8
```

【例 5.2】 找出下面程序中的错误。

```
class DefaltClass {
    private int x;
    private int y;
    DefaltClass(int x, int y) {
        System.out.println(" 缺省类的构造方法！ ");
        this.x = x;
        this.y = y;
    }
}
class Exp52{
    public static void main(String args[]) {
        DefaltClass o1 = new DefaltClass(3, 5);
        o1.x = 5;
        System.out.println("o1.x=" + o1.x);
        System.out.println("o1.y=" + o1.y);
    }
}
```

运行结果：

```
提示错误，无法读取存取访问控制属性为 private 的变量。
```

## 任务训练

（1）编写一个学生类，描述学生的学号、姓名、成绩。学号用整型，成绩用浮点型，姓名用 String 类型，编写一个测试类，用对象数组定义 5 个对象，输入和输出学生信息（要求：把两个类放在不同的包中）。

**【注意】**对象数组中的对象需要分别进行实例化。

参考代码：

```
package aa;
public class Student
{
    public int sno;
    public String name;
    public float score;
    public Student(int sno, String name, float score) {
        super();
        this.sno = sno;
        this.name = name;
        this.score = score;
    }
}
package cc;
import aa.Student;
public class Test{
    public static void main(String[] args)
    {
        Student stu[]=new Student[5];
        stu[0]=new Student(1001, "LiuLei", 98);
        stu[1]=new Student(1002, "ZhangYan", 95);
        stu[2]=new Student(1003, "WangKai", 74);
        stu[3]=new Student(1004, "MaYun", 88);
        stu[4]=new Student(1005, "LiXiao", 76);
        for (int i=0;i<stu.length;i++) {
                System.out.println(" 学号："+stu[i].sno+" 姓名："+stu[i].name+" 成绩："+stu[i].score);
        }
    }
}
```

运行结果：

```
学号：1001 姓名：LiuLei 成绩：98.0
学号：1002 姓名：ZhangYan 成绩：95.0
学号：1003 姓名：WangKai 成绩：74.0
学号：1004 姓名：MaYun 成绩：88.0
学号：1005 姓名：LiXiao 成绩：76.0
```

（2）在上题的基础上，把属性设置为 private，利用 setxxx() 和 getxxx() 方法设置属性值和获取属性值，并输出该对象的信息。

参考代码：

```
package aa;
```

```
public class Student
{
    private int sno;
    private String name;
    private float score;
    public int getSno() {
        return sno;
    }
    public void setSno(int sno) {
        this.sno = sno;
    }
    public String getName() {
        return name;
    }
    public void setName(String name) {
        this.name = name;
    }
    public float getScore() {
        return score;
    }
    public void setScore(float score) {
        this.score = score;
    }
}
package cc;
import aa.Student;
public class Test{
    public static void main(String[] args)
    {
        Student stu[]=new Student[5];
        for (int i=0;i<stu.length;i++) {
            stu[i]=new Student();
        }
        stu[0].setSno(1001);
        stu[0].setName("LiuLei");
        stu[0].setScore(98);
        stu[1].setSno(1002);
        stu[1].setName("ZhangYan");
        stu[1].setScore(98);
        stu[2].setSno(1003);
```

```
            stu[2].setName("WangKai");
            stu[2].setScore(98);
            stu[3].setSno(1004);
            stu[3].setName("MaYun");
            stu[3].setScore(98);
            stu[4].setSno(1005);
            stu[4].setName("LiXiao");
            stu[4].setScore(98);
            for (int i=0;i<stu.length;i++) {
                System.out.println(" 学号："+stu[i].getSno()+" 姓名："+stu[i].getName()+" 成绩："+stu[i].
getScore());
            }
        }
    }
```

运行结果：

```
学号：1001 姓名：LiuLei 成绩：98.0
学号：1002 姓名：ZhangYan 成绩：98.0
学号：1003 姓名：WangKai 成绩：98.0
学号：1004 姓名：MaYun 成绩：98.0
学号：1005 姓名：LiXiao 成绩：98.0
```

## 拓展提高

### 一、static 关键字

static 关键字

Java 中的非访问修饰符（存在修饰符）包括：abstract、static、final。其中，static 称为静态修饰符，可用来修饰属性、方法和代码块。

1．静态属性

被 static 修饰的属性称为静态属性，它被所有对象共享，也称为类变量。它在类被载入时创建，类存在，类变量就存在。对于类的任何一个具体对象，静态属性是一个公共的存储单元，被所有对象共同使用。

访问静态属性有两种方式：

（1）直接访问：类名 . 属性。

（2）实例化后访问：对象名 . 属性。

**【例 5.3】** 静态属性。

```
class Student{
    static String school;
}
public class Exp53 {
```

```
    public static void main(String[] args) {
        Student s1=new Student();// 创建第 1 个学生对象
        Student s2=new Student();// 创建第 2 个学生对象
        Student.school=" 山东理工职业学院 ";
        System.out.println(" 我的母校是 "+s1.school);// 输出第 1 名同学的母校
        System.out.println(" 我的母校是 "+s2.school);// 输出第 2 名同学的母校
    }
}
```

运行结果：

```
我的母校是山东理工职业学院
我的母校是山东理工职业学院
```

2．静态方法

被 static 修饰的方法称为静态方法，静态方法可以直接通过类名调用，任何实例对象也都可以被调用。

访问静态方法有两种方式：

（1）直接访问：类名 . 方法。

（2）实例化后访问：对象名 . 方法。

**【注意】**

（1）静态方法中只能直接访问静态成员，不能直接访问非静态成员。

（2）静态方法中不能直接调用非静态方法，需要通过实例化对象来访问非静态方法。

（3）静态方法中不能以任何方式引用 this 或 super。

**【例 5.4】** 静态方法。

```
class Student{
    public static void study() {
        System.out.println(" 学习中 ...");
    }
}
public class Exp54 {
    public static void main(String[] args) {
        // 用“类名 . 方法名”调用静态方法
        Student.study();
        Student stu=new Student();// 创建学生对象
        // 用“实例名 . 方法名”调用静态方法
        stu.study();
    }
}
```

运行结果：

```
学习中 ...
学习中 ...
```

3．静态代码块

静态代码块是在类中被 static 修饰的，不包含在任何方法体中的代码块。当类被加载时，静态代码块会被执行，且只执行一次，如果有多个代码块，会按照它们在类中出现的先后顺序依次执行。静态代码块的格式：

```
static{
    //程序代码块
}
```

## 二、final 关键字

final 关键字

final：无法改变的，可修饰变量、方法和类。

1．final 修饰变量

用 final 修饰的属性和局部变量是常量，只能赋值一次。

**【例 5.5】**

```
public class Exp55 {
    public static void main(String[] args) {
        final int score=52;// 第一次可以赋值
        score=61;// 再次赋值会报错
    }
}
```

运行结果：

```
程序存在错误，final 修饰的变量是常量，只能赋值一次。
```

**【例 5.6】**

```
public class Exp56{
    final int num;//final 修饰的成员变量，必须在声明的同时进行赋值，否则编译错误
    public static void main(String[] args) {
        final int score;//final 修饰的局部变量，可以先声明，后赋值
        score=61;
    }
}
```

运行结果：

```
final 修饰的成员变量，必须在声明的同时进行赋值，否则编译错误。
```

2．final 修饰方法

用 final 修饰的方法不能被子类重写。需要注意的是，所有被 private 修饰的私有方法以及包含在 final 类中的方法，都被缺省地认为是 final 方法。

【例 5.7】

```
class Flower{
    // 使用 final 关键字修饰 perfume 方法
    public final void perfume() {
    }
}
class Lily extends Flower{// 提示错误，无法重写父类 final 方法
    // 重写 Flower 类的 perfume 方法
    public void perfume() {
    }
}
public class Exp57 {
    public static void main(String[] args) {
        Lily lily1=new Lily();// 创建 Lily 类的实例对象
    }
}
```

运行结果：

```
提示错误，无法重写父类 final 方法。
```

3．final 修饰类

用 final 修饰的类，即终极类，不能有子类，不能被继承。

【例 5.8】

```
// 用 final 修饰 Flower 类
final class Flower{
}
class Lily extends Flower{// 提示错误，无法从最终类 Flower 类继承
}
public class Exp58 {
    public static void main(String[] args) {
        Lily lily1=new Lily();// 创建 Lily 类的实例对象
    }
}
```

运行结果：

```
提示错误，无法从最终类 Flower 类继承。
```

## 任务小结

本任务主要完成了学生成绩系统中删除学生信息与成绩的功能。通过本任务的实施，我们复习巩固了前面任务中的相关知识，并进一步学习了类与成员的修饰符，以及 static

关键字、final 关键字的基本使用方法。这将为后续任务的实施与学习打下坚实的基础。

## 习题与实训

### 一、选择题

1．下列哪种类成员修饰符修饰的变量只能在本类中被访问？（　　）

A．protected　　B．public　　C．default　　D．private

2．为类定义一个无返回值的方法 f，使得使用类名就可以访问该方法，该方法头的形式为（　　）。

A．abstract void f()　　B．public void f()　　C．final void f()　　D．static void f()

3．（　　）修饰符不允许父类被继承。

A．static　　B．protected　　C．final　　D．abstract

4．下列程序的运行结果为（　　）。

```
public class A {
    private static int a;
    public static void main(String[] args) {
        f(a);
        System.out.println(a);
    }
    public static void f(int a) {
        a++;
    }
}
```

A．0　　B．1　　C．编译失败　　D．运行时异常

5．下列程序的运行结果为（　　）。

```
public class A {
    static int i = 0;
    public int aMethod() {
    i++;
    return i;
    }
    public static void main(String[] args) {
        A a=new A();
        a.aMethod();
        int j = a.aMethod();
        System.out.println(j);
    }
}
```

A．0　　　B．1　　　C．2　　　D．编译失败

6．下面关于变量及其范围的陈述，哪个不正确？（　　）

A．实例变量是类的成员变量

B．实例变量用关键字 static 声明

C．在方法中定义的局部变量在该方法被执行时创建

D．局部变量在使用前必须被初始化

7．下列程序的运行结果为（　　）。

```
public class A {
    private String name;
    public A(String name) {
        this.name = name;
    }
    private static void show() {
        System.out.println(name);
    }
    public static void main(String[] args) {
        A a=new A("Lily");
        a.show();
    }
}
```

A．输出 Lily　　　B．输出 name

C．输出 null　　　D．编译失败，无法引用非静态变量 name

8．下列关于 protected 的说法中，正确的是（　　）。

A．protected 修饰的方法，只能给子类使用

B．protected 修饰的类，类中的所有方法只能给子类使用

C．如果一个类的成员被 protected 修饰，那么这个成员既能被同一包下的其他类访问，也能被不同包下该类的子类访问

D．以上都不对

9．下列关于修饰符混用的说法，错误的是（　　）。

A．abstract 不能与 final 并列修饰同一个类

B．abstract 类中不可以有 private 的成员

C．abstract 方法必须在 abstract 类中

D．static 方法能处理非 static 的属性

## 二、简答题

1．简述各种访问控制符的区别。

2．static 和 final 关键字一般在什么情况下使用？

任务六

# 学生成绩查询与写入文件功能

## 【任务目标】

1．了解 String 类的常用方法；
2．掌握 String 类常用方法的使用；
3．掌握 FileWriter 类的使用；
4．掌握 FileReader 类的使用。

## 【任务简介】

在字符界面学生成绩管理系统中，我们先查询本次输入的这批学生成绩信息，待检查无误后，将学生成绩信息写入文件。此后，我们可以在硬盘指定的位置找到对应的成绩文件。在完成任务的过程中，学生能够掌握 FileWriter 类、FileReader 类的使用等知识和技能。

## 任务描述

在任务五的基础上，本任务完成学生成绩查询功能和将成绩写入文件的功能。这里所说的成绩查询功能，并非从文件中查询已有数据，而是查询本次输入的所有数据，待打印出来检查无误后，再调用写入文件功能，将学生成绩信息写入 txt 文件中。

## 任务分析

操作步骤如下：

步骤一：添加 select() 方法，完成成绩查询功能；

步骤二：添加 writeFile() 方法，完成成绩信息写入 txt 文件功能。

## 任务实施

任务概览：

```
public class Student{
}
public class SMS{
    menu();// 主菜单
    add();// 添加学生信息
    select();// 显示本次录入学生信息
    modify();// 修改学生信息
    delete();// 删除学生信息
    writeFile ();// 将确认无误的学生信息写入 txt 文件
    judge();// 判断本次是否录入了学生信息
    main();
}
```

（1）步骤一：添加 select() 方法，完成成绩查询功能。

```
public void select() throws IOException {
        this.judge();
        System.out.println("                                        学生信息列表 \r\n\r\n 学号 \t\t
        姓名 \t\t 班级 \t\tsql 成绩 \t\tjava 成绩 \t\t 网页制作成绩 \t\t 体育成绩 \r\n");
        for (int i = 0; i < n; i++) {
        System.out.println(s[i].getSno() + "\t\t" + s[i].getName() + "\t\t" + s[i].getClassname()
        + "\t\t" + s[i].getSql()+ "\t\t" + s[i].getJava() + "\t\t" + s[i].getWebdesign() + "\t\t\t" +
        s[i].getGym());
        }
        System.out.println(" 系统返回主菜单！ ");
        System.out.println();
        this.menu();
    }
```

（2）步骤二：添加 writeFile() 方法，完成成绩信息写入 txt 文件功能。

```
public void writeFile() throws IOException {
        FileWriter fw = new FileWriter(file, true); // 将学生信息录入指定的 txt 文件中
        if (file.exists() && file.length() == 0) {
        fw.write("                                        学生信息列表 \r\n\r\n 学号
        \t\t 姓名 \t\t 班级 \t\tsql 成绩 \t\tjava 成绩 \t\t 网页制作成绩 \t\t 体育成绩 \r\n");
        }

         for (int i = 0; i < n; i++) {
         fw.write(s[i].getSno() + "\t\t" + s[i].getName() + "\t\t" + s[i].getClassname() +
```

```
            "\t\t" + s[i].getSql()+ "\t\t" + s[i].getJava() + "\t\t\t" + s[i].getWebdesign() + "\t\t"
             + s[i].getGym() + "\r\n");
        }
        fw.flush();
        fw.close();
        System.out.println(" 此次录入学生成绩已存入 txt 文件！ ");
    }
```

【注意】

（1）定义 fw 时，其关联文件“C:\\stu.txt”如果不存在则提示错误，如图 6-1 所示，因此 C 盘下的 txt 文件在关联前需要先建立同名的 txt 文件，而其他盘则不会。

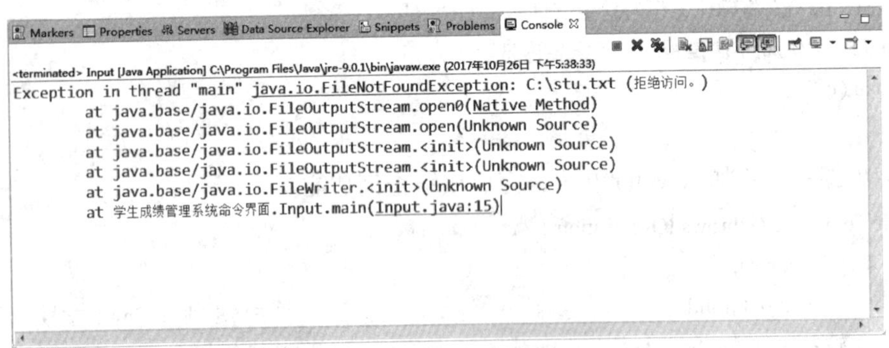


图 6-1　文件不存在则提示异常

（2）文章读写操作需要对可能出现的异常做出处理，通常的做法是向上抛出异常，通过 throws Exception 或者利用 try...catch...finally 进行主动处理。

（3）设置学生对象的属性值，因其是私有的，所以应采用 setter 方法，而不能用赋值符号直接赋值。

String 类常用方法

## 相关知识

### 一、Java 中 String 的常用方法

String 中的常用方法见表 6-1。

表 6-1　String 中的常用方法

| 序号 | 方法声明 | 方法描述 |
| --- | --- | --- |
| 1 | char charAt(int index) | 返回指定索引处的 char 值 |
| 2 | int compareTo(Object o) | 将这个字符串和另一个对象比较 |
| 3 | String concat(String str) | 将指定字符串连接到此字符串的结尾 |
| 4 | boolean contains(CharSequence cs) | 判断此字符串是否包含指定字符序列 |
| 5 | boolean equals(Object anObject) | 将此字符串与指定的对象比较 |
| 6 | boolean equalsIgnoreCase(String anotherString) | 将此 String 与另一个 String 比较，不考虑大小写 |

续前表

| 序号 | 方法声明 | 方法描述 |
| --- | --- | --- |
| 7 | int indexOf(int ch) | 返回指定字符在此字符串中第一次出现处的索引 |
| 8 | int indexOf(int ch, int fromIndex) | 返回在此字符串中第一次出现指定字符处的索引，从指定的索引开始搜索 |
| 9 | int indexOf(String str) | 返回指定子字符串在此字符串中第一次出现处的索引 |
| 10 | int indexOf(String str, int fromIndex) | 返回指定子字符串在此字符串中第一次出现处的索引，从指定的索引开始 |
| 11 | int lastIndexOf(int ch) | 返回指定字符在此字符串中最后一次出现处的索引 |
| 12 | int lastIndexOf(int ch, int fromIndex) | 返回指定字符在此字符串中最后一次出现处的索引，从指定的索引处开始进行反向搜索 |
| 13 | int lastIndexOf(String str) | 返回指定子字符串在此字符串中最右边出现处的索引 |
| 14 | int lastIndexOf(String str, int fromIndex) | 返回指定子字符串在此字符串中最后一次出现处的索引，从指定的索引开始反向搜索 |
| 15 | int length() | 返回此字符串的长度 |
| 16 | boolean matches(String regex) | 告知此字符串是否匹配给定的正则表达式 |
| 17 | String replace(char oldChar, char newChar) | 返回一个新的字符串，它是通过用 newChar 替换此字符串中出现的所有 oldChar 得到的 |
| 18 | String[] split(String regex) | 根据给定正则表达式的匹配拆分此字符串 |
| 19 | String[] split(String regex, int limit) | 根据匹配给定的正则表达式来拆分此字符串 |
| 20 | String substring(int beginIndex) | 返回一个新字符串，它是此字符串的一个子字符串 |
| 21 | String substring(int beginIndex, int endIndex) | 返回一个新字符串，它是此字符串的一个子字符串 |
| 22 | String toLowerCase() | 使用默认语言环境的规则将此 String 中的所有字符都转换为小写 |
| 23 | String toLowerCase(Locale locale) | 使用给定 Locale 的规则将此 String 中的所有字符都转换为小写 |
| 24 | String toString() | 返回此对象本身（它已经是一个字符串！） |
| 25 | String toUpperCase() | 使用默认语言环境的规则将此 String 中的所有字符都转换为大写 |
| 26 | String toUpperCase(Locale locale) | 使用给定 Locale 的规则将此 String 中的所有字符都转换为大写 |
| 27 | String trim() | 返回字符串的副本，忽略前导空白和尾部空白 |
| 28 | static String valueOf(primitive datatype x) | 返回给定 datatype 类型 x 参数的字符串表示形式 |

**【例 6.1】** 字符串转换操作。

```
public class Exp61 {
    public static void main(String[] args) {
        String str = "banana";
        int a = 101;
        char[] charArray = str.toCharArray();// 字符串转换为字符数组
        System.out.print(" 将字符串转换为字符数组的遍历结果：");
        for (int i = 0; i < charArray.length; i++) {
            if (i != charArray.length - 1) {
```

```
                // 如不是数组最后一个元素，则加逗号
                System.out.print(charArray[i] + ",");
            } else {
                // 如是最后一个元素，则不加逗号
                System.out.print(charArray[i]);
            }
        }
        System.out.println();
        System.out.println(String.valueOf(a));// 将 int 型数据转换为 String 类型
        System.out.println(str.toUpperCase());// 将字符串 str 转换为大写字母
    }
}
```

运行结果如图 6-2 所示。

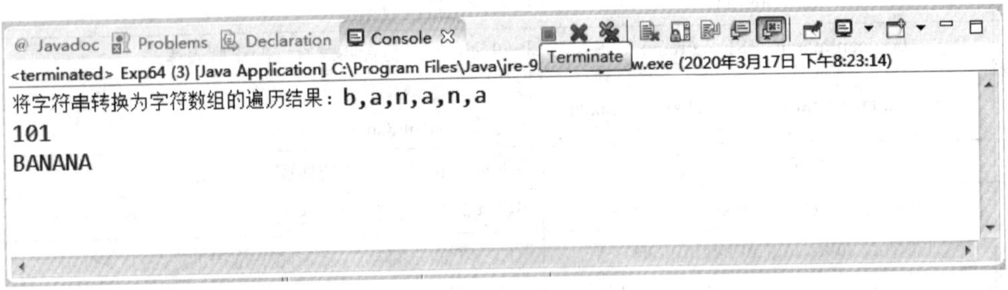

```
@ Javadoc  Problems  Declaration  Console ☒                Terminate
<terminated> Exp64 (3) [Java Application] C:\Program Files\Java\jre-9 ... w.exe (2020年3月17日 下午8:23:14)
将字符串转换为字符数组的遍历结果：b,a,n,a,n,a
101
BANANA
```

图 6-2　例 6.1 运行结果

【例 6.2】 字符替换、去除空格、判断等操作。

```
public class Exp62 {
    public static void main(String[] args) {
        String str="Tomorrow will be better.  ";
        String str1=new String("ok");
        String str2=new String("ok");
        // 去除字符串前后空格
        System.out.println(str.trim());
        // 将英文句号替换为英文叹号
        System.out.println(str.replace('.', '!'));
        // 判断字符串是否为空
        System.out.println(str.isEmpty());
        // 判断两个字符串是否相等
        System.out.println(str.equals(str1));
        // 以下结果为 true，因为 str1 和 str2 内容相同
        System.out.println(str1.equals(str2));
        // 以下结果为 false，因为 str1 与 str2 是两个对象
        System.out.println(str1==str2);
```

```
        //判断是否包含指定字符序列
        System.out.println(str.contains("be"));
    }
}
```

运行结果如图 6-3 所示。

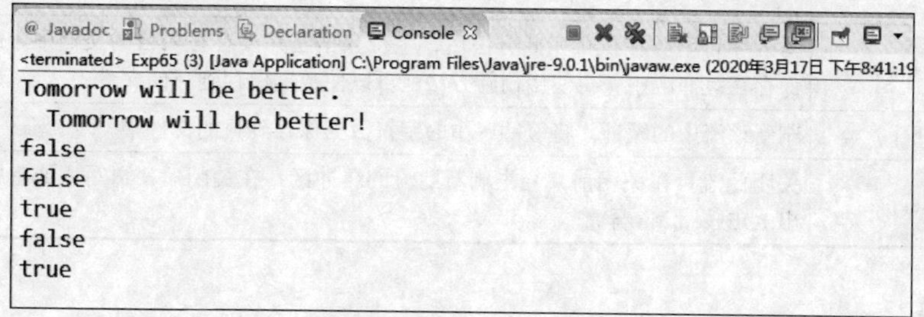


图 6-3　例 6.2 运行结果

【注意】在程序中可以通过 equals() 和 == 两种方式对字符串进行比较，但这两种方式有明显的区别。equals() 方法用于比较两个字符串的字符值是否相等，== 方法用于比较两个字符串对象的内存地址是否相同。

## 二、FileWriter 类

在程序开发中，我们经常需要对文本内容进行读取。如果想从文件中直接读取字符，就可以用字符流 FileReader，通过该类可以从文件中读取一个或一组字符；如果需要写入字符，就需要使用 FileWriter。

FileWriter 类

FileWriter 类创建字符输出流类对象和已存在的文件相关联。

构造方法 1：

```
FileWriter fw = new FileWriter(String fileName);
```

例如：

```
FileWriter fw = new FileWriter("C:\\demo.txt");
```

下面的构造方法 2 将创建字符输出流类对象和已存在的文件相关联，并设置该流对文档的操作是否为续写。

构造方法 2：

```
FileWriter fw = new FileWriter(String fileName,boolean append);
```

例如：

```
FileWriter fw = new FileWriter("C:\\demo.txt",true);
```

【注意】

（1）使用 FileWriter 时，如果文件不存在，则会先创建文件，再写入数据；

（2）根据构造方法 1 构造 FileWriter，如果文件存在，则会先清空文件内容，再进行写入；

（3）根据构造方法 2 构造 FileWriter，第二个参数为 true 时，对文档再次写入，会在该文档的结尾续写，并不会覆盖掉之前的数据。

FileWriter 的常用方法见表 6-2。

**表 6-2　FileWriter 的常用方法**

| 方法 | 功能 |
| --- | --- |
| void write(String str) | 写入字符串。在执行完此方法后，字符数据还并没有写入目的文档中。此时字符数据会保存在缓冲区中，再使用刷新方法就可以使数据保存到目的文件中 |
| void flush() | 刷新该流中的缓冲。将缓冲区中的字符数据保存到目的文件中 |
| void close() | 关闭此流。在关闭前，会先刷新此流的缓冲区；在关闭后，再写入或者刷新的话，会抛出 IOException 异常 |

**【例 6.3】**

```
import java.io.FileWriter;
import java.io.IOException;
public class Exp63 {
    public static void main(String[] args) throws IOException {
        // 创建字符输出流对象，并指定输出文件
        FileWriter fw=new FileWriter("D:\\stu.txt");
        // 将定义的字符写入文件
        fw.write(" 葡萄美酒夜光杯，\r\n");
        fw.write(" 欲饮琵琶马上催，\r\n");
        fw.write(" 醉卧沙场君莫笑，\r\n");
        fw.write(" 古来征战几人回。\r\n");
        fw.flush();// 刷新数据流
        // 关闭流
        fw.close();
    }
}
```

运行结果如图 6-4 所示。

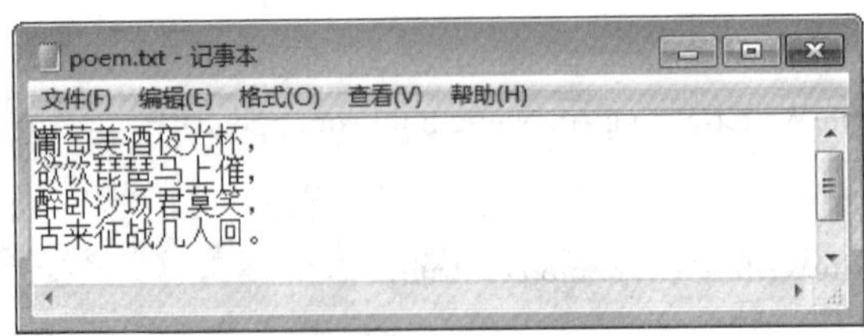


图 6-4　例 6.3 运行结果

## 三、FileReader

FileReader 类

1．构造方法

```
FileReader fr = new FileReader(String fileName);
```

使用带有指定文件的 String 参数的构造方法，创建该输入流对象，并关联源文件。

2．主要方法

int read(); 该方法读取单个字符，返回作为整数读取的字符，如果已经到达流末尾，则返回 -1。

int read(char []cbuf); 该方法将字符读入数组，返回读取的字符数，如果已经到达流末尾，则返回 -1。

void close(); 该方法关闭此流对象，释放与之关联的所有资源。

【例 6.4】

```
import java.io.FileReader;
public class Exp64{
    public static void main(String[] args) throws Exception {
        // 创建 FileReader 对象，并指定需要读取的文件
        FileReader fr=new FileReader("D://stu.txt");
        // 定义一个 int 类型的变量 len，将其初始化为 0
        int len=0;
        // 通过循环来判断是否读取到了文件末尾
        while((len=fr.read())!=-1) {
            // 输出读取的字符
            System.out.print((char)len);
        }
        // 关闭流
        fr.close();
    }
}
```

【例 6.5】

```
import java.io.FileReader;
import java.io.FileWriter;
import java.io.IOException;
public class Exp65{
    /**
     * 将 D:\\ 的 stu.txt 文件复制到 E:\\ 下
     *
     * 首先创建 FileReader 读取数据的读取流对象。
```

```
     *
     */
    public static void main(String[] args) {
        FileReader fr = null;
        FileWriter fw = null;
        try {
            fr = new FileReader("D:\\stu.txt");
            fw = new FileWriter("E:\\you.txt");
            // 读一个字符、写一个字符方法
            int ch = 0;
            while ((ch = fr.read()) != -1) {
                fw.write(ch);
            }
            char []buf = new char[1024];
            int len = 0;
            // 读一个数组大小、写一个数组大小方法。
            while((len = fr.read(buf)) != -1){
                fw.write(buf, 0, len);
            }
            } catch (Exception e) {
            System.out.println(e.toString());
        } finally {
            if (fr != null)
                try {
                    fr.close();
                } catch (Exception e1) {
                    throw new RuntimeException(" 关闭失败！ ");
                }
            if (fw != null)
                try {
                    fw.close();
                } catch (IOException e2) {
                    throw new RuntimeException(" 关闭失败！ ");
                }
        }
    }
}
```

## 任务训练

编写程序，模拟银行自动存取款机进行存取款等操作。

参考代码：

```
import java.util.Scanner;
class ATM {
    private String id;
    private String name;
    private double balance;
    private int password;
    public String getId() {
        return id;
    }
    public String getName() {
        return name;
    }
    public double getBalance() {
        return balance;
    }
    public int getPassword() {
        return password;
    }
    public ATM(String id, String name, double balance, int password) {
        super();
        this.id=id;
        this.name=name;
        this.balance=balance;
        this.password=password;
    }
    public void menu() {
        System.out.println("=========================");
        System.out.println("\t1. 存款 ");
        System.out.println("\t2. 取款 ");
        System.out.println("\t3. 查询余额 ");
        System.out.println("\t4. 修改密码 ");
        System.out.println("\t5. 退出 ");
        System.out.println(" 请输入数字 1-5：");
        System.out.println("=========================");
    }
    public void DrawMoney(double money) {// 取款方法
        balance=balance-money;
        System.out.println(" 成功取出 "+money+" 元 ");
    }
```

```
    public void DepositMoney(double money) {// 存款方法
        balance=balance+money;
        System.out.println(" 成功存入 "+money+" 元 ");
    }
    public void ChangePassword(int newpassword1,int newpassword2) {// 修改密码方法
        if ((newpassword1==newpassword2)&&(newpassword1!=password)){
            password=newpassword1;
            System.out.println(" 密码修改成功！ ");
        }
        else {
            System.out.println(" 输入有误，请重新修改密码！ ");
        }
    }
}
public class ATMTest{
    public static void main(String[] args) {
        ATM atm=new ATM("123456789", " 张丽 ", 2780,123456);
        int count=3;// 密码最多可输入三次
        System.out.println(" 欢迎使用银行 ATM 自助服务 ");
        while (true) {// 循环输入密码
            System.out.println(" 请输入密码：");
            Scanner sc=new Scanner(System.in);
            int password=sc.nextInt();
            if (password==atm.getPassword()) {
                System.out.println(" 账户："+atm.getId());
                System.out.println(" 户名："+atm.getName());
                atm.menu();
                while (true) {// 循环取款存款方法
                    System.out.println("1. 取款 2. 存款 3. 查询 4. 修改密码 5. 退出 ");
                    int input=sc.nextInt();
                    switch (input) {
                    case 1:
                        System.out.println(" 输入取款金额 ");
                        int money1=sc.nextInt();
                        atm.DrawMoney(money1);
                        break;
                    case 2:
                        System.out.println(" 输入存款金额 ");
                        int money2=sc.nextInt();
                        atm.DepositMoney(money2);
```

```
                        break;
                    case 3:
                        System.out.println(" 当前余额为："+atm.getBalance());
                        break;
                    case 4:
                        System.out.println(" 请输入新密码：");
                        int newpassword1=sc.nextInt();
                        System.out.println(" 请再次输入新密码：");
                        int newpassword2=sc.nextInt();
                        atm.ChangePassword(newpassword1, newpassword2);
                        break;
                    case 5:
                        System.out.println(" 谢谢使用！已退出！ ");
                        System.exit(0);
                        break;
                    default:
                        System.out.println(" 您的输入有误 ");
                    }
                }
            } else {
                count--;
                if (count==0) {
                    System.out.println(" 账户被冻结 ");
                    break;// 输入密码循环结束
                }
                System.out.println(" 您输入的密码有误，还有 "+count+" 次机会 ");
            }
        }
    }
}
```

## 拓展提高

### 父、子类对象的类型转换

父类对象和子类对象之间在一定条件下可以相互转换。

1. 向上转型

向上转型即父类的引用指向子类的对象。

语法：

```
父类类型 引用名 = new 子类类型 ();
```

向上转型时，可以调用父类类型中的所有成员，不能调用子类类型中的独有成员。

2．向下转型

语法：

```
子类类型 引用名 =( 子类类型 ) 父类引用；
```

向下转型是为了通过将父类强制转换为子类，从而调用子类独有的方法（向下转型在工程中很少用到）。

为了保证向下转型的顺利完成，在 Java 中提供了一个关键字 instanceof，通过 instanceof 可以判断某对象是否是某类的实例，如果是则返回 true，否则返回 false。

## 任务小结

本任务主要完成了学生成绩系统中查询学生成绩信息以及将学生成绩信息写入 txt 文件的功能。通过本任务的实施，我们复习巩固了前面任务中的相关知识，并进一步学习了 String 的常用方法、FileWriter 类和 FileReader 类的使用。这将为后续任务的实施与学习打下坚实的基础。

## 习题与实训

### 一、选择题

1．下列选项中，（　　）是文本文件读取类。

A．FileReader　　B．FileWriter

C．BufferReader　　D．BufferWriter

2．下面说法不正确的是（　　）。

A．InputStream 类和 OutputStream 类通常用来处理字节流，也就是二进制数据

B．Reader 类与 Writer 类用来处理字符流，也就是纯文本文件

C．Java 中 I/O 流的处理通常分为输入和输出两部分

D．Flie 类是输入 / 输出流类的子类

3．下面哪个方法可以实现获取字符在此字符串中最后一次出现的索引？（　　）

A．charAt(int index)　　B．indexOf(int ch)

C．lastIndexOf(int ch)　　D．booleanendsWith(String suffix)

4．假如 indexOf() 方法未能找到所指定的子字符串，那么其返回值为（　　）。

A．false　　B．0　　C．-1　　D．以上答案都不对

5．若 String s="hello"，String t="hello"，char c[]={'h','e','l','l','o'}，则下列哪个表达式返回 true？（　　）

A．s.equals(t);　　B．s.equals(c);　　C．t.equals(c);　　D．s==t;

6．在编写 Java Application 程序时，若需要使用到标准输入输出语句，则必须在程序的开头写上（　　）语句。

A．import java.awt.*　　B．import java.applet.Applet;

C．import java.io.*　　D．import java.awt.Graphics;

7．下列流中哪个不属于字符流？（　　）

A．InputStreamReader　　B．BufferedReader

C．FilterReader　　D．FileInputStream

8．下列关于对象的类型转换的描述，说法错误的是（　　）。

A．对象的类型转换可通过自动转换或强制转换进行

B．无继承关系的两个类的对象之间试图转换会出现编译错误

C．由 new 语句创建的父类对象可以强制转换为子类对象

D．子类对象转换为父类类型后，父类对象不能调用子类的特有方法

## 二、编程题

某平台登录密码为“123456”，最多输入 3 次。输入正确，打印“欢迎登录系统”；输入错误，打印“密码输入错误，请重新输入”；如果输入 3 次都错，打印“系统锁定”，并退出应用程序。

# 项目二

# 图形用户界面学生成绩管理系统

## ❑ 项目目标

1. 了解图形用户界面的基本知识；
2. 了解 WindowBuilder 的使用；
3. 掌握 JFrame、JPanel 等容器类的使用；
4. 掌握 JTextFiled、JPasswordField、JButton、JRadio、JCheckBox 等控件的使用；
5. 掌握触发器、适配器的使用；
6. 掌握图形用户界面应用程序开发的流程；
7. 熟练连接数据库，并进行接口编写。

## ❑ 项目简介

图形用户界面学生成绩管理系统，其功能包括登录和学生成绩的增、删、查、改功能。该系统的功能根据真实项目进行裁剪，在真实系统中，学生成绩表应拆分为用户表、学生表、成绩表三个。学生可以根据这一项目的实现方式进行扩充、改进，将学生成绩表的增、删、查、改扩展为用户表的管理、学生表的管理、成绩表的管理三个功能。

任务七

# 数据库的连接

## 【任务目标】

1. 了解如何连接数据库；
2. 掌握连接数据库的方法；
3. 掌握测试连接是否成功的方法。

## 【任务简介】

在图形用户界面学生成绩管理系统中，我们将采用数据库对学生成绩信息进行管理。本任务将以 SQL Server 和 MySQL 数据库为例，向大家介绍如何在 Java 应用程序中完成数据库的连接，如何在 Java 应用程序中完成二维数据表中数据的查询和输出。这对我们开发各类信息管理系统都具有借鉴作用。当完成了数据库连接后，我们可以更容易地对各类数据进行管理。

## 任务描述

为了更好地对数据进行管理，我们需要结合数据库，通过对数据库中表的增、删、查、改操作来配合实现应用程序的某类信息的管理。在本系统的开发中，我们需要实现学生表和成绩表两类信息的增、删、查、改，因此我们需要建立两个表。鉴于本系统中两个表包含的属性比较简单，为了开发系统的方便，我们把它做成一个表，叫做学生成绩表。我们采用 SQL Server 2008 作为我们的数据库管理软件。

## 任务分析

操作步骤如下：

步骤一：创建成绩管理系统数据库；

步骤二：创建学生成绩表；

步骤三：插入测试数据；

步骤四：连接 SQL Server 2008 数据库；

步骤五：测试数据库连接。

## 任务实施

### 一、步骤一：创建成绩管理系统数据库

打开 SQL Server 2008 数据库，通过 T-SQL 命令创建数据库：

```
CREATE DATABASE SCMS
```

### 二、步骤二：创建学生成绩表

```
CREATE TABLE student(
sno nvarchar(20) PRIMARY KEY,
sname nvarchar(20),
classname nvarchar(20),
sqlkc float,
Java float,
Web float,
gym float)
```

### 三、步骤三：插入测试数据

```
INSERT INTO student VALUES('1001',' 刘磊 ',' 软件 ',79,85,96,67)
```

### 四、步骤四：连接 SQL Server 2008 数据库

（1）修改数据库登录方式。以 Windows 身份登录 SQL Server 2008，用右键单击数据库，选择“属性”（如图 7-1 所示），然后从左侧面板中选择“安全性”，右侧选择服务器身份验证，选择“SQL Server 和 Windows 身份验证模式”，如图 7-2 所示。

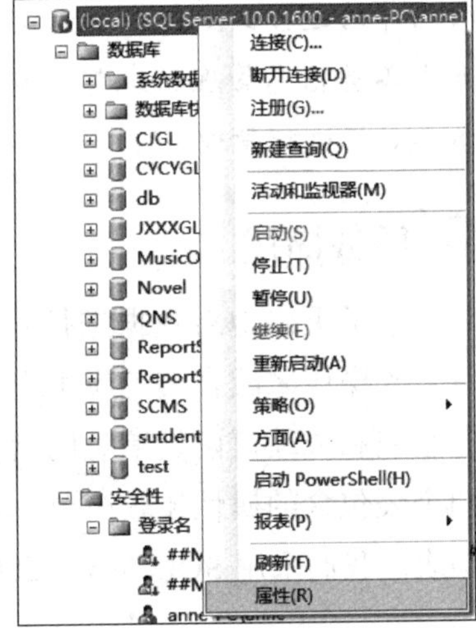


图 7-1　属性菜单

（2）创建登录用户。查看是否存在“sa”用户，如果没有，则可以创建新用户。先使用 Windows 身份验证登录，展开“安全性”，展开“登录名”，选择“sa”，用右键单击选择“属性”，如图 7-3 所示。

（3）在如图 7-4 所示的“登录属性”对话框中，左侧选择“常规”，右侧选择“SQL Server 身份验证”，并设置密码，这里设置为“123456”。

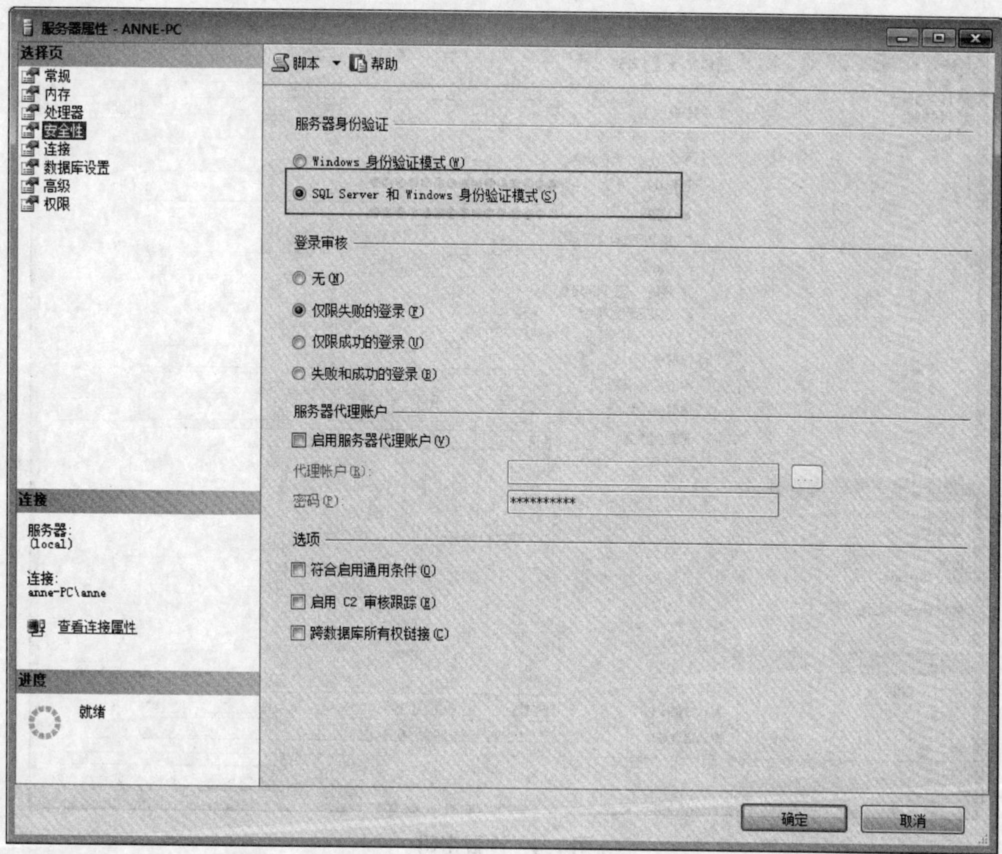


图 7-2　服务器属性安全性设置

图 7-3　安全性登录名 sa 设置

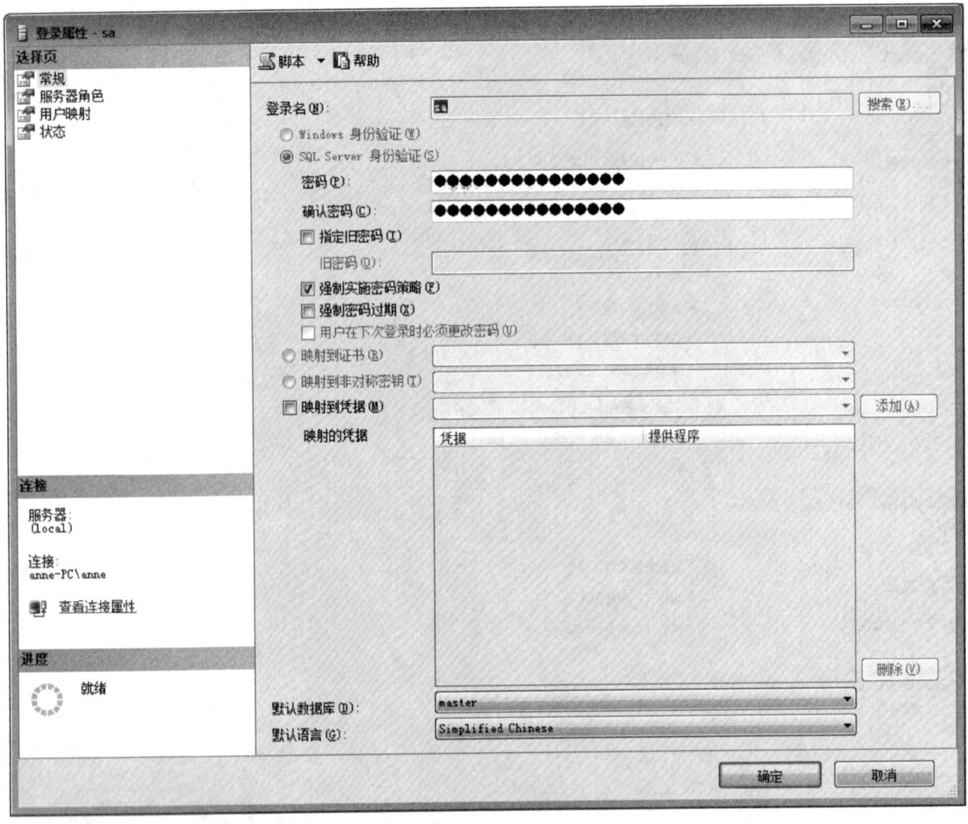


图 7-4　设置密码

（4）使用 sql 身份验证登录（如图 7-5 所示），如果能成功打开 SCMS 数据库，则数据库配置成功。

图 7-5　sql 身份验证登录

（5）下载 Microsoft JDBC Driver 4.0 for SQL Server。

打开网页：http://www.microsoft.com/zh-cn/download/details.aspx?id=11774，下载 chs\sqljdbc_6.0.8112.100_chs.exe，选择“unzip”按钮解压文件，解压目录自选，解压后的文件目录如图 7-6 所示。

| 名称 | 修改日期 | 类型 | 大小 |
|---|---|---|---|
| auth | 2017/5/4 14:50 | 文件夹 | |
| help | 2017/5/4 14:50 | 文件夹 | |
| install.txt | 2012/2/29 17:11 | 文本文档 | 2 KB |
| license.txt | 2012/2/29 17:11 | 文本文档 | 4 KB |
| release.txt | 2012/2/29 17:10 | 文本文档 | 6 KB |
| sqljdbc.jar | 2012/2/29 17:11 | Executable Jar File | 550 KB |
| sqljdbc4.jar | 2012/2/29 17:11 | Executable Jar File | 571 KB |

图 7-6　解压后的文件目录

【注意】请下载 Microsoft JDBC Driver 4.0 for SQL Server，该文件解压后包含 sqljdbc.jar、sqljdbc4.jar。如果 JDK 版本低于 6.0，则需使用 sqljdbc.jar；如果 JDK 是 6.0 以上版本，则需使用 sqljdbc4.jar，使用 sqljdbc4.jar 版本的好处是可以省略 Class.forName("com.microsoft.sqlserver.jdbc.SQLServerDriver") 这一段代码。

（6）打开 Eclipse，选择【File】|【New】|【Other】菜单，新建一个工程，命名为 SCMS，如图 7-7 和图 7-8 所示。

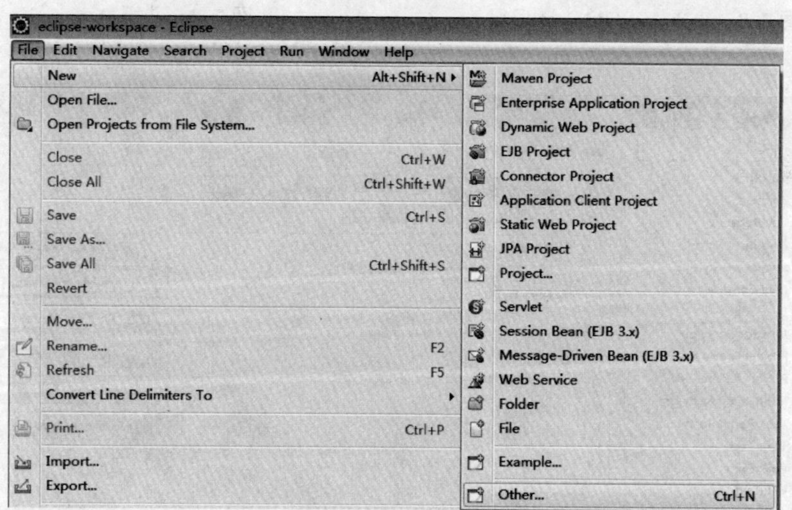


图 7-7　Other 菜单

（7）右击要导入 jar 包的项目工程（此处为 SCMS 项目），点击 Properties，从左侧面板中选择 Java Build Path，右侧面板中选择 Libraries，选择 Add External JARs，选择 jar 包所在路径下的 sqljdbc4.jar，点击打开，关闭 JAR Selection 对话框，之后单击 Apply and Close 按钮，如图 7-9～图 7-11 所示。

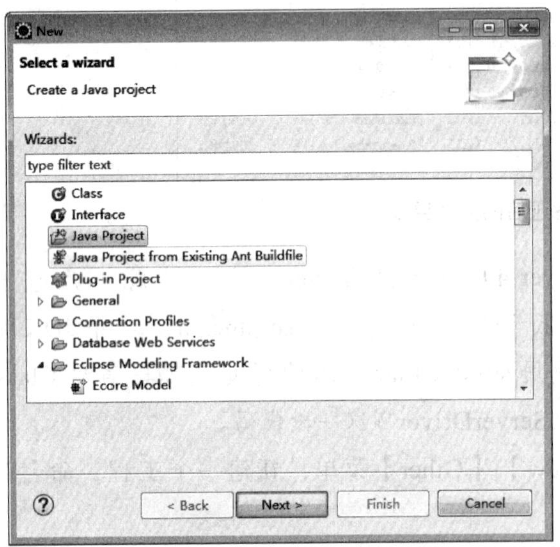


图 7-8　选择 Java Project 项目

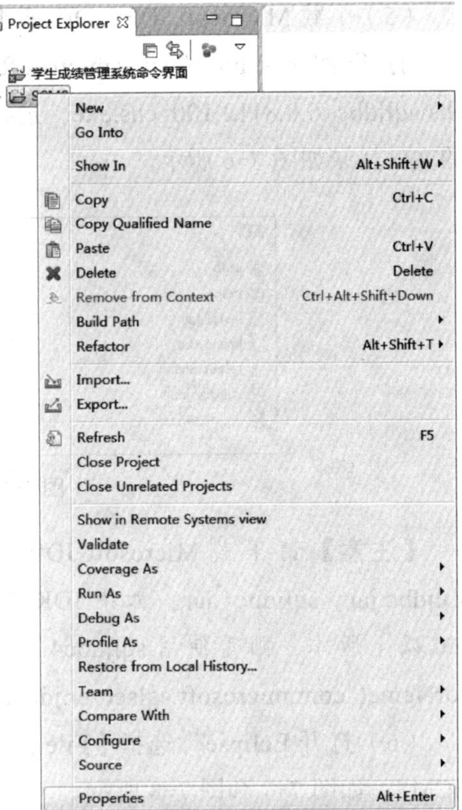


图 7-9　选择 Properties 菜单

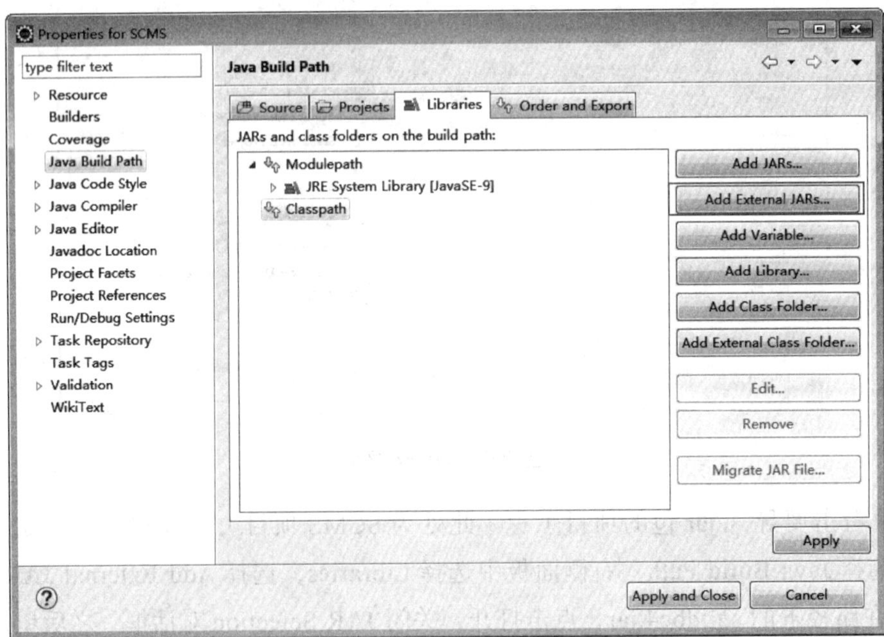


图 7-10　选择 Add External JARs

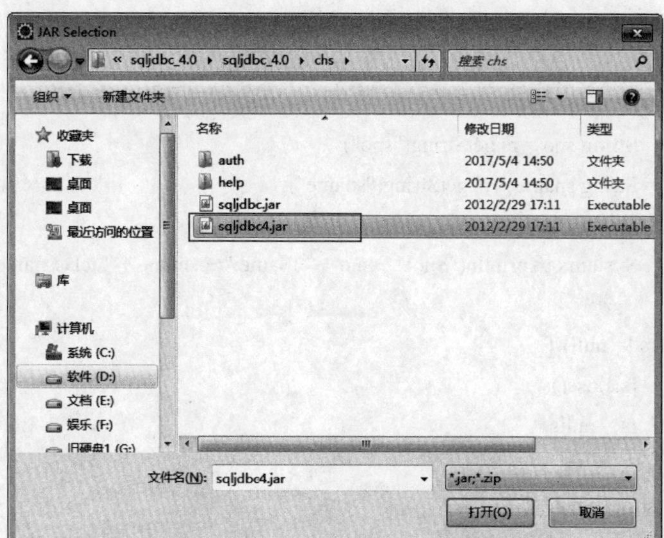


图 7-11　JAR Selection 对话框

## 五、步骤五：测试数据库连接

在 Eclipse 的 SCMS 工程的 src 中创建类 TestConnection，代码如下，运行该文件。如果控制面板显示学生成绩表信息，则表明连接成功。

```
import java.sql.SQLException;
import java.sql.Statement;
import java.sql.Connection;
import java.sql.DriverManager;
import java.sql.ResultSet;
public class TestConnection {
    public static void main(String[] args) {
        Connection conn;
        Statement stmt;
        ResultSet rs;
        String url = "jdbc:sqlserver://localhost:1433;DatabaseName=SCMS;";
        String sql = "select * from student";
        try {
            // 连接数据库
            conn = DriverManager.getConnection(url, "sa", "123456");
            // 建立 Statement 对象
            stmt = conn.createStatement();
            // 执行数据库查询语句
            rs = stmt.executeQuery(sql);
            /**
            * ResultSet executeQuery(String sql) throws SQLException 执行给定的 SQL
```

```
                * 语句，该语句返回单个 ResultSet 对象
                 */
                while (rs.next()) {
                    String sno = rs.getString("sno");
                    String sname = rs.getString("sname");
                    String classname = rs.getString("classname");
                    System.out.println("Sno:" + sno + "\tSame:" + sname + "\tclassname:" + classname);
                }
                if (rs != null) {
                    rs.close();
                    rs = null;
                }
                if (stmt != null) {
                    stmt.close();
                    stmt = null;
                }
                if (conn != null) {
                    conn.close();
                    conn = null;
                }
            } catch (SQLException e) {
                e.printStackTrace();
                System.out.println(" 数据库连接失败 ");
            }
        }
    }
```

运行结果如图 7-12 所示。

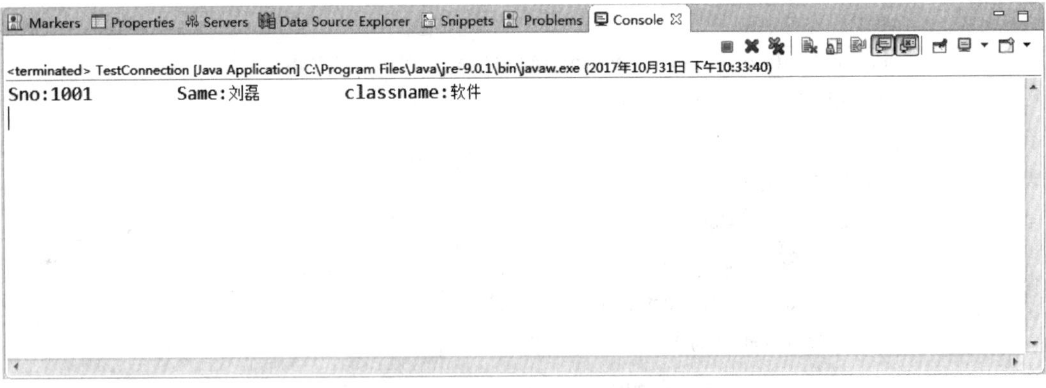


图 7-12　控制面板输出信息

## 相关知识

DBConnection（1）

### 一、JDBC 概述

JDBC，Java Database Connective，即 Java 数据库连接，是一组专门负责连接并操作数据库的标准，在整个 JDBC 中实际上大量提供的是接口。针对各个不同的数据库生产商，只要想使用 Java 进行数据库的开发，则对这些标准都有所支持。

JDBC 常见的有以下三类：

1．JDBC-ODBC 桥连接

JDBC-ODBC 是 SUN 公司在 JDK 的开发包中提供的最标准的一套 JDBC 操作类库，使用的时候中间要经过一个 ODBC 连接，即按“JDBC-ODBC- 数据库”进行连接，这就意味着整体性能将会降低，因此在开发中不会去使用 JDBC-ODBC 的连接方式。

2．JDBC 连接

使用各个数据库提供商给定的数据库驱动程序，完成 JDBC 的开发，使用的时候需要在 classpath 中配置数据库的驱动程序。

3．JDBC 网络连接

主要使用通过网络连接数据库。

### 二、JDBC 的操作步骤

在进行 JDBC 操作时可按照以下步骤完成数据库连接：

（1）加载数据库驱动程序，加载的时候需要将驱动程序配置到 classpath 之中。

（2）连接数据库，通过 Connection 接口和 DriverManager 类完成。

在 JDBC 操作中，如果想进行数据库的连接，则必须按照以下步骤完成：

①通过 Class.forName() 加载数据库的驱动程序；

②通过 DriverManager 类进行数据库的连接，连接的时候要输入数据库的连接地址、用户名、密码；

③通过 Connection 接口接收连接。

（3）操作数据库，通过 Statement、PreparedStatement、ResultSet 三个接口完成。

（4）关闭数据库，在实际开发中数据库资源非常有限，操作完之后必须关闭。

### 三、DriverManager 类

DriverManager 类用来注册数据库驱动程序后获得一个数据库连接对象。主要使用它的 getConnection() 方法。

几种常见的 getConnection 方法原型如下所示：

```
pubic static Connection getConnection(String url)throw SQLException
public static Connection getConnection(String url,String user,String password)throw SQLException
public static Connection getConnection(String url,java.util.Properties info)throw SQLException
```

例如：

```
Connection conn = DriverManager.getConnection(url, "sa", "123456");
```

## 四、Statement 接口和 PreparedStatement 接口

DBConnection（2）

1．Statement 接口

Statement 用于执行静态 SQL 语句并返回它所生成结果的对象。在默认情况下，同一时刻每个 Statement 对象只能打开一个 ResultSet 对象。因此如果同时读取两个 ResultSet 对象，它们必须是由不同的 Statement 对象生成的。

2．Statement 接口常用方法

（1）void close() throws SQLException。

close 方法将释放当前 Statement 对象的数据库和 JDBC 资源，而不是等待被动释放。完成 Statemment 对象后立刻释放资源是一个好的习惯，这样避免了资源占用。

（2）boolean execute(String sql)throws SQLException。

执行给定的 SQL 语句，该语句可能返回多个结果。在某些（不常见）情形下，单个 SQL 语句可能返回多个结果记录集或更新影响的记录条数。execute() 方法指示第一个结果的形式。如果第一个结果为 ResultSet 对象，则返回 true；如果其为更新计数或者不存在的任何结果，则返回 false。

（3）ResultSet executeQuery(String sql)throws SQLException。

执行给定的 SQL 语句，该语句可能返回单个 ResultSet 对象。参数 sql 是要发送给数据库的 SQL 语句，通常为静态 SQL SELECT 语句。

（4）int executeUpdate(String sql)throws SQLException。

执行给定的 SQL 语句，该语句可能为 INSERT、UPDATE 或 DELETE 语句，或者不返回任何内容的 SQL 语句（如 SQL DDL 语句）。该方法返回 SQL 语句的影响行数，如果是不返回任何内容的 SQL 语句或没有被影响的行数，则返回 0。

3．PreparedStatement 接口

PreparedStatement 用于表示预编译 SQL 语句的对象。SQL 语句被预编译并且存储在 PreparedStatement 对象中，然后可以使用此对象高效地多次执行该语句。

```
public interface PreparedStatement extends Statement
```

4．PreparedStatement 接口常用方法

PreparedStatement 接口扩展了 Statement 接口，PreparedStatement 的使用步骤如下：

（1）编写 sql 语句，其中未知内容使用“?”占位符，例如：

```
select * from user where name=? and password=?;
```

（2）获得 PreparedStatement 对象，例如：

```
PreparedStatement ps = connection.prepareStatement(sql);
```

（3）设置实际的参数，通过 setxxx( 占位符的位置 , 真实的值 ) 设置实际的参数，

例如：

```
ps.setString(1,name);
ps.setString(2,password);
```

（4）执行 sql 语句，例如：

```
ResultSet rs = ps.executeQuery();
```

（5）关闭资源。

其中 void setxxx(int parameterIndex,xxx x)throws SQLException 方法中 parameterIndex 表示第几个参数，编号从 1 开始。以下是常见的几种 setxxx 方法原型。

（1）void setBoolean(int parameterIndex,boolean x)throws SQLException；

（2）void setByte(int parameterIndex,byte x)throws SQLException；

（3）void setDate(int parameterIndex,java.sql.Date x)throws SQLException；

（4）void setDouble(int parameterIndex,double x)throws SQLException；

（5）void setFloat(int parameterIndex,float x)throws SQLException；

（6）void setLong(int parameterIndex,byte x)throws SQLException；

（7）void setObject(int parameterIndex,Object x)throws SQLException；

（8）void setString(int parameterIndex,String x)throws SQLException；

（9）void setInt(int parameterIndex,int x)throws SQLException；

（10）void setShort(int parameterIndex,short x)throws SQLException。

## 五、ResultSet

结果集（ResultSet）是数据库中查询结果返回的一种对象。可以说，结果集是一个存储查询结果的对象，但是结果集并不仅仅具有存储的功能，还具有操纵数据的功能，可以完成对数据的更新等。

### 1. 最基本的 ResultSet

之所以说是最基本的 ResultSet，是因为它起到的作用就是完成了查询结果的存储功能，而且只能读取一次，不能够来回地滚动读取。这种结果集的创建方式如下：

```
Statement st = conn.CreateStatement();
ResultSet rs = Statement.executeQuery(sqlStr);
```

由于这种结果集不支持滚动地读取功能，因此如果获得这样一个结果集，只能使用它里面的 next() 方法逐个地读取数据。

### 2. 可滚动的 ResultSet 类型

这个类型支持前后滚动地取得记录 next()、previous()，回到第一行 first()，同时支持取得 ResultSet 中的第几行 absolute(int n)，以及移动到相对当前行的第几行 relative(int n)。要实现这样的 ResultSet，在创建 Statement 时使用如下的方法：

```
Statement st =conn.createStatement(int resultSetType, int resultSetConcurrency);
```

```
ResultSet rs = st.executeQuery(sqlStr);
```

其中两个参数的意义是：

resultSetType 是设置 ResultSet 对象的类型是可滚动的，或者是不可滚动的。取值如下：

```
ResultSet.TYPE_FORWARD_ONLY      只能向前滚动(这是默认值)
ResultSet.TYPE_SCROLL_INSENSITIVE
Result.TYPE_SCROLL_SENSITIVE
```

后面两个方法都能够实现任意的前后滚动，使用各种移动的 ResultSet 光标的方法。二者的区别在于前者对于修改不敏感，而后者对于修改敏感。

resultSetConcurrency 是用来设置 ResultSet 对象是否能够修改，取值如下：

```
ResultSet.CONCUR_READ_ONLY         // 设置为只读类型的参数
ResultSet.CONCUR_UPDATABLE         // 设置为可修改类型的参数
```

所以如果只是想要可滚动的 ResultSet 类型，那么只要把 Statement 按照如下赋值就行了：

```
Statement st =conn.createStatement(Result.TYPE_SCROLL_INSENSITIVE;
ResultSet.CONCUR_READ_ONLY);
ResultSet rs = st.executeQuery(sqlStr);
```

用这个 Statement 执行的查询语句得到的就是可滚动的 ResultSet。

## 任务训练

（1）在项目 SCMS 中，建立各个包，在 src 中用右键单击，选择“New”，然后选择“Package”，如图 7-13 所示。

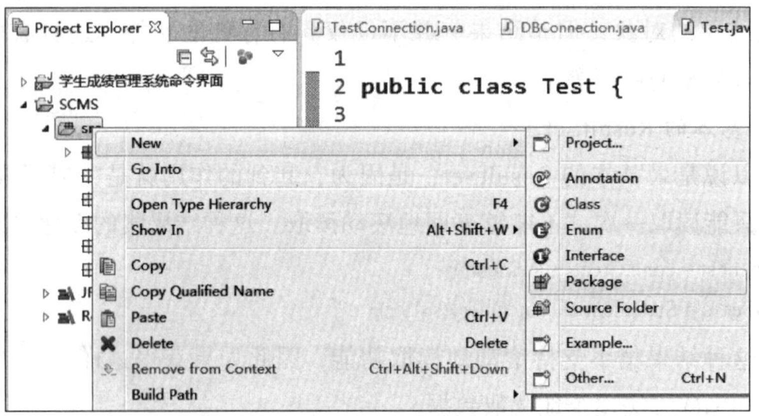


图 7-13　新建 Package 菜单

（2）按照图 7-14 创建 com.sdlg.dao、com.sdlg.dao.impl、com.sdlg.entity、com.sdlg.util、com.sdlg.view 五个类，一般包的命名为 com. 公司名 . 包名，或者 cn. 公司名 . 包名，其中 dao 包下放置定义的接口，dao.impl 包中放置对各个接口的实现，entity 包中放置各实体类，util 包中放置各工具类，view 包中放置各窗体。

（3）将之前定义的 Student 类（项目一任务 3.1 中）复制到 entity 包中，更改名称为 “stu”，并在 util 包中创建数据库连接 DBConnection 类。项目结构如图 7-15 所示。

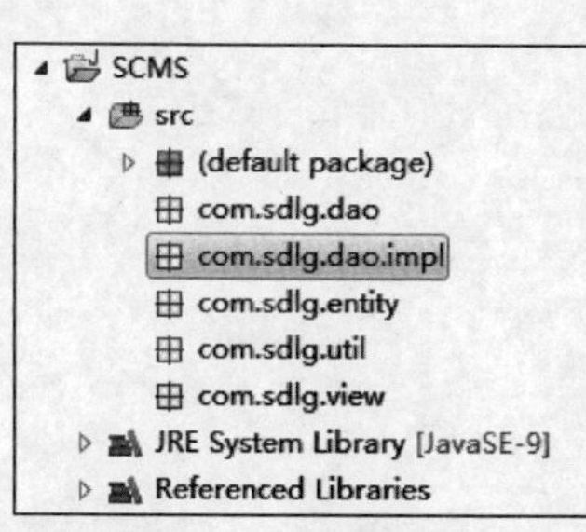


图 7-14　新建包列表

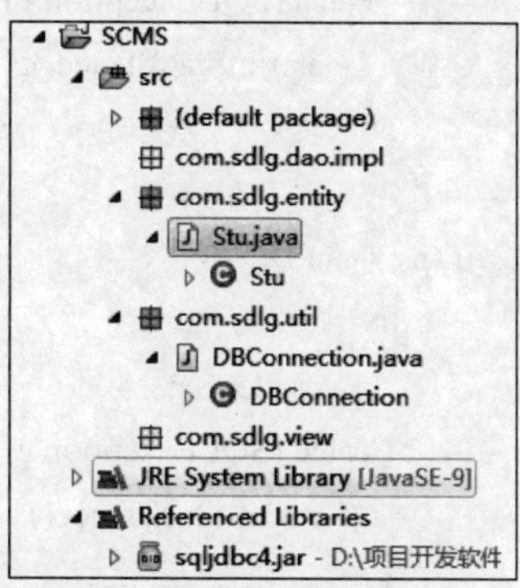


图 7-15　SCMS 项目结构图

**【注意】**当包中新建类文件后，包的图示由白色转为黄色。

DBConnection 类的源代码如下所示：

```
package com.sdlg.util;
import java.sql.Connection;
import java.sql.DriverManager;
import java.sql.PreparedStatement;
import java.sql.ResultSet;
import java.sql.SQLException;
public class DBConnection {
    Connection con = null;
    PreparedStatement ps = null;
    ResultSet rs = null;
    public DBConnection() {
        String url ="jdbc:sqlserver://localhost:1433;DatabaseName=SCMS;";
        try {
            con = DriverManager.getConnection(url, "sa", "123456");
            System.out.println(" 数据库驱动加载成功 ");
        } catch (SQLException e) {
            System.out.println(" 数据库驱动加载失败 ");
            e.printStackTrace();
        }
    }
    public Connection getConnection() {
        return con;
    }
    public void closeAll() {
        if (rs != null) {
```

```
            try {
                rs.close();
            } catch (SQLException e) {
                e.printStackTrace();
            }
        }
        if (ps != null) {
            try {
                ps.close();
            } catch (SQLException e) {
                e.printStackTrace();
            }
        }
        if (con != null) {
            try {
                con.close();
            } catch (SQLException e) {
                e.printStackTrace();
            }
        }
    }
    public int update(String sql, Object... paras) {
        int result = 0;
        con = getConnection();
        try {
            ps = con.prepareStatement(sql);
            if (paras != null) {
                for (int i = 0; i < paras.length; i++) {
                    ps.setObject(i + 1, paras[i]);
                }
            }
            result = ps.executeUpdate();
        } catch (SQLException e) {
            e.printStackTrace();
        } finally {
            //closeAll();
        }
        return result;
    }
    public ResultSet query(String sql, Object... paras) {
        con = getConnection();
```

```
            try {
                ps = con.prepareStatement(sql);
                if (paras != null) {
                    for (int i = 0; i < paras.length; i++) {
                        ps.setObject(i + 1, paras[i]);
                    }
                }
                rs = ps.executeQuery();
            } catch (SQLException e) {
                e.printStackTrace();
            }
            return rs;
        }
    }
```

（4）建立测试类 TestCon：

```
package com.sdlg.util;
import java.sql.ResultSet;
import java.sql.SQLException;
public class TestConn {
    public static void main(String[] args) throws SQLException {
    DBConnection con = new DBConnection();
    ResultSet rs=con.query("select * from student");
        while (rs.next()) {
            String sno = rs.getString("sno");
            String sname = rs.getString("sname");
            String classname = rs.getString("classname");
            System.out.println("Sno:" + sno + "\tSame:" + sname + "\tclassname:" + classname);
        }
    }
}
```

运行结果如图 7-16 所示。

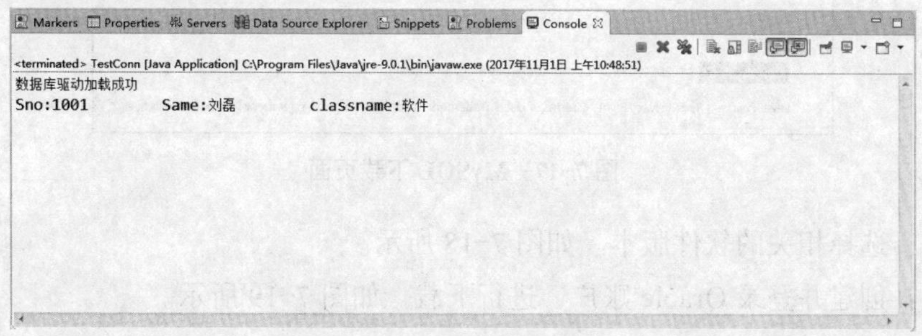


图 7-16 数据库连接测试结果

## 拓展提高

### 一、认识 MySQL 数据库

MySQL 是一个关系型数据库管理系统，由瑞典 MySQL AB 公司开发，目前属于 Oracle 旗下产品。MySQL 是最流行的关系型数据库管理系统之一，在 WEB 应用方面，MySQL 是最好的 RDBMS（Relational Database Management System，关系数据库管理系统）应用软件之一。

MySQL 是一种关系数据库管理系统，关系数据库将数据保存在不同的表中，而不是将所有数据放在一个大仓库内，这样就提高了速度并提高了灵活性。

MySQL 所使用的 SQL 语言是用于访问数据库的最常用标准化语言。MySQL 软件采用了双授权政策，分为小区版和商业版，由于其体积小、速度快、总体拥有成本低，尤其是具有开放源码这一特点，因此一般中小型网站的开发都选择 MySQL 作为网站数据库。

### 二、MySQL 数据库的下载与安装

1. MySQL 数据库的下载

步骤 1：进入 MySQL 官网 https://dev.mysql.com/downloads，在官网下载的是 zip 压缩包。如图 7-17 所示。

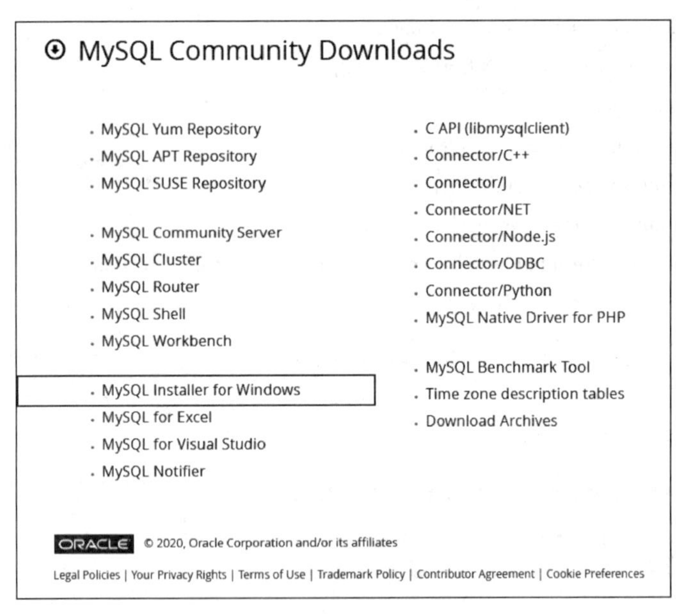


图 7-17 MySQL 下载页面

步骤 2：选择相关的软件版本。如图 7-18 所示。

步骤 3：创建并登录 Oracle 账户，进行下载。如图 7-19 所示。

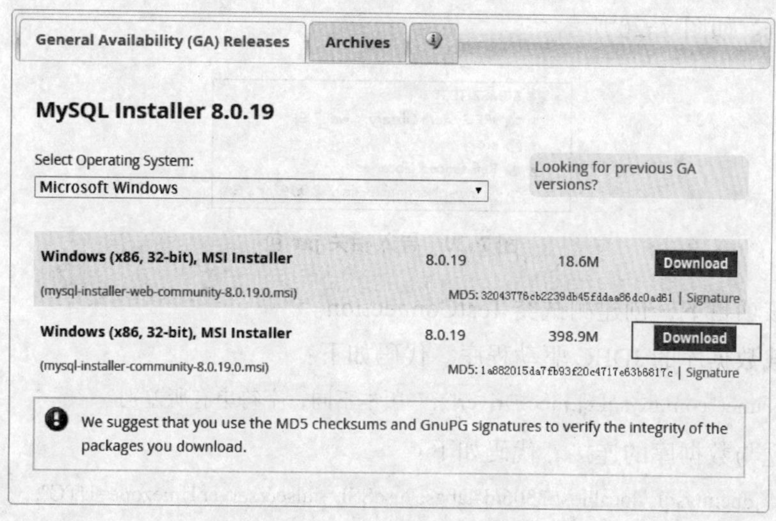


图 7-18　MySQL 版本选择

图 7-19　MySQL 下载链接

2. MySQL 数据库的安装

安装过程不再赘述，在安装 MySQL 的过程中，需要注意如下几点：

（1）MySQL 服务器的通信端口默认值是 3306，当不能正常安装时，一般是端口被占用造成的，此时需要回退并重设端口（如改为 3308）。

（2）字符编码（character set）一般设置为 utf-8。

（3）设定 root 用户的密码，在后续程序设计中将被使用。

**【注意】**通过安装 Navicat，可以使用图形用户界面对 MySQL 数据库进行操作。

根据本任务“任务实施”中的步骤一至步骤三，在 MySQL 数据库中创建 SCMS 数据库，建立数据表。

## 三、利用 JDBC 连接 MySQL 数据库

（1）下载 Java 连接 MySQL 所需要的驱动包，最新版下载地址为：https://mvnrepository.com/artifact/mysql/mysql-connector-java/8.0.19。

打开上述网址，下载 jar 文件，然后在对应的项目中导入该 jar 文件。具体方法为用右键单击当前项目，选择 Build path → add External Archieves →引入 mysql-connector-java-8.0.19.jar。如图 7-20 所示。

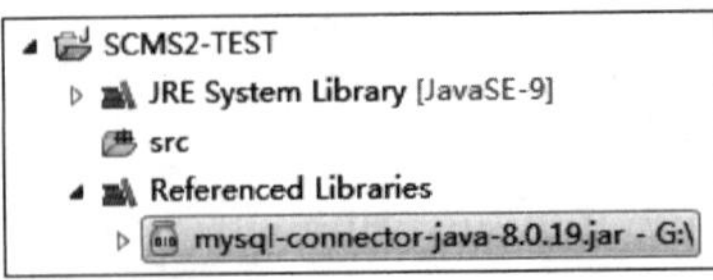


图 7-20　导入相关 jar 包

（2）在该项目下，创建测试类 TestConnection。

（3）装载数据库的 JDBC 驱动程序。代码如下：

```
Class.forName("com.mysql.cj.jdbc.Driver"); // 版本不同，字符串有所差别
```

（4）建立与数据库的连接。代码如下：

```
String url="jdbc:mysql://localhost:3306/database?useSSL=false&serverTimezone=UTC";
String username="root";// 用户名
String password="root";// 密码
Connection conn=DriverManager.getConnection(url,username,password);
```

**【注意】**

（1）url 的格式为："jdbc:mysql:// 主机：端口号 / 数据库名"，其中 url 因版本不同也有所差别。

（2）安装配置 MySQL 时设定用户名和密码，这里假定用户名为"root "，密码为"root"。

（3）serverTimezone=UTC 用于指定时区。

（4）useSSL=false 指定是否使用 ssl 连接。

（5）其余各步骤与连接 SQL Server 2008 数据库相同。

**【注意】**MySQL 8.0 以上版本的数据库连接同 8.0 以下版本有所不同：

（1）MySQL 8.0 以上版本可使用驱动包 mysql-connector-java-8.0.19.jar，驱动包向下兼容。

（2）com.mysql.jdbc.Driver 更换为 com.mysql.cj.jdbc.Driver。

（3）MySQL 8.0 以上版本不需要建立 SSL 连接的，需要显示关闭。

（4）最后还需要设置 CST。

**【例 7.1】** 连接 MySQL 数据库。

```
import java.io.*;
import java.sql.*;
public class TestConnection {
    public static void main(String[] args) throws Exception {
        Class.forName("com.mysql.cj.jdbc.Driver"); // 加载驱动程序
        // 数据库连接字符串
```

```
            String url ="jdbc:mysql://localhost:3306/SCMS?useSSL=false &serverTimezone=GMT";
            String username = "root";
            String pwd = "root";
            Connection conn = DriverManager.getConnection(url, username, pwd); // 建立连接
            Statement stmt = conn.createStatement(); // 创建静态 SQL 语句
            String sql = "select * from student"; // 查询表 student 中的数据
            ResultSet rs = stmt.executeQuery(sql); // 获得结果集
            while (rs.next()) { // 处理结果集 next() 函数将光标从当前位置向前移一行
                String sno = rs.getString("sno");
                String sname = rs.getString("sname");
                String classname = rs.getString("classname");
                System.out.println("Sno:" + sno + "\tSame:" + sname + "\tclassname:" +classname);
            }
            rs.close(); // 依次关闭
            stmt.close();
            conn.close();
        }
}
```

运行结果如图 7-21 所示。

```
Markers  Properties  Servers  Data Source Explorer  Snippets  Problems  Console
<terminated> TestConn [Java Application] C:\Program Files\Java\jre-9.0.1\bin\javaw.exe (2017年11月1日 上午10:48:51)
数据库驱动加载成功
Sno:1001        Same:刘磊        classname:软件
```

图 7-21　数据库连接测试结果

## 任务小结

本任务主要完成了学生成绩管理系统中数据库连接的方法。通过本任务的学习，读者了解了什么是 JDBC、JDBC 的常用 API、如何实现连接不同的数据库（包括 SQL Server 和 MySQL）等知识。通过本任务的实施，读者能够掌握在项目中连接数据库的步骤，这是 GUI 项目开发的起点。

## 习题与实训

### 一、选择题

1．Java 中，JDBC 是指（　　）。

A．Java 程序与数据库连接的一种机制　　B．Java 程序与浏览器交互的一种机制

C．Java 类库名称　　D．Java 类编译程序

2．MySQL 服务器的通信端口默认值是（　　）。

A．3308　　B．1433　　C．3306　　D．8201

3．JDBC 中，用于表示数据库连接的对象是（　　）。

A．PreparedStatement　　B．DriverManager

C．Connection　　D．Statement

4．ResultSetMetaData rsmd = rs.getMetaData() 是什么意思？（　　）

A．取得列数

B．得到结果集 (rs) 的结构，比如字段数、字段名等

C．返回表名

D．取得行数

5．下列关于 MySQL 数据库管理系统的说法，正确的是（　　）。（多选）

A．目前许多应用开发项目都选用 MySQL，其主要原因是 MySQL 的社区版性能卓越，满足许多应用已经绰绰有余，而且 MySQL 的社区版是开源数据库管理系统，可以降低软件的开发和使用成本

B．MySQL 所使用的 SQL 语言是用于访问数据库的最常用标准化语言

C．MySQL 是一种关系型数据库管理系统，由瑞典 MySQL AB 公司开发，目前属于 Oracle 旗下产品

D．MySQL 是一种关系数据库管理系统，关系数据库将数据保存在不同的表中，而不是将所有数据放在一个大仓库内，这样就增加了速度并提高了灵活性

6．SQL SELECT 语句中的 WHERE 用于说明（　　）。

A．查询分组　　B．查询条件　　C．查询排序　　D．查询数据

### 二、简答题

1．如何使用 JDBC 直接驱动连接数据库？

2．如何理解 ResultSet？

任务八

# 学生成绩操作接口的实现

【任务目标】

1．了解接口的概念和意义；

2．掌握定义接口和实现接口的方法；

3．掌握定义数据表操作接口的方法；

4．掌握实现数据表接口的方法。

【任务简介】

在图形用户界面学生成绩管理系统中，我们将实现学生成绩信息的增、删、查、改等基本操作，通过创建接口并实现接口，来实现学生成绩表的增、删、查、改操作。通过完成本任务，学生能够掌握学生成绩操作接口的实现，同时掌握定义接口和实现接口的方法。

## 任务描述

为了对学生成绩表进行增、删、查、改操作，我们应当建立针对该表的dao接口，并实现该接口。这样以后针对该表的操作就转化为了实例化接口对象，通过接口提供的方法来操作数据库中的表，就能很好地实现层之间的分离。

## 任务分析

操作步骤如下：

步骤一：创建学生成绩表操作接口；

步骤二：实现学生成绩表操作接口。

## 任务实施

### 一、步骤一：创建学生成绩表操作接口

（1）在 com.sdlg.dao 包中用右键单击，然后从弹出的菜单中选择“new”，接着选择“interface”，新建接口 StuGradeDao，如图 8-1 所示。

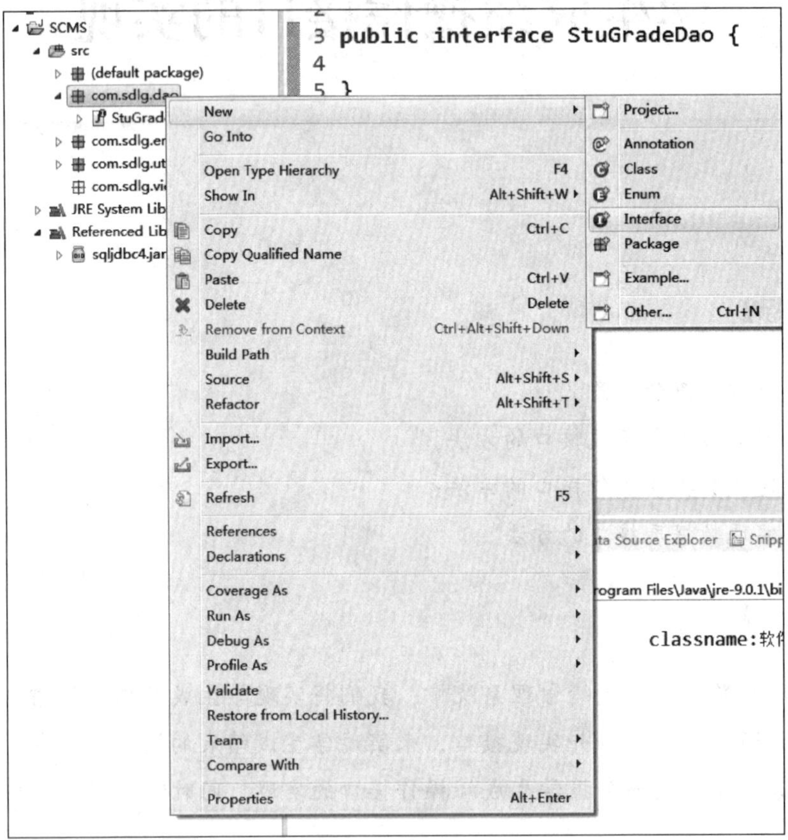


图 8-1　新建 StuGradeDao 界面

【注意】创建接口格式：

```
public interface 接口名 {
}
```

（2）在接口中定义针对学生成绩表操作的各个方法：

```
package com.sdlg.dao;
import java.util.List;
import com.sdlg.entity.Stu;
public interface StuGradeDao {
        boolean add(Stu stu);// 添加记录
        boolean update(Stu stu);// 修改记录
        boolean delete(String sno);// 删除记录
```

```
    List<Stu> queryAll();// 查找全部记录
}
```

## 二、步骤二：实现学生成绩表操作接口

（1）在 com.sdlg.dao.impl 包上用右键单击，选择“new”，选择“class”，新建 StuGradeDaoImpl 类，如下所示：

```
import com.sdlg.dao.StuGradeDao;
public class StuGradeDaoImpl implements StuGradeDao{
}
```

【注意】implements StuGradeDao 为实现该接口。

（2）实现该接口，当未实现接口中定义的每一个方法时，将提示错误，如图 8-2 所示。

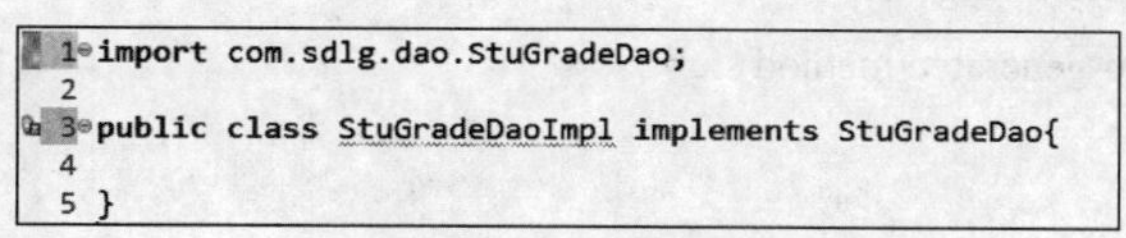

图 8-2　错误提示

【注意】这里的实现在于实现该接口中定义的每一个方法，哪怕有一个方法没有被实现，也会提示错误，可以通过把该类定义为抽象类来解决问题，使错误消失。这里，我们要求实现每一个接口中定义的方法。

（3）在左侧的错误符号上单击，从弹出的提示中，选择“Add unimplemented methods”，如图 8-3 所示。

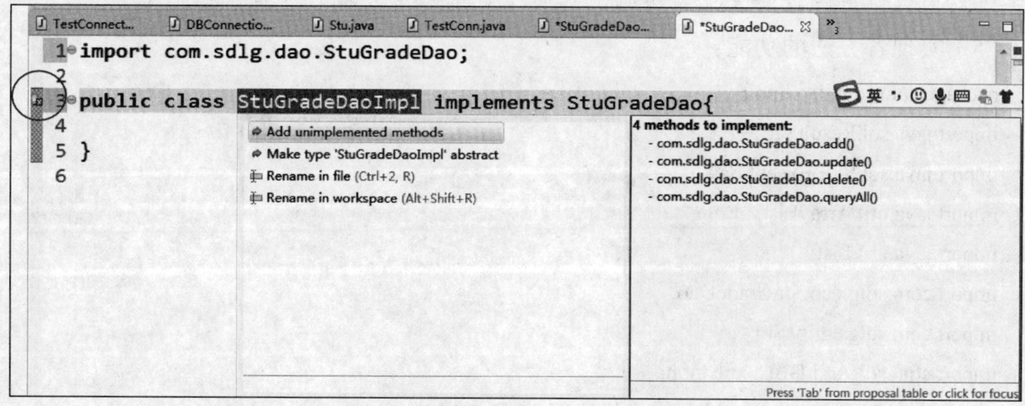

图 8-3　通过错误提示添加未实现的方法

（4）实现各方法后的代码如下所示：

```
import java.util.List;
import com.sdlg.dao.StuGradeDao;
import com.sdlg.entity.Stu;
public class StuGradeDaoImpl implements StuGradeDao{
```

```
    @Override
    public boolean add(Stu stu) {
        // TODO Auto-generated method stub
        return false;
    }
    @Override
    public boolean update(Stu stu) {
        // TODO Auto-generated method stub
        return false;
    }
    @Override
    public boolean delete(String sno) {
        // TODO Auto-generated method stub
        return false;
    }
    @Override
    public List<Stu> queryAll() {
        // TODO Auto-generated method stub
        return null;
    }
}
```

**【注意】**从语法的角度来讲，只要给各方法加上{}，即方法体，则可理解为实现，语法上可以通过。但是，要实现其功能，我们还需要在方法体中添加各功能代码。

（5）实现各方法的功能：

```
package com.sdlg.dao.impl;
import java.sql.ResultSet;
import java.sql.SQLException;
import java.util.ArrayList;
import java.util.List;
import com.sdlg.dao.StuGradeDao;
import com.sdlg.entity.Stu;
import com.sdlg.util.DBConnection;
public class StuGradeDaoImpl implements StuGradeDao {
    DBConnection con = new DBConnection();
    @Override
    public boolean add(Stu stu) {
        // 建立插入 sql 语句
        String sql = "insert into student(sno,sname,classname,sqlkc,java,web,gym)values(?,?,?,?,?,?,?)";
        int result = con.update(sql, stu.getSno(), stu.getName(), stu.getClassname(), stu.getSql(), stu.
```

```
        getJava(), stu.getWebdesign(), stu.getGym());
        if (result > 0) {
            return true;
        } else {
            return false;
        }
    }
    @Override
    public boolean update(Stu stu) {
        // 建立更新 sql 语句
        String sql = "update student set sname=?, classname=?, sqlkc=?, java=?, web=?, gym=? where sno=?";
        int result = con.update(sql, stu.getName(), stu.getClassname(), stu.getSql(), stu.getJava(),
        stu.getWebdesign(),stu.getGym(), stu.getSno());
        if (result > 0) {
            return true;
        } else {
            return false;
        }
    }
    @Override
    public boolean delete(String sno) {
        // 建立删除 sql 语句
        String sql = "delete from student where sno=?";
        int result = con.update(sql, sno);
        if (result > 0) {
            return true;
        } else {
            return false;
        }
    }
    @Override
    public List<Stu> queryAll() {
        return stulist(con.query("select * from student"));
    }
    private List<Stu> stulist(ResultSet rs) {
        List<Stu> stulist = new ArrayList<Stu>();
        try {
            while (rs.next()) {
                Stu stu = new Stu();
                stu.setSno(rs.getString("sno"));
```

```
                stu.setName(rs.getString("sname"));
                stu.setClassname(rs.getString("classname"));
                stu.setJava(rs.getFloat("java"));
                stu.setSql(rs.getFloat("sqlkc"));
                stu.setWebdesign(rs.getFloat("web"));
                stu.setGym(rs.getFloat("gym"));
                stulist.add(stu);
            }
        } catch (SQLException e) {
            e.printStackTrace();
        }
        return stulist;
    }
}
```

## 相关知识

### 一、抽象类和接口

1. 抽象类

抽象类

抽象类是普通类与接口之间的一种中庸之道。Java 规定，用关键字 abstract 修饰的类称为抽象类（abstract 类），用关键字 abstract 修饰的方法称为抽象方法。

例如：

```
abstract class Base{                                    // 抽象类定义
    abstract void method1();                            // 抽象方法定义
    void method2(){                                     // 具体方法定义
        System.out.println("method2");
    }
}
```

声明格式：

```
abstract class 类名 {
        abstract 数据类型 方法名 ( 参数表 );
}
```

**【注意】**（1）方法声明中没有 {}；

（2）方法声明最后的“;”不能省略。

**【注意】**（1）用 abstract 修饰的类表示抽象类，抽象类不能被实例化，即不允许创建抽象类本身的实例。没有用 abstract 修饰的类称为具体类，具体类可以被实例化。

（2）用 abstract 修饰的方法表示抽象方法，抽象方法没有方法体。抽象方法用来描述系统具有什么功能，但不提供具体的实现。没有用 abstract 修饰的方法称为具体方法，具体方法具有方法体。

（3）抽象方法必须声明在抽象类中，而且抽象方法只需要声明，不需要实现。

（4）父类中的某些抽象方法不包含任何逻辑，需要在子类继承中由子类提供抽象方法的实现细节。

（5）含有抽象方法的类必须声明为抽象类（abstract 类）。抽象类中不一定包含抽象方法，但包含抽象方法的类一定要声明为抽象类。

（6）抽象类中可以包含构造方法，由于不能利用抽象类直接创建对象，因此抽象类中定义构造方法是多余的。

**【例 8.1】** 找出下面程序中的错误，并说明原因。

```
abstract class Base{
        abstract void method1();
        abstract void method2();
}
class Sub extends Base{
        void method1(){
                System.out.println("method1");
        }
}
```

2．接口

接口（interface）就是方法和常量的集合，为了使 Java 程序的类层次结构更加合理，更符合实际问题的本质，编译者可以把用于完成特定功能的若干属性组织成相对独立的属性集合；凡是需要实现这种特定功能的类，都可以继承这个属性集合并在类内使用它，这种属性集合就是接口。

接口

**【注意】**接口使抽象的概念更向前迈进了一步。接口产生一个完全的抽象类，它根本就没有提供任何具体实现，允许创建者确定方法名、参数列表和返回类型，但是没有任何方法体。接口只提供形式，不提供任何具体实现。

接口定义格式：

```
[public] interface 接口名 {
        [public][static][final] 类型  变量名 = 常量值 ;
        [public][abstract] 类型 方法名 ( 参数列表 );
}
```

**【注意】**接口修饰符为 public 或省略形式，分别为公共接口，或者是友好接口；而属性和方法均为 public 权限。

接口体由两部分组成：

（1）对接口中属性的声明。接口中只能包含 public、static、final 类型的成员变量，因此接口中的属性都是用 final 修饰的常量。

（2）对接口中方法的声明。接口中只能包含 public、abstract 类型的成员方法，不能有非抽象方法。在接口中只能给出这些抽象方法的方法名、返回值和参数列表，而不能定义方法体，即仅仅规定了一组信息交换、传输和处理的“接口”。

**【例 8.2】** 接口定义举例。

```
public interface A {
        public static final int X=1;
        public static final int Y=2;
        public static final int Z=3;
        public void show();
}
```

**【例 8.3】** 找出下面程序中的错误，并说明原因。

```
public interface A{
    int var;
    void method1(){
        System.out.println("method1");
    }
    protected void method2();
    static void method3(){
        System.out.println("method3");
    }
}
```

3．接口的实现

接口由类来实现，而且一个类能实现许多接口。

实现的格式如下：

```
class 类名 implements 接口 1 [, 接口 2, 接口 3,..., 接口 n]{
            ......}
```

例如：假设 A,B,C 为已经定义的接口

```
public class MyInterface  implements  A,B,C{
        ...... }
```

**【注意】** 类 MyInterface 实现了三个接口，即实现三者所有方法。

**【例 8.4】** 实现 SayHello 接口。

```
interface SayHello {
        void printMessage();
}
class MySayHello implements SayHello {
        public void printMessage() {
```

```
            System.out.println("Hello");
        }
}
```

【例 8.5】 找出下面程序中的错误，说明原因并改正。

```
interface SayHello {
        void printMessage();
        void receiveMessage();
}
class MySayHello implements SayHello {
        public void printMessage() {
            System.out.println("Hello");
        }
}
```

【注意】

（1）接口一经声明并实现，即可以使用。

（2）同一个接口可以由多个类来实现，接口中的同一个方法在实现这个接口的不同类中可以有不同的具体实现（多态性）。

（3）接口是一个规范，是一个抽象的概念，由类把这个规范具体实现。

4．类和接口的区别

（1）类只能继承一个类，而对于接口，类可以实现多个接口。

（2）对于继承性，类继承了超类的方法，子类可以选择是否覆盖超类的方法。接口的方法没有实现，因此，类必须实现接口中的每个方法。

（3）从本质上讲，接口是一种特殊的抽象类，这种抽象类中只包含常量和方法的定义，而没有变量和方法的实现。

（4）接口像一个规范，一个协议，而类则是实现了这个协议，满足这个规范的具体实现。

5．接口和抽象类的区别

相同点：

（1）都包含抽象方法，声明多个类共享方法首部。

（2）都不能被实例化。

不同点：

（1）一个类只能继承一个抽象类，而一个类可以实现多个接口。

（2）访问权限不同，抽象类和普通类一样，而接口的访问权限是默认和 public，接口成员都是 public。

（3）抽象类和接口中的成员变量不同。

（4）抽象类可包含抽象方法和普通方法，接口只能是抽象方法。

6. 接口的作用

（1）使用接口可以使设计与实现相分离，使使用接口的用户程序不受不同接口实现的影响，不受接口实现改变的影响。

（2）弥补 Java 只支持类单继承的不足，它用来完成多继承的一些功能。Java 接口反映了对象较高层次的抽象，为描述相互之间似乎没有关系的对象的共性提供了一种有效的手段。

7. 接口的继承

接口之间可以存在继承关系，但不能是实现关系。

```
interface A{
   void method1();
}
interface B{
   void method2();
}
interface D extends A,B{ }       //合法
interface E implements A,B{ } //错误
```

**【例 8.6】**

```
//定义接口
interface Animal{
     void eat();
     void sleep();}
interface Man extends Animal{
     void think();}
 interface School{
       void classroom();}
//定义抽象类 Student
abstract class Student implements Man,School{
     public abstract void study();
}
//定义大学生类
class Undergraduate extends Student{
      String name;
      public Undergraduate(String name){
           this.name=name;}
      public void study(){
           System.out.println(name+"can study.");}
      public void classroom(){
```

```
            System.out.println(name+"has classroom to study.");}
        public void think(){
            System.out.println(name+"can think.");}
        public void eat(){
            System.out.println(name+"can eat.");}
    public void sleep(){
            System.out.println(name+"can sleep.");}
    void ablity(){
        this.sleep();
        this.eat();
        this.think();
        this.study();
        this.classroom();}
}
// 定义测试类
public class Exp86{
    public static void main(String args[ ]){
        Undergraduate s=new Undergraduate(" 李平 ");
        s.ablity();
    }
}
```

运行结果如图 8-4 所示：

```
@ Javadoc  Problems  Declaration  Console
<terminated> Exp86 [Java Application] C:\Program Files\Java\jre-9.0.1\bin\javaw.exe (2020年3月19日 下午2:54:57)
李平can sleep.
李平can eat.
李平can think.
李平can study.
李平has classroom to study.
```

**图 8-4　例 8.6 运行效果图**

8. 接口的多态

多态：同一个接口可以由多个类来实现，接口中的同一个方法在实现这个接口的不同类中可以有不同的具体实现。

**【例 8.7】**

```
public interface A {
    public static final int X = 1;
    public static final int Y = 2;
    public static final int Z = 3;
```

```
    public void show();
}
class B implements A {
    public void show() {
        System.out.println("class B");
    }
}
class C implements A {
    public void show() {
        System.out.println("class C");
    }
}
```

## 二、List 与 ArrayList

### 1．List 接口常用方法

List 与 ArrayList

List 包括 List 接口以及 List 接口的所有实现类。因为 List 接口实现了 Collection 接口，所以 List 接口拥有 Collection 接口提供的所有常用方法，又因为 List 是列表类型，所以 List 接口还提供了一些适合于自身的常用方法，见表 8-1。

表 8-1　List 接口相关方法

| 方法名称 | 功能简介 |
| --- | --- |
| add(int index,Object obj) | 用来向集合的指定索引位置添加对象，其他对象的索引位置相对后移一位，索引位置从 0 开始 |
| addAll(int,Collection col) | 用来向集合的指定索引位置添加指定集合中的对象 |
| remove(int index) | 用来清除集合中指定索引位置的对象 |
| set(int index,Object obj) | 用来将集合中指定索引位置的对象修改为指定对象 |
| get(int index) | 用来获得指定索引位置的对象 |
| indexOf(Object obj) | 用来获得指定对象的索引位置。当存在多个时，返回第一次出现的索引位置；当不存在时，返回 -1 |
| lastIndexOf(Object obj) | 用来获得指定对象的索引位置。当存在多个时，返回最后一次出现的索引位置；当不存在时，返回 -1 |

### 2．实例化接口

List 接口提供的适合于自身的常用方法均与索引有关，这是因为 List 集合为列表类型，以线性方式存储对象，可以通过对象的索引操作对象。

List 接口的常用实现类有 ArrayList 和 LinkedList，在使用 List 集合时，通常情况下声明为 List 类型，实例化时根据实际情况的需要，实例化为 ArrayList 或 LinkedList。

格式：

```
// 利用 ArrayList 类实例化 List 集合
List< 数据类型 A> 对象名称 = new ArrayList< 数据类型 A>();
// 利用 LinkedList 类实例化 List 集合
List< 数据类型 B> 对象名称 = new LinkedList< 数据类型 B>();
```

3．add(int index, Object obj) 方法和 set(int index, Object obj) 方法的区别

在使用 List 集合时需要注意区分 add(int index, Object obj) 方法和 set(int index, Object obj) 方法，前者是向指定索引位置添加对象，而后者是修改指定索引位置的对象。

4．ArrayList 与 LinkedList 的区别

（1）ArrayList 是基于数组实现的，LinkedList 是基于双向链表实现的。这两个数据结构的逻辑关系是不一样，当然物理存储的方式也不一样。

（2）当查询元素时，速度方面 ArrayList 优于 LinkedList。

（3）当增删元素时，效率方面 LinkedList 优于 ArrayList。

（4）LinkedList 比 ArrayList 更占内存，因为 LinkedList 的节点除了存储数据，还存储了两个引用，一个指向前一个元素，一个指向后一个元素。

**【例 8.8】** 遍历 List 举例 1。

```
import java.util.Iterator;
import java.util.LinkedList;
import java.util.List;
public class Exp88{
    public static void main(String[] args) {
        String a = "A", b = "B", c = "C", d = "D", e = "E";
        List<String> list = new ArrayList<String> ();
        list.add(a);
        list.add(e);
        list.add(d);
        list.set(1, b);// 将索引位置为 1 的对象 e 修改为对象 b
        list.add(2, c);// 将对象 c 添加到索引位置为 2 的位置
        Iterator<String> it = list.iterator();
        while (it.hasNext()) {
            System.out.println(it.next());
        }
    }
}
```

运行结果：

```
A
B
C
D
```

因为 List 集合可以通过索引位置访问对象，所以还可以通过 for 循环遍历 List 集合，详见例 8.9。

**【例 8.9】** 遍历 List 举例 2。

```
import java.util.ArrayList;
import java.util.LinkedList;
import java.util.Iterator;
import java.util.List;
public class Exp89{
    public static void main(String[] args) {
        System.out.println(" 开始：");
        String a = "A", b = "B", c = "C", d = "D", e = "E";
        List<String> list = new LinkedList<String>();
        list.add(a);
        list.add(e);
        list.add(d);
        list.set(1, b);// 将索引位置为 1 的对象 e 修改为对象 b
        list.add(2, c);// 将对象 c 添加到索引位置为 2 的位置
        Iterator<String> it = list.iterator();
        while (it.hasNext()) {
            System.out.println(it.next());
        }
        for (int i = 0; i < list.size(); i++) {
            // 利用 get(int index) 方法获得指定索引位置的对象
            System.out.println(list.get(i));}
            System.out.println(" 结束！ ");
    }
}
```

运行结果：

```
开始:
A
B
C
D
A
B
C
D
结束!
```

## 任务训练

利用抽象类分别求三角形、矩形和圆的面积、周长。

```
import java.util.*;
public class HHst {
    public static void main(String[] args) {
        Geometric g = new Triangle(3, 4, 5);
        System.out.println(" 三角形的面积为 " + g.getArea());
        System.out.println(" 三角形的周长为 " + g.getPerimeter());
        g = new Rectangle(2, 3);
        System.out.println(" 矩形的面积为 " + g.getArea());
        System.out.println(" 矩形的周长为 " + g.getPerimeter());
        g = new Circle(1);
        System.out.println(" 圆的面积为 " + g.getArea());
        System.out.println(" 圆的周长为 " + g.getPerimeter());
    }
}
abstract class Geometric { // 定义抽象类 Geometric
    public abstract double getArea();// 定义抽象方法求面积
    public abstract double getPerimeter();// 定义抽象方法求周长
}
class Triangle extends Geometric { // 继承抽象类
    int a;
    int b;
    int c;
    public Triangle(int a, int b, int c) {
        this.a = a;
        this.b = b;
        this.c = c;
    }
    public double getArea() {
        double s = 0.25 * Math.sqrt((a + b + c) * (a + b - c) * (a - b + c) * (b + c - a));
        return s;
    }
    public double getPerimeter() {
        return a + b + c;
    }
}
class Rectangle extends Geometric { // 继承抽象类
    int a;
```

```
    int b;
    public Rectangle(int a, int b) {
        this.a = a;
        this.b = b;
    }
    public double getArea() {
        return a * b;
    }
    public double getPerimeter() {
        return 2 * (a + b);
    }
}
class Circle extends Geometric { // 继承抽象类
    int r;
    public Circle(int r) {
        this.r = r;
    }
    public double getArea() {
        return Math.PI * r * r;
    }
    public double getPerimeter() {
        return 2 * Math.PI * r;
    }
}
```

运行结果如图 8-5 所示。

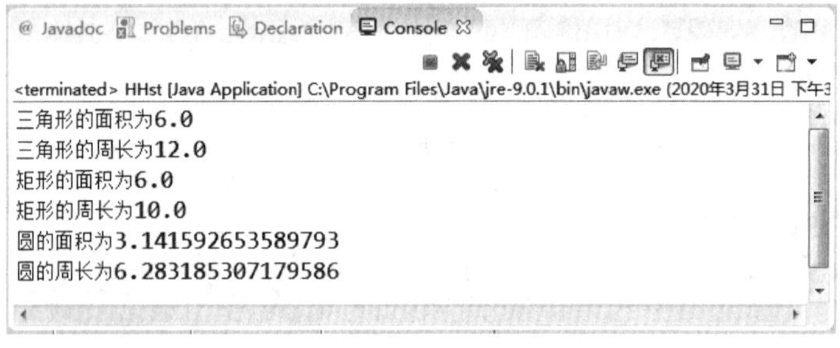


图 8-5　抽象类实例运行结果

## 拓展提高

### 一、Java 的 foreach 用法

Java SE5 引入了一种更加简洁的 for 语法格式，可以用于遍历数组和集合，是 for 循环的增强版本。foreach 虽然对 for 循环进行了简化，但是并不是说 foreach 就比 for 更好

用，foreach 适用于循环次数未知，或者计算循环次数比较麻烦的情况。但是更为复杂的一些循环还是需要用到 for 循环。这里需要注意的一点是：foreach 只能取值，不能赋值。

foreach 格式如下：

```
for( 元素类型 元素变量 x: 遍历对象 ( 数组或集合 )){
        引用元素变量 x 的语句 ;
    }
```

【例 8.10】 遍历数组示例。

```
import java.util.*;
public class fe {
    public static void main(String[] args) {
        int[] a={11,22,33,44,55,66};
        for(int x:a){
            System.out.println(x);
        }
    }
}
```

运行结果如图 8-6 所示。

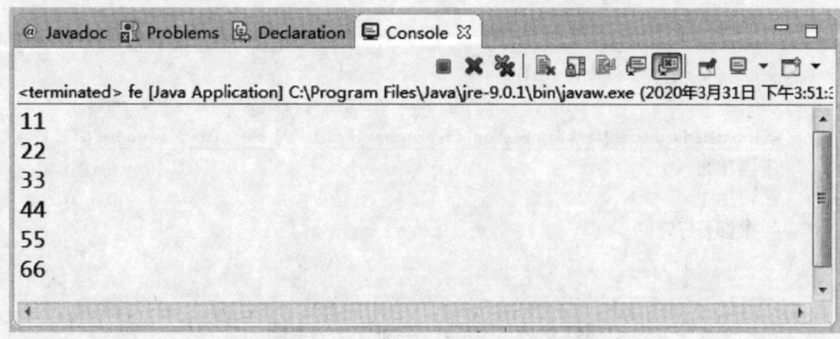


图 8-6 foreach 实例运行结果

## 二、Java 迭代器

迭代器是一种模式，可以使得序列类型的数据结构的遍历行为与被遍历的对象分离，即我们无须关心该序列的底层结构是什么样子的。只要拿到这个对象，使用迭代器就可以遍历这个对象的内部。

不同 java 集合的内部结构是不一样的，如果为每种容器都单独实现一种遍历方法十分麻烦，为了简化遍历容器的操作，所以推出了 java 迭代器（Iterator）。

Iterator 接口包含三个方法：hasNext()，next()，remove()。

hasNext()：每次 next 之前，先调用此方法探测是否迭代到终点。

next()：返回当前迭代元素，同时，迭代游标后移。

remove()：删除最近一次已经迭代出去的那个元素。

【注意】只有当 next() 执行完后，才能调用 remove() 函数。例如，要删除第一个元素，不能直接调用 remove() 函数，而要先调用 next()；如果没有先调用 next() 就调用 remove() 函数，是会抛出异常的。

【例 8.11】 迭代示例。

```
import java.util.ArrayList;
import java.util.Iterator;
public class diedai{
    public static void main(String[] args) {
        ArrayList<String>list=new ArrayList<String>();
        list.add(" 中国加油 ");
        list.add(" 武汉加油 ");
        list.add(" 大家都要好好的 ");
        for(Iterator<String> iterator=list.iterator();iterator.hasNext();) {
            System.out.println(iterator.next());
        }
    }
}
```

运行结果如图 8-7 所示。

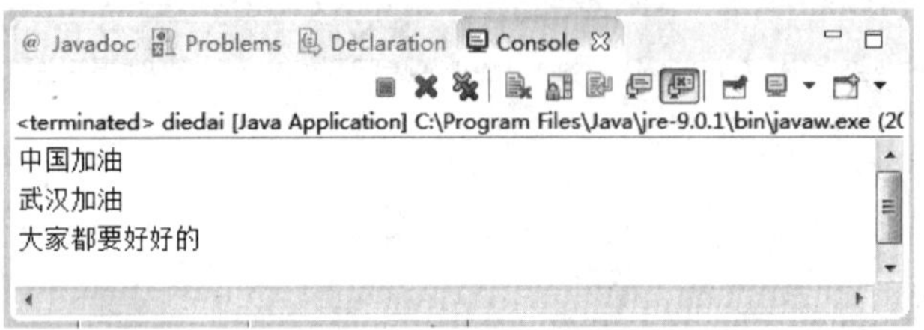


图 8-7 迭代示例运行结果

## 任务小结

本任务主要完成了学生成绩操作接口的定义及接口的实现。通过本任务的学习，读者学习了接口与抽象类的基本知识和操作。通过本任务的实施，读者掌握了在项目中通过定义接口、实现接口来操纵数据库中二维表数据的增、删、查、改，这是 GUI 项目开发中比较关键的一个步骤。

## 习题与实训

### 一、选择题

1. 下列有关抽象类的叙述，正确的是（　　）。

A．抽象类中一定含有抽象方法　　　　B．抽象类的声明必须包含 abstract 关键字

C．抽象类既能被实例化也能被继承　　D．抽象类中不能有构造方法

2．下列有关接口的叙述，错误的是（　　）。

A．接口中只能包含抽象方法和常量　　B．一个类可以实现多个接口

C．类实现接口时必须实现其中的方法　D．接口不能被继承

3．定义一个接口时，下列关键字中用不到的是（　　）。

A．public　　B．extends　　C．interface　　D．class

4．在使用 interface 声明一个接口时，只可以使用哪个修饰符修饰该接口？（　　）

A．private　　B．protected　　C．class　　D．public

5．Java 中能实现多重继承功能的是（　　）。

A．接口　　B．同步　　C．抽象类　　D．父类

6．Java 中用来实现继承的关键字是（　　）。

A．extends　　B．implements　　C．public　　D．protected

7．接口的实现用到的关键字是（　　）。

A．import　　B．implements　　C．public　　D．final

8．用 abstract 修饰的类称为抽象类，它们（　　）。

A．只能用以派生新类，不能用以创建对象

B．只能用以创建对象，不能用以派生新类

C．既可以用以创建对象，也可以用以派生新类

D．既不能用以创建对象，也不能用以派生新类

## 二、简答题

1．利用接口和多态性编写程序描述老虎、鸟和鱼。

2．设计一个抽象类 B（包含抽象方法 b1），然后设计一个普通类 A 继承抽象类 B，并给出抽象方法 b1 的方法体，接着定义测试类 C 实例化普通类 A，并调用方法 b1。

任务九

# 登录窗体的实现

## 【任务目标】

1. 了解窗体绝对布局的方法；
2. 掌握 JTextField、JPasswordField、JButton、JLabel 等控件的使用；
3. 掌握 JFrame 窗体的构造方法及属性设置。

## 【任务简介】

在图形用户界面学生成绩管理系统中，用户首先看到的是登录界面，通过输入用户名和密码，登录系统，进行相关操作。本任务将实现登录界面，通过验证键入的用户名和密码，判断是否是合法用户，只有用户名和密码正确，用户才能登录系统，否则，系统会提示用户名或密码错误。许多系统都需要实现登录窗体，这对于我们以后开发其他系统具有借鉴意义。

## 任务描述

通常，一个系统的登录需要输入用户名和密码才能实现。这里用户名和密码的匹配需要连接数据库比对后，根据匹配结果显示应用程序窗体，或者提示用户名或密码错误等信息。在本任务中，我们对登录功能进行简化，设定用户名为“anne”、密码为“123456”时才能登录系统，否则提示错误信息。

## 任务分析

操作步骤如下：

步骤一：创建 JFrame 应用程序窗体 LoginFrame；

步骤二：为窗体设置合适的颜色；

步骤三：为窗体设置合适的布局；

步骤四：添加标签、文本框、按钮等控件；

步骤五：为按钮添加响应事件。

## 任务实施

任务概览：

```
pubic class LoginFrame{
    private JLabel lblSno;
    private JLabel lblSname;
    private JTextField txtSno;
    private JTextField txtSname;
    private JButton btnSubmit;
    private JButton btnClear;
    LoginFrame(){};
    initComponents(){};
}
```

运行结果如图 9-1 所示。

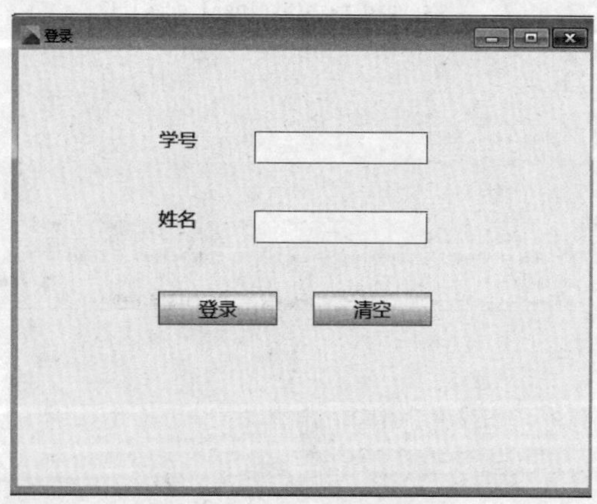


**图 9-1　任务执行效果图**

（1）步骤一：创建 JFrame 应用程序窗体 LoginFrame。

①在 com.sdlg.view 包上用右键单击，选择“New”，选择“Class”，创建新的类 LoginFrame。代码如下：

```
package com.sdlg.view;
import javax.swing.JFrame;
public class LoginFrame extends JFrame{
    public LoginFrame() {
        this.setTitle(" 登录 ");// 设置窗体标题，这里及以后的 this 可以省略
```

```
        this.setVisible(true);// 设置可见性，为 false 时，窗体不可见
        this.setSize(500,400);// 设置窗体大小，width 为 500px，height 为 400px
        this.setLocation(0,0);// 设置窗体位置，窗体左上角定点坐标为（0,0）
    }
    public static void main(String[] args) {
        new LoginFrame();
    }
}
```

【注意】LoginFrame 需要继承 JFrame 类。

运行结果如图 9-2 所示。

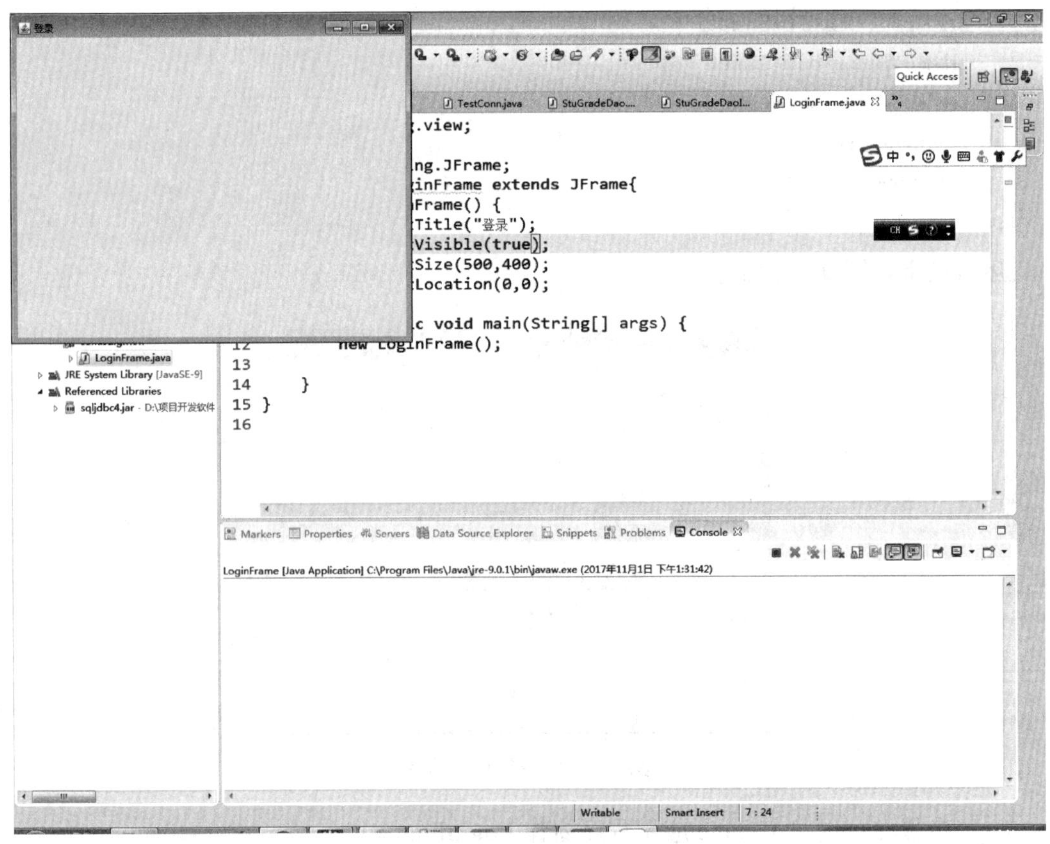

图 9-2　登录窗口显示

②在 SCMS 项目上用右键单击，选择“New”，选择“Folder”（如图 9-3 所示），打开新建文件夹窗口，填入文件名“imag”（存放图片），如图 9-4 所示，将“main.jpg”图片拷贝到 imag 文件夹中，单击确定。

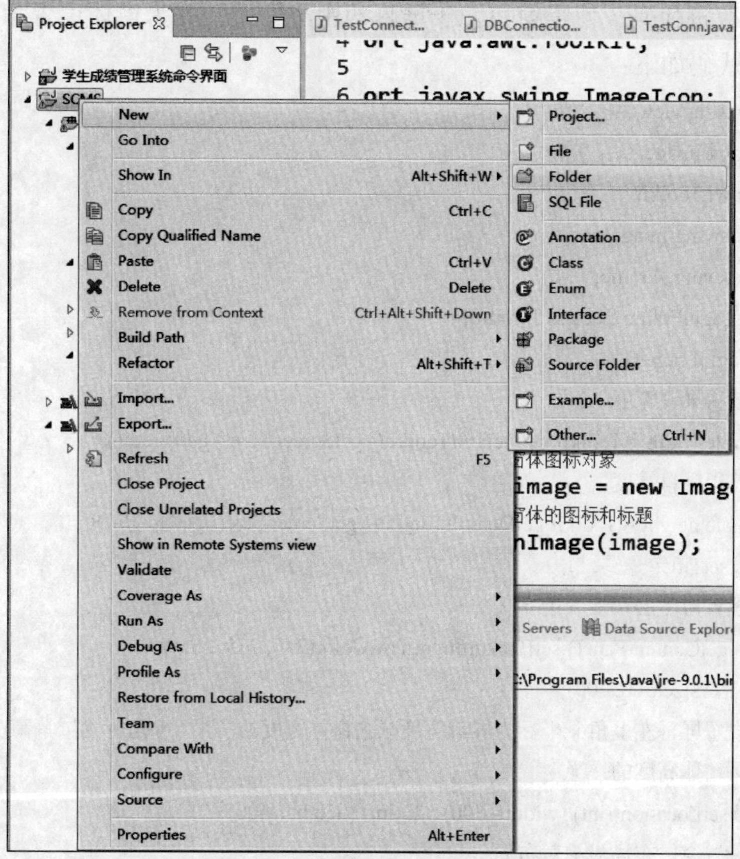


图 9-3　新建文件夹菜单

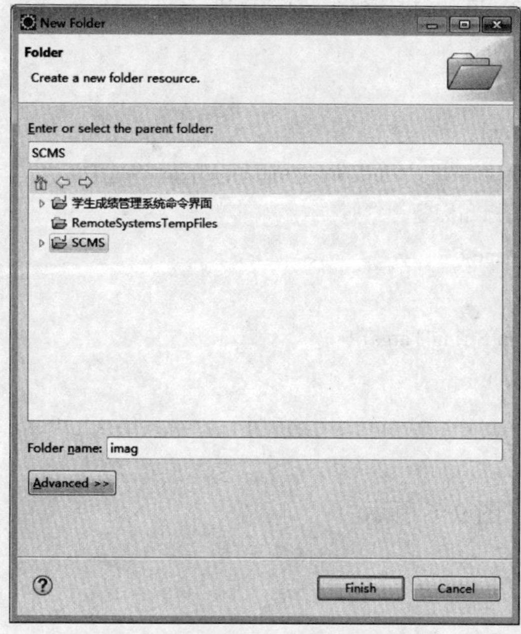


图 9-4　新建 imag 文件夹

③进一步改进代码，使得窗口位于屏幕的中心位置，并为窗体设置背景颜色，为窗体添加图标，代码如下：

```
package com.sdlg.view;
import java.awt.Image;
import java.awt.Toolkit;
import javax.swing.ImageIcon;
import javax.swing.JFrame;
public class LoginFrame extends JFrame{
    public LoginFrame() {
        // 获得屏幕宽度
        double width = Toolkit.getDefaultToolkit().getScreenSize().getWidth();
        // 获得屏幕高度
        double height = Toolkit.getDefaultToolkit().getScreenSize().getHeight();
        this.setTitle(" 登录 ");
        // 设置窗体的背景颜色
        this.getContentPane().setBackground(new Color(240, 255, 255));
        this.setSize(500, 400);
        // 设置屏幕左上角 x 坐标为屏幕宽度减去窗体宽度的一半，y 坐标为屏幕高度减
        // 去窗体高度的一半
        this.setLocation((int) (width - 500) / 2, (int) (height - 400) / 2);
        // 设置窗体布局为绝对布局
        this.setLayout(null);
        // 初始化各控件，在后面的步骤完成该方法的定义
        //initComponents();
        // 加载窗体图标对象
        this.setVisible(true);
        Image image = new ImageIcon("./imag/main.jpg").getImage();
        // 设置窗体的图标和标题
        setIconImage(image);
    }
    public static void main(String[] args) {
        new LoginFrame();
    }
}
```

运行结果如图 9-5、图 9-6 所示。

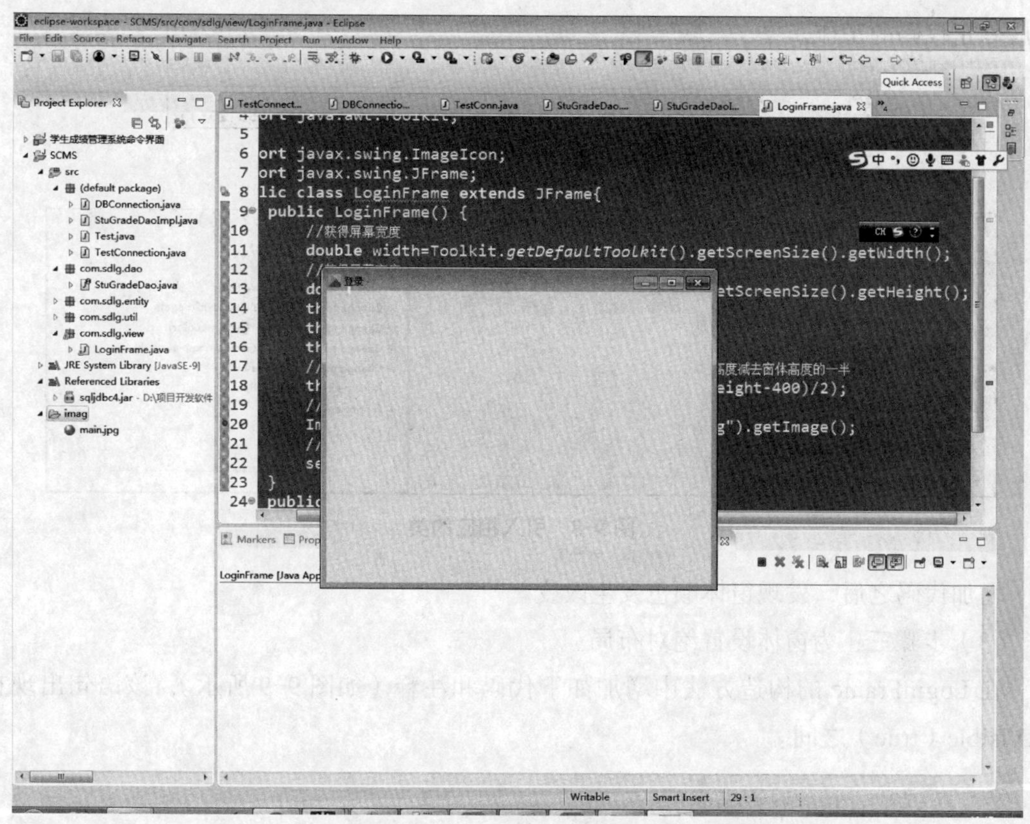

图 9-5　窗体居中显示

图 9-6　登录窗体细节图

（2）步骤二：为窗体设置背景颜色。

在 LoginFrame 的构造方法中增加如下代码和注释（如图 9-7 所示）。这里 Color 是一个类，其参数的取值范围都为 0～255，分别代表红色、绿色、蓝色，是 RGB 模式里的分量。使用 Color 类时，行首提示错误是因为未引入相关的包，在行首单击叉号，弹出修正提示，单击第一行引入 java.awt.Color 类可自动引入相应的类（如图 9-8 所示），完成修正代码的工作。

```
//设置窗体的背景颜色
this.getContentPane().setBackground(new Color(240,255,255));
```

图 9-7　设置窗体颜色的代码和注释

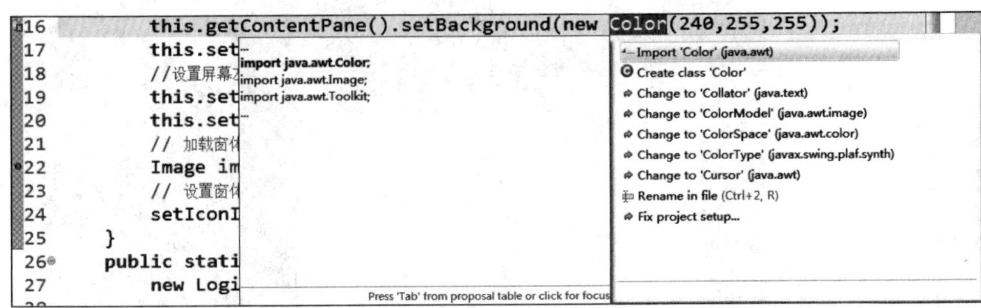


图 9-8　引入相应的类

增加代码之后，发现窗体颜色发生改变。

（3）步骤三：为窗体设置绝对布局。

在 LoginFrame 的构造方法中增加如下代码和注释（如图 9-9 所示），该语句出现在 setVisible（true）之间。

```
//设置窗体布局为绝对布局
this.setLayout(null);
```

图 9-9　设置窗体为绝对布局

【注意】绝对布局模式下，可通过设置控件的位置和大小来实现窗体布局。

（4）步骤四：添加标签、文本框、按钮等控件。

为该类创建 initComponents() 方法，initComponents 方法初始化各控件，该方法的调用要放在 setVisible(true) 之前。代码如下所示：

```
package com.sdlg.view;
import java.awt.Color;
import java.awt.Font;
import java.awt.Image;
import java.awt.Toolkit;
import java.awt.event.ActionEvent;
import java.awt.event.ActionListener;
import javax.swing.ImageIcon;
import javax.swing.JButton;
import javax.swing.JFrame;
import javax.swing.JLabel;
import javax.swing.JOptionPane;
import javax.swing.JTextField;
```

```
public class LoginFrame extends JFrame {
    private JLabel lblSno;
    private JLabel lblSname;
    private JTextField txtSno;
    private JTextField txtSname;
    private JButton btnSubmit;
    private JButton btnClear;
    public LoginFrame() {
        . . .
        // 取消上一步骤中 initComponents() 前的注释符号，其余代码与上一步骤相同
        initComponents();
        . . .
    }
    public void initComponents() {
        lblSno = new JLabel(" 学号 ");
        lblSno.setFont(new Font(" 微软雅黑 ", Font.PLAIN, 16));
        lblSno.setBounds(120, 67, 54, 15);
        this.add(lblSno);
        lblSname = new JLabel(" 姓名 ");
        lblSname.setFont(new Font(" 微软雅黑 ", Font.PLAIN, 16));
        lblSname.setBounds(120, 133, 54, 15);
        this.add(lblSname);
        txtSno = new JTextField();
        txtSno.setFont(new Font(" 微软雅黑 ", Font.PLAIN, 16));
        txtSno.setBounds(200, 67, 147, 28);
        txtSno.setColumns(30);
        this.add(txtSno);
        txtSname = new JTextField();
        txtSname.setFont(new Font(" 微软雅黑 ", Font.PLAIN, 16));
        txtSname.setBounds(200, 133, 147, 28);
        txtSname.setColumns(30);
        this.add(txtSname);
        btnSubmit = new JButton(" 登录 ");
        btnSubmit.setFont(new Font(" 微软雅黑 ", Font.PLAIN, 16));
        btnSubmit.setBounds(120, 200, 100, 28);
        this.add(btnSubmit);
        btnClear = new JButton(" 清空 ");
        btnClear.setFont(new Font(" 微软雅黑 ", Font.PLAIN, 16));
        btnClear.setBounds(250, 200, 100, 28);
        this.add(btnClear);
```

```
        //通过匿名内部类实现监听器，代码在下一步骤完成
    }
        public static void main(String[] args) {
        new LoginFrame();
    }
}
```

运行结果如图 9-10 所示。

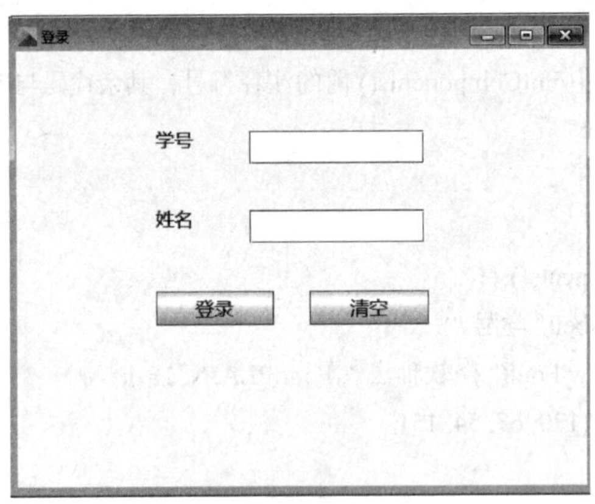


图 9-10　登录窗体显示

（5）步骤五：为按钮添加响应事件。

完成上述各个步骤后，输入学号和用户名，单击登录按钮或清空按钮，窗体没有任何反应。因此，我们需要为按钮注册监听器，并实现相应的响应事件。在 initComponents() 方法中通过匿名内部类实现监听器，代码如下：

```
//通过匿名内部类实现监听器
btnSubmit.addActionListener(new ActionListener() {
    public void actionPerformed(ActionEvent e) {
        if(((txtSno.getText().trim()).equals("anne"))&&((txtSname.getText().trim()).equals("123456")))
            //提示窗口的实现，第二个字符串参数显示在提示框中
            JOptionPane.showMessageDialog(null, " 您已经成功登录系统 ");
        else
            JOptionPane.showMessageDialog(null, " 您的用户名或密码错误 ");
            }
    });
btnClear.addActionListener(new ActionListener() {
            public void actionPerformed(ActionEvent e) {
                txtSno.setText("");// 设置 txtSno 文本框为空
                txtSname.setText("");// 设置 txtSname 文本框为空
            }
});
```

运行结果如图 9-11、图 9-12 所示。

图 9-11　登录成功提示

图 9-12　登录失败提示

【注意】待完成应用程序主窗体后，应将“登录成功提示”更改为“显示主窗体”，其实现代码为“new MainFrame();”。

## 相关知识

AWT 和 Swing

### 一、AWT 和 Swing

Java 提供的两个处理图形用户界面的类库是 java.awt 包和 javax.swing 包。GUI 的类库可分为：容器类、布局管理器类和组件类。

1．AWT 简介

AWT（Abstract Windows Toolkit），即抽象窗口工具包。java.awt 包提供了大量的进行 GUI 设计所使用的类和接口，借助这些类和接口，我们可以绘制图形、设置字体和颜色、控制组件、处理事件等。AWT 是 Java 语言进行 GUI 程序设计的基础。

AWT 的缺点是：组件的创建和行为是由程序所在平台的本地 GUI 工具处理，限制了不同平台行为效果的一致性，所以被称为抽象的工具集。

2．Swing 简介

javax.swing 包是 java.awt 包的扩展包：

（1）Swing 包是 Java 基础类库的一部分，它提供了从按钮到可分拆面板和表格的所有组件；

（2）Swing 组件是 Java 提供的第二代 GUI 设计工具包，它以 AWT 为基础，并在此基础上新增或改进了一些 GUI 组件，使得 GUI 程序功能更强大，设计更容易、更方便；

（3）Swing 组件是“轻量级”（lightweight）组件，任一 Swing 组件要显示在屏幕上，都要由一个顶层容器容纳；

（4）Swing 中组件的类名常以“J”开头，以与 AWT 相应的组件相区别。Swing 位于 javax.swing 包中，javax 是 java 的一个扩展包。

3．AWT 和 Swing 的不同

（1）AWT 是 Swing 的基础，Swing 产生的主要原因是 AWT 不能满足图形用户界面发展的需要；

（2）Swing 组件没有本地代码，不依赖于操作系统平台的支持，这是它与 AWT 组件的最大区别；

（3）Swing 由百分百纯 Java 实现，不依赖操作系统的支持，在不同平台上的表现都是一致的，比 AWT 组件具有更强的可移植性和灵活性。

**【例 9.1】** 利用 AWT 包中的 Frame 类创建窗体。

```
import java.awt.*;
public class Exp91 {
    public static void main(String[] args) {
        Frame f = new Frame("AWT");
        f.add(new Button("AWT 窗体！ "));
        f.setSize(400, 400);
        f.setVisible(true);
    }
}
```

运行结果如图 9-13 所示。

**图 9-13 AWT 窗体显示**

**【注意】**这里单击窗体按钮无法关闭窗体，需要添加窗体事件才能实现关闭窗体功能。

**【例 9.2】** 利用 Swing 包中的 JFrame 类创建窗体。

```
import javax.swing.*;
public class Exp92 {
        public static void main(String[] args){
          JFrame f=new JFrame("Swing");
          f.add(new JButton("Swing 窗体！ "));// 将按钮添加到窗体上
          f.setSize(400,400);
          f.setVisible(true);
```

```
        f.setDefaultCloseOperation(JFrame.EXIT_ON_CLOSE);
    }
}
```

运行结果如图 9-14 所示。

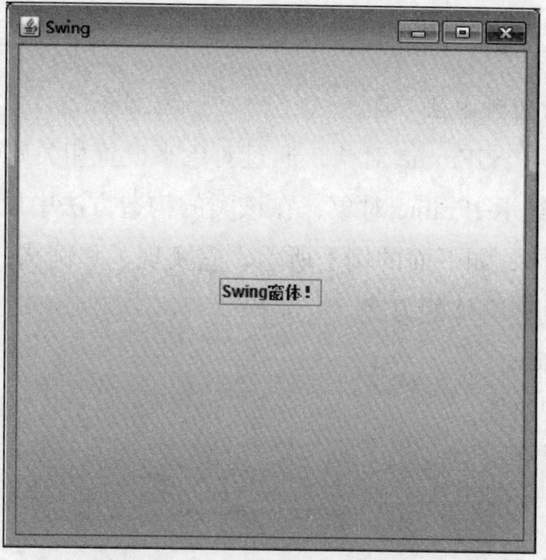


图 9-14　Swing 窗体显示

【注意】这里只有设置了大小和可见性之后窗体才能正常显示出来。

## 二、JFrame

JFrame

1．JFrame 的常用构造方法和常用方法

JFrame 的部分构造方法见表 9-1。

表 9-1　JFrame 的部分构造方法

| 构造方法 | 方法含义 |
| --- | --- |
| public JFrame() | 构造一个无参数的窗体 |
| public JFrame(String title) | 构造一个具有指定标题的窗体 |

JFrame 的常用方法见表 9-2。

表 9-2　JFrame 的常用方法

| 常用方法 | 方法含义 |
| --- | --- |
| setVisible(boolean v) | 设置窗体是否可见 |
| setDefaultCloseOperation(int operation) | 通过按钮关闭窗口并结束程序。Operation 取值常为 JFrame.EXIT_ON_CLOSE |
| setSize(int width,int height) | 设置窗体的宽度和高度 |
| setLocation(int x,int y) | 设置窗体的位置，x、y 分别代表左上角顶点 x 坐标和 y 坐标 |
| setBounds(int x,int y,int width,int height) | 设置窗体的大小和位置 |

| 常用方法 | 方法含义 |
| --- | --- |
| setTitle(String title) | 设置窗体标题 |
| setResizable(boolean b) | 设置窗体是否可变大小 |
| pack() | 调整此窗口的大小，以适合其子组件的首选大小和布局 |
| remove(Component comp) | 从容器中移除指定组件 |

2. 创建一个窗体的两种方法

（1）在程序中定义一个 JFrame 对象，通过对象来设置相关属性，如例 9.2 所示。

（2）自定义一个类继承 JFrame 对象，在该类的构造方法中设置窗体的相关属性，最后实例化该类，形成窗体，如下面的例子所示，它实现了和例 9.2 同样的功能。

**【例 9.3】** 第二种创建窗体的方式。

```
import java.awt.Dimension;
import javax.swing.JButton;
import javax.swing.JFrame;
public class Exp93 extends JFrame{
    public Exp93() {
        this.setTitle("Swing");
        this.setSize(new Dimension(400,400));//setSize 的第二种使用方法
        this.add(new JButton("Swing 窗体！ "));
        this.setVisible(true);
        //EXIT_ON_CLOSE 使用 System.exit 方法退出应用程序，仅在应用程序中使用
        this.setDefaultCloseOperation(JFrame.EXIT_ON_CLOSE);}
    public static void main(String[] args) {
        new Exp93();
    }
}
```

## 三、JTextField

JTextField 即文本框控件，用来接收用户输入的单行数据。

JTextField 的常用构造方法见表 9-3。

**JTextField、JPasswordField**

**表 9-3　JTextField 的常用构造方法**

| 构造方法 | 方法含义 |
| --- | --- |
| public JTextField() | 构造一个无参数的文本框控件 |
| public JTextField(int columns) | 构造一个具有指定列数的文本框控件 |
| public JTextField(String text) | 构造一个具有初始化文本的文本框控件 |
| public JTextField(String text,int columns) | 构造一个具有指定初始化文本和列数的文本框控件 |

JTextField 的常用方法见表 9-4。

表 9-4　JTextField 的常用方法

| 常用方法 | 方法含义 |
| --- | --- |
| public void setText(String text) | 设置文本框中的内容 |
| public String getText() | 返回文本框中的内容 |
| public void setEditable(boolean editable) | 设置文本框是否可编辑 |
| public void setEnable(boolean enable) | 设置文本框是否可用 |
| Public void setColumns(int column) | 设置文本框列数 |

## 四、JPasswordField

JPasswordField 为密码框，它扩展了 JTextField 的功能，特点是当用户输入数据后，数据不显示为正常字符，将会被特定字符（默认为“*”）隐藏。代码如下：

```
JPasswordField jp=new JPasswordField();
//echochar 设置为 a，这样该密码框输入的信息将会被 a 隐藏
jp.setEchoChar('a');
```

【例 9.4】 文本框和密码框示例。

```
import java.awt.Dimension;
import java.awt.FlowLayout;
import javax.swing.JFrame;
import javax.swing.JPasswordField;
import javax.swing.JTextField;
public class Exp94 extends JFrame{
    public Exp94() {
        this.setTitle(" 文本框测试 ");
        this.setSize(new Dimension(400,500));
        this.setLayout(new FlowLayout());// 设置窗体为流式布局
        JTextField txt1=new JTextField();// 创建文本框对象 txt1
        JTextField txt2=new JTextField();// 创建文本框对象 txt2
        JTextField txt3=new JTextField();// 创建文本框对象 txt3
        JPasswordField txt4=new JPasswordField();// 创建密码框对象 txt4
        txt1.setColumns(20);// 设置文本框列数
        txt2.setColumns(20);// 设置文本框列数
        txt3.setColumns(20);// 设置文本框列数
        txt4.setColumns(20);// 设置密码框列数
        txt2.setText("ok");// 设置文本框 txt2 的显示文本
        txt2.setEditable(false);// 文本框 txt2 设置为非可编辑的
        txt3.setEnabled(false);// 设置 txt3 文本框为不可用
        this.add(txt1);// 将文本框 txt1 添加到窗体上
        this.add(txt2);// 将密码框 txt2 添加到窗体上
        this.add(txt3);// 将密码框 txt3 添加到窗体上
```

```
            this.add(txt4);// 将密码框 txt4 添加到窗体上
            txt4.setEchoChar('$');// 设置密码框显示字符为 "$"
            this.setVisible(true);
            pack();
        }
        public static void main(String[] args) {
            new Exp94();
        }
    }
```

运行结果如图 9-15 所示。

图 9-15　文本框和密码框示例运行结果

【注意】第二个文本框为不可编辑，第三个文本框为不可用，此时这两个文本框都不能输入信息。

## 五、JButton

JButton

JButton 即按钮控件，用来与用户进行交互，响应用户的操作。

JButton 的常用构造方法见表 9-5。

表 9-5　JButton 的常用构造方法

| 构造方法 | 方法含义 |
|---|---|
| public JButton() | 构造一个无参数的按钮 |
| public JButton(String text) | 构造一个带文本的按钮 |
| public JButton(Icon icon) | 构造一个带图标的按钮 |
| public JButton(String text,Icon icon) | 构造一个带图标和文本的按钮 |

JButton 的常用方法见表 9-6。

表 9-6　JButton 的常用方法

| 常用方法 | 方法含义 |
|---|---|
| public void setText(String text) | 设置按钮文本 |
| public void setIcon(Icon defaultIcon) | 设置按钮的默认图标 |
| public String getText() | 返回按钮的文本 |
| public void setEnabled(boolean b) | 当为 false 时，按钮不能被按下，系统默认为 true |

【例 9.5】 按钮示例程序。

```
import java.awt.FlowLayout;
```

```
import javax.swing.Icon;
import javax.swing.ImageIcon;
import javax.swing.JButton;
import javax.swing.JFrame;
public class Exp95 extends JFrame{
    private FlowLayout flowlayout1;                  //创建流式布局 flowlayout1
    private JButton btn1;                            //创建按钮 btn1
    private JButton btn2;                            //创建按钮 btn2
    private JButton btn3;                            //创建按钮 btn3
    public Exp95() {
        this.setTitle(" 按钮示例 ");
        flowlayout1=new FlowLayout();
        this.setLayout(flowlayout1);
        Icon icon=new ImageIcon("imag/main.jpg");    //加载 imag 文件夹下的图片
        btn1=new JButton(" 文本 only");              //实例化 btn1 为只有文本的按钮
        btn2=new JButton(icon);                      //实例化 btn2 为只有图片的按钮
        btn3=new JButton(" 文本和图片 ",icon);        //实例化 btn3 为含文本和图片的按钮
        this.add(btn1);                              //将 btn1 添加到窗体
        this.add(btn2);                              //将 btn2 添加到窗体
        this.add(btn3);                              //将 btn3 添加到窗体
        this.setBounds(0,0,400,300);                 //设置窗体的位置和大小
        pack();
        this.setVisible(true);                       //设置窗体可见
    }
    public static void main(String[] args) {
        new Exp95();
    }
}
```

运行结果如图 9-16 所示。

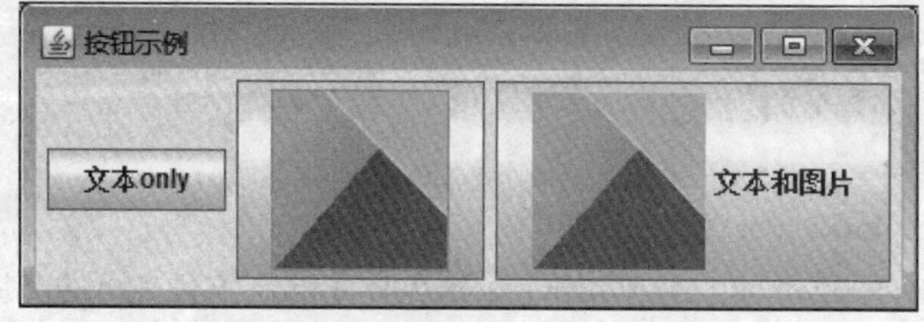


图 9-16　按钮示例运行结果

## 六、JLabel

JLabel

JLabel（标签）对象可以显示文本、图像或同时显示两者。

JLabel 的常用构造方法见表 9-7。

表 9-7　JLabel 的常用构造方法

| 构造方法 | 方法含义 |
| --- | --- |
| public JLabel() | 创建空字符串的标签 |
| public JLabel(String text) | 创建具有文本的标签 |
| public JLabel(Icon image) | 创建具有图标的标签 |
| public JLabel(String text, int horizontalAlignment) | 创建具有文本、对齐方式的标签，默认垂直居中 |
| public JLabel(String text,Icon icon,int horizontalAlignment) | 创建具有文本、图标的标签，默认垂直居中 |

JLabel 的常用方法见表 9-8。

表 9-8　JLabel 的常用方法

| 常用方法 | 方法含义 |
| --- | --- |
| public void setText(String text) | 设置 JLabel 显示的文本 |
| public String getText() | 返回 JLabel 显示的文本 |

**【例 9.6】** 标签示例程序。

```
import java.awt.Color;
import java.awt.FlowLayout;
import javax.swing.BorderFactory;
import javax.swing.Icon;
import javax.swing.ImageIcon;
import javax.swing.JFrame;
import javax.swing.JLabel;
public class Exp96 extends JFrame{
    private FlowLayout flowlayout1;                 // 创建流式布局 flowlayout1
    private JLabel lbl1;                            // 创建标签 lbl1
    private JLabel lbl2;                            // 创建标签 lbl2
    private JLabel lbl3;                            // 创建标签 lbl3
    private JLabel lbl4;                            // 创建标签 lbl4
    public Exp96() {
        this.setTitle(" 标签示例 ");
        flowlayout1=new FlowLayout();
        this.setLayout(flowlayout1);
        Icon icon=new ImageIcon("imag/main.jpg"); // 加载 imag 文件夹下的图片
        lbl1=new JLabel(" 文本 ");                  // 实例化 lbl1 为只有文本的标签
        lbl2=new JLabel(icon);                      // 实例化 lbl2 为只有图片的标签
        // 实例化 lbl3 为含图片、文本、对齐方式的标签
        lbl3=new JLabel(" 文本、图片和对齐方式 ",icon,JLabel.LEFT);
        // 实例化 lbl4 具有文本和对齐方式的标签
        lbl4=new JLabel(" 文本和对齐方式 ");
```

```
        //为标签设置边框，颜色为红色，宽度为3
        lbl1.setBorder(BorderFactory.createLineBorder(Color.red, 3));
        lbl2.setBorder(BorderFactory.createLineBorder(Color.red, 3));
        lbl3.setBorder(BorderFactory.createLineBorder(Color.red, 3));
        lbl4.setBorder(BorderFactory.createLineBorder(Color.red, 3));
        this.add(lbl1);                          //将lbl1添加到窗体
        this.add(lbl2);                          //将lbl2添加到窗体
        this.add(lbl3);                          //将lbl3添加到窗体
        this.add(lbl4);                          //将lbl4添加到窗体
        this.setBounds(0,0,400,300);             //设置窗体的位置和大小
        pack();
        //设置窗体的关闭方式
        this.setDefaultCloseOperation(JFrame.EXIT_ON_CLOSE);
        //设置窗体可见
        this.setVisible(true);
    }
    public static void main(String[] args) {
        new Exp96();
    }
}
```

运行结果如图 9-17 所示。

图 9-17 标签示例运行结果

## 任务训练

（1）请利用 WindowBuilder，通过控件拖放完成本任务中的登录窗体。

代码由操作自动生成，此处代码略。

（2）请利用 JTextField、JPasswordField、JButton、JLabel 等控件制作注册页面。代码如下：

```
import java.awt.*;
import javax.swing.*;
public class zhuce extends JFrame{
    private JTextField textFieldusername=new JTextField();
    private JPasswordField PasswordFieldpsd=new JPasswordField();
```

```
    private JPasswordField PasswordFieldrpsd=new JPasswordField();
    private JButton button1=new JButton(" 注册 ");
    private JButton button2=new JButton(" 重置 ");
    private JLabel labelusername=new JLabel(" 用户名 ");
    private JLabel labelpsd=new JLabel(" 密码 ");
    private JLabel labelrpsd=new JLabel(" 确认密码 ");
    public zhuce(){
        super(" 注册 ");
        setDefaultCloseOperation(JFrame.EXIT_ON_CLOSE);
        setSize(500,400);
        setLocation(400,400);
        setLayout(null);
        button1.setLocation(120,250);
        button1.setSize(100,30);
        button2.setLocation(270,250);
        button2.setSize(100,30);
        add(button1);
        add(button2);
        textFieldusername.setBounds(200,50,150,30);
        add(textFieldusername);
        PasswordFieldpsd.setBounds(200,100,150,30);
        add(PasswordFieldpsd);
        PasswordFieldrpsd.setBounds(200,150,150,30);
        add(PasswordFieldrpsd);
        labelusername.setBounds(150,50,150,30);
        add(labelusername);
        labelpsd.setBounds(155,100,150,30);
        add(labelpsd);
        labelrpsd.setBounds(140,150,150,30);
        add(labelrpsd);
    }
    public static void main(String[] args) {
        zhuce frame=new zhuce();
        frame.setVisible(true);
        frame.getContentPane().setBackground(new Color(240,255,255));
    }
}
```

运行结果如图 9-18 所示。

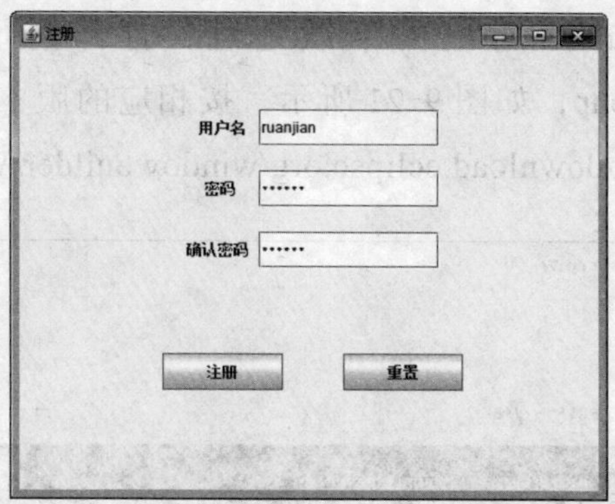


图 9-18 注册页面

## 拓展提高

### 一、WindowBuilder 的安装

（1）查看 Eclipse 的版本。选择“Help”菜单下的“About Eclipse”菜单项（如图 9-19 所示），打开“About Eclipse”窗口，查看 Eclipse 的版本，如图 9-20 所示。

图 9-19 “Help”菜单下的“About Eclipse”菜单项

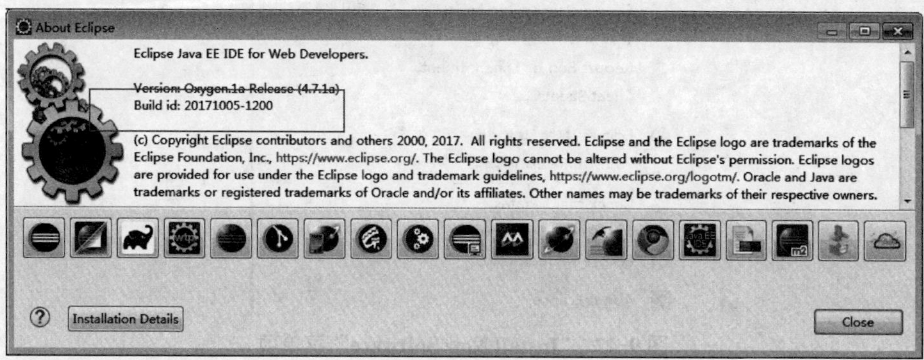


图 9-20 About Eclipse 窗口

（2）找到 WindowBuilder 对应的下载地址。打开网址：http://www.eclipse.org/windowbuilder/download.php，如图 9-21 所示，按相应的版本选择“link”，打开网页，复制得到如下地址：http://download.eclipse.org/windowbuilder/WB/integration/4.7/。

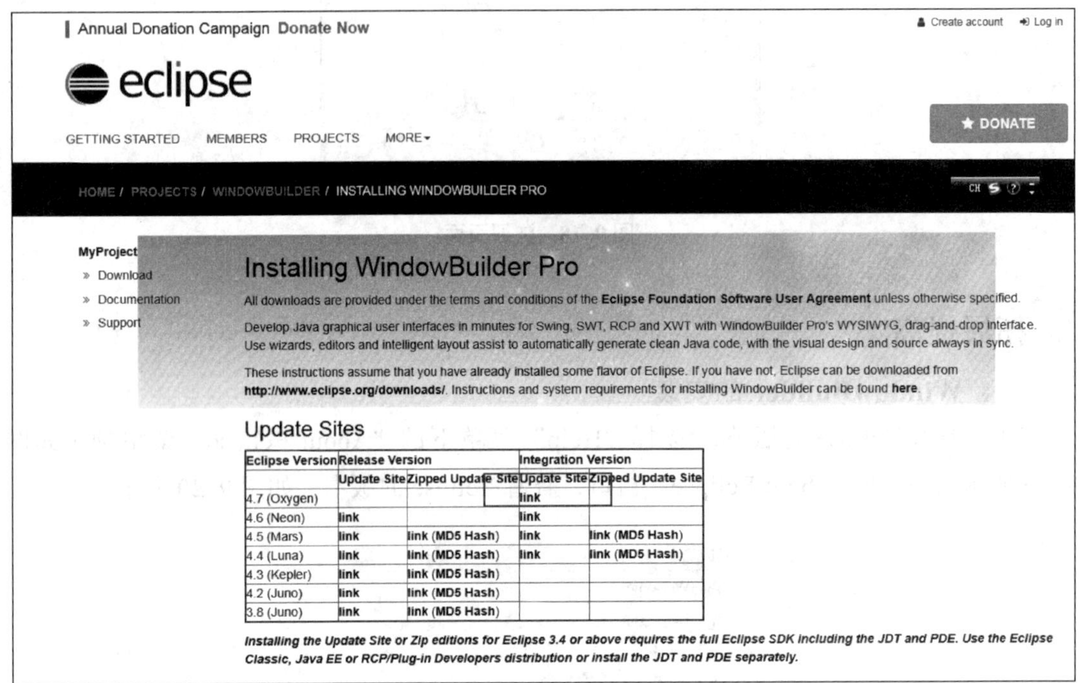

图 9-21　WindowBuilder 下载页面

（3）在 Eclipse 中，单击“Help”菜单，选择“Install New Software”，弹出“Install”对话框，如图 9-22、图 9-23 所示。

图 9-22　“Install New Software”菜单项

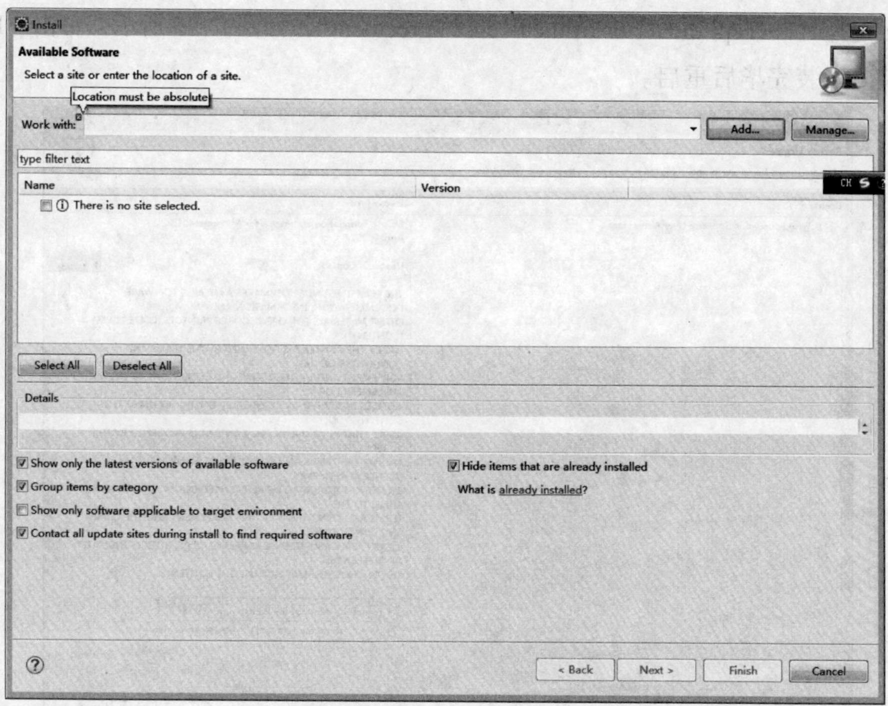


图 9-23　弹出“Install”对话框

（4）在 Work with 文本框中复制刚才得到的链接，按回车键，单击“Next”，如图 9-24 所示。

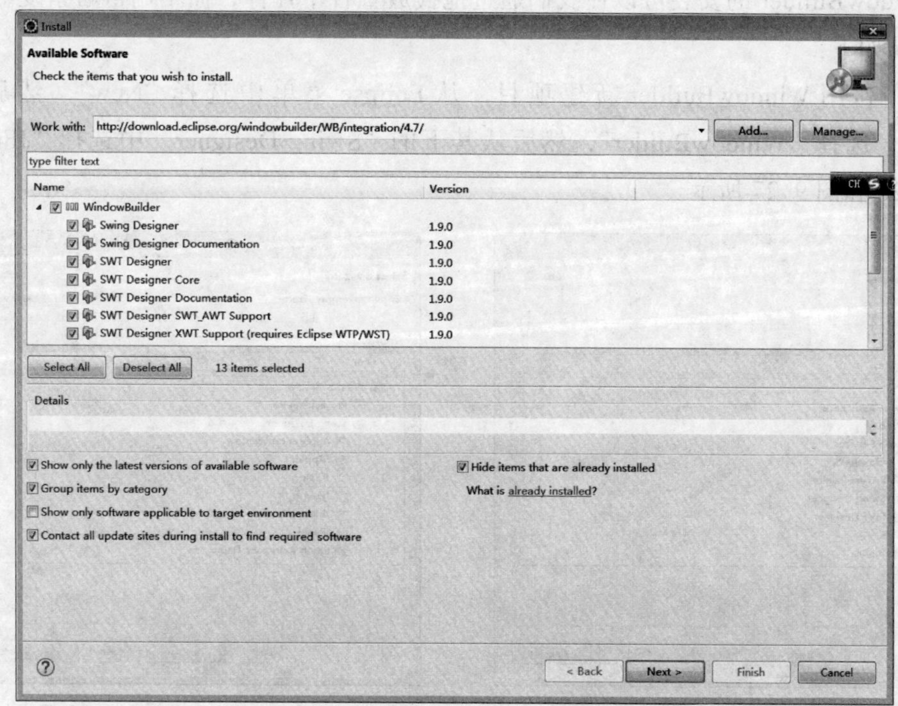


图 9-24　选择 WindowBuilder 组件

（5）选择“I accept the terms of the license agreement”，如图 9-25 所示，单击“Finish”，进入安装。安装完毕后重启。

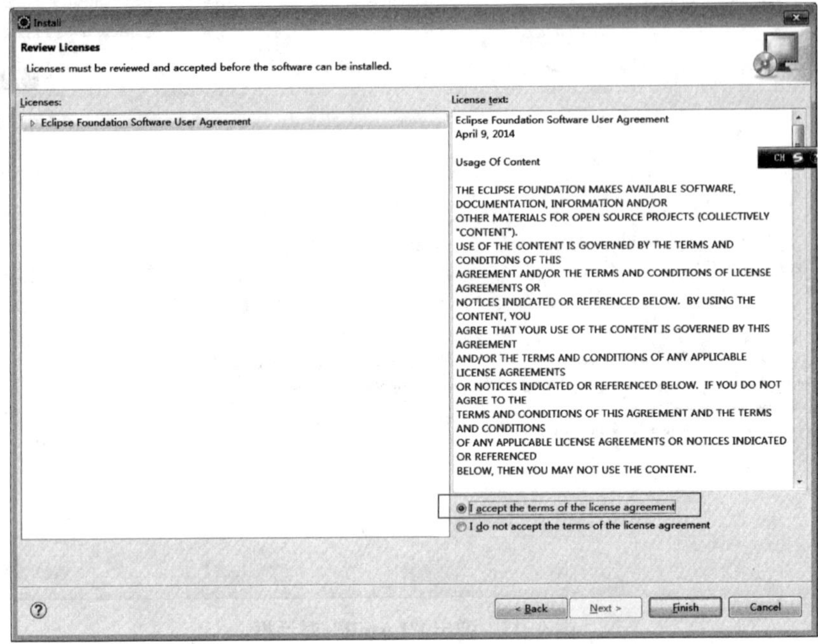


图 9-25　安装协议界面

## 二、WindowBuilder 的使用

WindowBuilder 的安装可以使我们通过拖拽放置各个控件，而不用再写繁复的代码。使用步骤如下：

（1）利用 WindowBuilder 新建项目，从 Eclipse 菜单中选择“New”，然后选择“Other”，选择“WindowBuider”，然后从其下的“Swing Designer”中选择“JFrame”，如图 9-26 和图 9-27 所示。

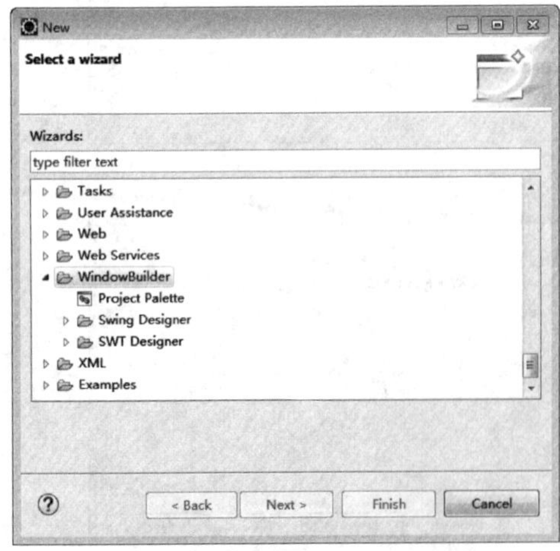


图 9-26　新建—向导选择对话框

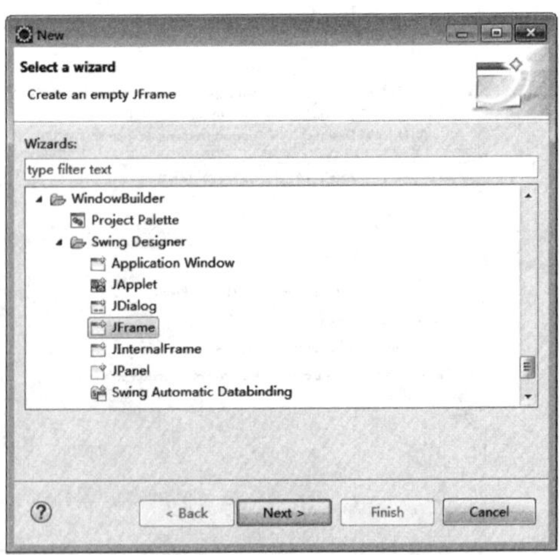


图 9-27　Swing Designer 向导

（2）在下面的窗体中填入 JFrame 的名字，单击“Finish”按钮即可创建 JFrame 窗体，如图 9-28 所示。

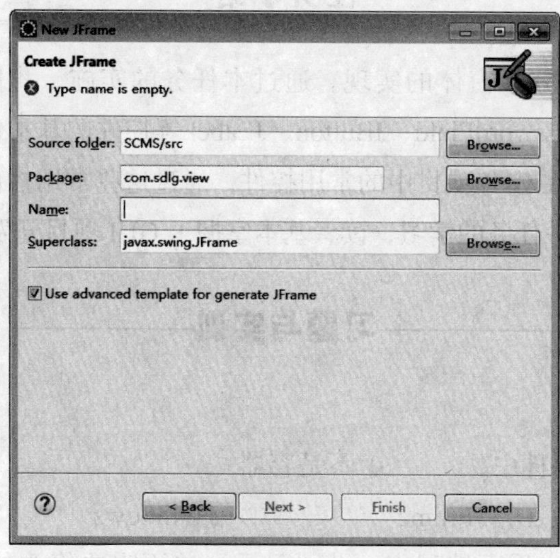


图 9-28　新建 JFrame 窗体

（3）在代码窗口的底部有两个选项卡 Source 和 Design（如图 9-29 所示），选择 Design 选项卡，如图 9-30 所示。

图 9-29　Design 选项卡

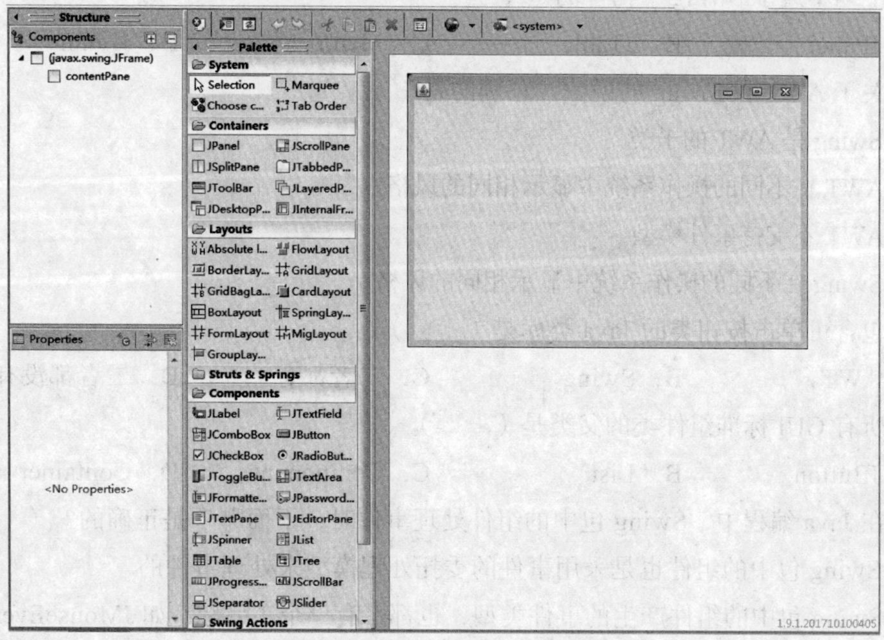


图 9-30　JFrame 设计界面

（4）可以通过拖放控件，更改控件相关的属性，来构建窗体。

## 任务小结

本任务主要完成了登录窗体的实现。通过本任务的实施，我们学习了 Awt、Swing、JFrame、JTextField、JPasswordField、JButton、JLabel 等控件的基本使用方法。通过本任务的学习，读者可以了解在 GUI 项目中的常用控件，通过这些常用控件基本可以实现各种类型的登录窗口。通过这一任务的学习，读者基本掌握了 GUI 项目开发中窗体开发的步骤。

## 习题与实训

### 一、选择题

1．下列用户界面组件中，（　　）不是容器。

A．JScrollPane　　B．JFrame　　C．JWindows　　D．JScrollbar

2．在 Java 图形用户界面编程中，若要显示一些不需要修改的文本信息，使用的控件是（　　）。

A．Label　　B．Button　　C．Textarea　　D．TextField

3．容器类 java.awt.container 的父类是（　　）。

A．java.awt.Frame　　B．java.awt.Panel

C．java.awt.Component　　D．java.awt.Windows

4．下列不属于 Swing 中构件的是（　　）。

A．JPanel　　B．JTable　　C．Menu　　D．JFrame

5．关于 AWT 和 Swing 的说法，正确的是（　　）。

A．Swing 是 AWT 的子类

B．AWT 在不同的操作系统中显示相同的风格

C．AWT 不支持事件模型

D．Swing 在不同的操作系统中显示相同的风格

6．包含可单击按钮类的 Java 类库是（　　）。

A．AWT　　B．Swing　　C．二者都有　　D．二者都没有

7．所有 GUI 标准组件类的父类是（　　）。

A．JButton　　B．List　　C．Component　　D．Container

8．在 Java 编程中，Swing 包中的组件处理事件时，下面哪项是正确的？（　　）

A．Swing 包中的组件也是采用事件的委托处理模型来处理事件的

B．Swing 包中的组件产生的事件类型，也都带有一个 J 字母，如 JMouseEvent

C．Swing 包中的组件也可以采用事件的传递处理机制

D．Swing 包中的组件所对应的事件适配器也是带有一个 J 字母，如 JMouseAdapter

## 二、编程题

1．利用 JButton 创建两个按钮，并分别设置快捷键和禁用功能。

2．利用 JLabel 创建标签并设置对齐方式。如图 9-31 所示。

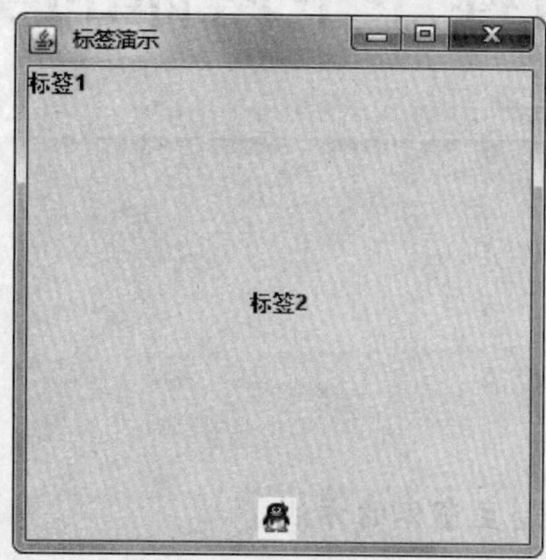


图 9-31　标签演示

任务十

# 应用程序主窗体的实现

【任务目标】

1. 了解从登录窗体跳转到主窗体的方法；
2. 掌握 JMenu、JMenuItem、JMenuBar 的使用；
3. 掌握窗体设计的流程。

【任务简介】

在图形用户界面学生成绩管理系统中，当用户登录成功后，其将进入系统主窗体。一般主窗体提供的全部功能并不会完全显示出来。一个功能较为丰富的系统通常借助多级菜单来组织系统功能，并将相似的功能放在一起，方便用户进行查找。许多系统都需要实现主窗体，这对于我们以后开发其他系统具有借鉴意义。

## 任务描述

当在登录窗口中输入用户名和密码时，如果正确的话将会加载成绩管理系统主窗体。一般来讲，主窗体会包含菜单等控件，通过操作菜单来调用成绩查询功能、成绩删除功能、成绩修改功能、成绩添加功能等。

## 任务分析

操作步骤如下：

步骤一：创建成绩管理系统主窗体和菜单。

步骤二：实现各菜单项功能。

## 任务实施

任务概览：

```
pubic class MainFrame{
    private JMenuBar menubar;// 声明菜单条
    private JMenu menuAdd;// 声明增加菜单
    private JMenu menuAlter;// 声明修改菜单
    private JMenu menuDel;// 声明删除菜单
    private JMenu menuSelect;// 声明查询菜单
    private JLabel lblwelcome;// 声明欢迎标签
    MainFrame(){};
}
```

运行结果如图 10-1 所示。

SCMS 项目结构如图 10-2 所示。

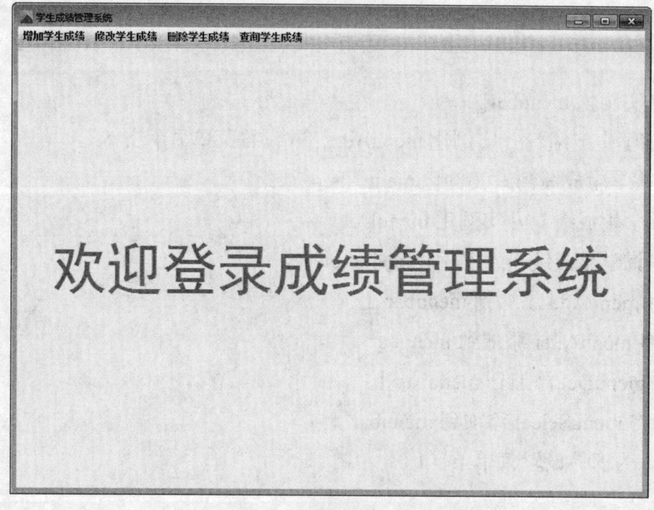


图 10-1　任务执行效果图

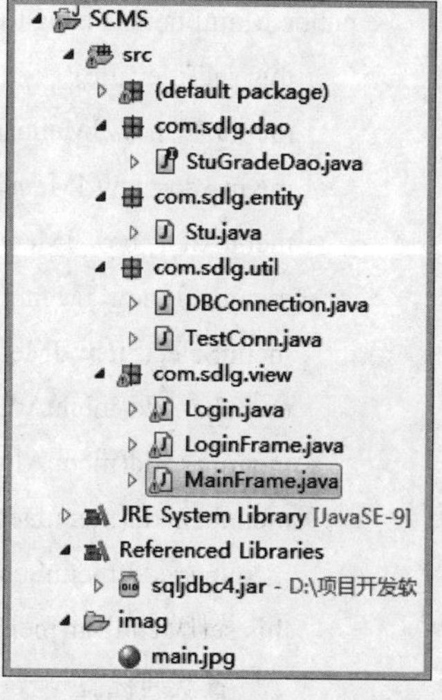


图 10-2　SCMS 项目结构

### 一、步骤一：创建成绩管理系统主窗体和菜单

（1）在 com.sdlg.view 包上用右键单击，从弹出的菜单中选择“New”，然后选择“Class”，新建类名为 MainFrame 的主窗体类。

（2）为窗体设置菜单条，添加菜单，并在主窗体处添加欢迎文本，代码如下：

```
package com.sdlg.view;
import java.awt.Color;
import java.awt.Font;
import java.awt.Image;
import java.awt.Toolkit;
import java.awt.event.MouseAdapter;
```

```
import java.awt.event.MouseEvent;
import javax.swing.ImageIcon;
import javax.swing.JDialog;
import javax.swing.JFrame;
import javax.swing.JLabel;
import javax.swing.JMenu;
import javax.swing.JMenuBar;
import javax.swing.JOptionPane;
public class MainFrame extends JFrame{
    private JMenuBar menubar;// 声明菜单条
    private JMenu menuAdd;// 声明增加菜单
    private JMenu menuAlter;// 声明修改菜单
    private JMenu menuDel;// 声明删除菜单
    private JMenu menuSelect;// 声明查询菜单
    private JLabel lblwelcome;// 声明欢迎标签
    public MainFrame(String title) {
        this.setTitle(title);
        menubar=new JMenuBar();// 实例化 menubar;
        menuAdd=new JMenu(" 增加学生成绩 ");// 实例化 menuAdd，并设置菜单显示文本
        menuAlter=new JMenu(" 修改学生成绩 ");// 实例化 menuAlter
        menuDel=new JMenu(" 删除学生成绩 ");// 实例化 menuDel
        menuSelect=new JMenu(" 查询学生成绩 ");// 实例化 menuSelect
        menubar.add(menuAdd);// 将 menuAdd 添加到 menubar 上
        menubar.add(menuAlter);// 将 menuAlter 添加到 menubar 上
        menubar.add(menuDel);// 将 menuDel 添加到 menubar 上
        menubar.add(menuSelect);// 将 menuSelect 添加到 menubar 上
        this.setJMenuBar(menubar);// 为窗体设置菜单条
        // 设置欢迎标签
        lblwelcome=new JLabel(" 欢迎登录成绩管理系统 ",JLabel.CENTER);
        lblwelcome.setForeground(new Color(150,150,150));// 设置标签字体颜色
        lblwelcome.setFont(new Font(" 黑体 ",Font.PLAIN,70));// 设置标签字体
        // 设置窗体的背景颜色
        this.getContentPane().setBackground(new Color(240,255,255));
        this.add(lblwelcome);// 将标签添加到窗体上
        // 加载窗体图标对象
        Image image = new ImageIcon("./imag/main.jpg").getImage();
         // 设置窗体的图标和标题
         this.setIconImage(image);
        this.setBounds(0, 0, 800, 600);// 设置窗体位置和大小
        this.setDefaultCloseOperation(JFrame.EXIT_ON_CLOSE);// 设置窗体关闭方式
```

```
        this.setVisible(true);// 设置窗体可见
        // 为菜单增加鼠标监听器，并利用适配器处理响应事件，下一步骤完成
    }
    public static void main(String[] args) {
        new MainFrame(" 学生成绩管理系统 ");
    }
}
```

## 二、步骤二：实现各菜单项功能

菜单的事件处理这里我们还是通过匿名类的方式进行。具体事件处理的知识点在后续任务中将会展开讲解。因为学生成绩的增、删、查、改功能目前还未实现，所以这里用弹出对话框的形式来响应菜单事件，在各功能都已实现后，再来改进这部分代码。在 MainFrame 的构造方法中找到“menuDel=new JMenu(" 删除学生成绩 ");// 实例化 menuDel”这行代码，在其后添加下面的代码和注释：

```
// 为增加学生成绩菜单增加鼠标监听器，并利用适配器处理响应事件
menuAdd.addMouseListener(new MouseAdapter(){
    public void mouseClicked(MouseEvent e) {
        JOptionPane.showMessageDialog(null, " 您单击了增加学生成绩菜单 ");
    }
});
// 为修改学生成绩菜单增加鼠标监听器，并利用适配器处理响应事件
menuAlter.addMouseListener(new MouseAdapter(){
    public void mouseClicked(MouseEvent e) {
        JOptionPane.showMessageDialog(null, " 您单击了修改学生成绩菜单 ");
}
});
// 为删除学生成绩菜单增加鼠标监听器，并利用适配器处理响应事件
menuDel.addMouseListener(new MouseAdapter(){
    public void mouseClicked(MouseEvent e) {
            JOptionPane.showMessageDialog(null, " 您单击了删除学生成绩菜单 ");
    }
});
// 为查询学生成绩菜单增加鼠标监听器，并利用适配器处理响应事件
menuSelect.addMouseListener(new MouseAdapter(){
    public void mouseClicked(MouseEvent e) {
        JOptionPane.showMessageDialog(null, " 您单击了查询学生成绩菜单 ");
    }
});
```

运行结果如图 10-3 所示。

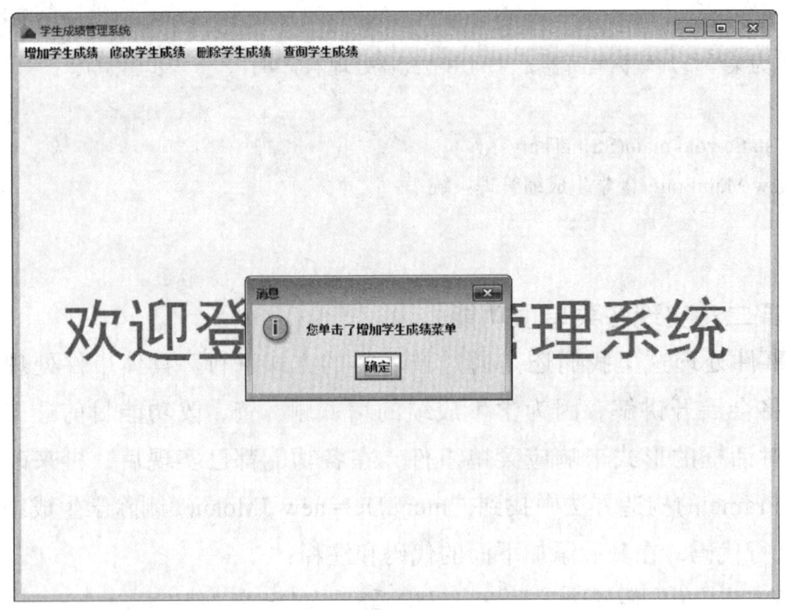


图 10-3 菜单单击弹出消息框

## 相关知识

JMenu、JMenuItem、JMenuBar

### 一、JMenuBar、JMenu 和 JMenuItem 的使用

1．JMenuBar、JMenu 和 JMenuItem 的关系

JMenuBar、JMenu 和 JMenuItem 的关系如图 10-4 所示。

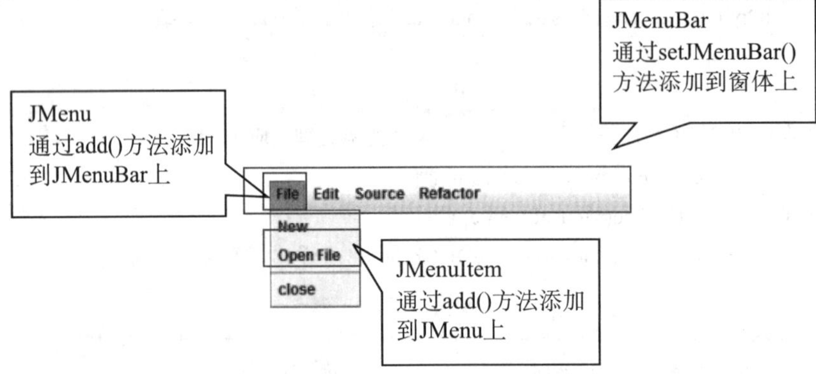


图 10-4 JMenuBar、JMenu 和 JMenuItem 的关系图

2．JMenuBar（菜单栏）

（1）使用方法。

声明并构建好 JMenuBar 对象并不能使菜单栏显示在窗体上，需要通过 setJMenuBar 方法将其设置在窗体上。注意这里不是使用 add() 方法。

（2）应用举例。

```
JMenuBar  menubar=new JMenuBar();// 声明并构造名称为 menubar 的对象
frame.setJMenuBar(menubar);// 将其利用 setJMenuBar 方法设置在窗体上。
```

3．JMenu（菜单）

（1）使用方法。

菜单栏上放置菜单，让菜单栏与菜单产生联系，需要使用 add() 方法。

JMenu 的常用构造方法见表 10-1。

**表 10-1　JMenu 的常用构造方法**

| 构造方法 | 方法含义 |
| --- | --- |
| public JMenu() | 创建一个空菜单 |
| public JMenu(String text) | 创建一个具有指定文本的菜单 |
| public JMenu(Action action) | 创建一个具有指定动作的菜单 |

JMenu 的常用方法见表 10-2。

**表 10-2　JMenu 的常用方法**

| 常用方法 | 方法含义 |
| --- | --- |
| public void add(JMenuItem mi) | 为菜单添加菜单项 |
| public void  addSeparator() | 为菜单添加分隔符 |

（2）应用举例。

```
JMenu  menu1=new JMenu(" 菜单 1");// 声明并构造名称为 menu1 的对象
Menubar.add(menu1);// 将其利用 add 方法设置在菜单栏 menubar 上
```

4．JMenuItem（菜单项）

（1）使用方法。

菜单项需要添加到菜单上，而菜单需要添加到菜单条上，都采用 add() 方法。菜单添加到窗体上需要采用 setJMenuBar() 方法。

（2）应用举例。

```
JMenuItem  mi1=new JMenuItem(" 测试 ");// 声明并构造名称为 menubar 的对象
menu1.add(mi1);// 将其利用 add 方法设置在菜单 menu1 上
```

**【例 10.1】** 菜单栏、菜单、菜单项应用示例。

```
import java.awt.Color;
import java.awt.Image;
import javax.swing.ImageIcon;
import javax.swing.JFrame;
import javax.swing.JMenu;
import javax.swing.JMenuBar;
```

```
import javax.swing.JMenuItem;
public class Exp101 extends JFrame {
    public Exp101() {
        this.setTitle(" 菜单条、菜单、菜单项示例 ");
        JMenuBar menubar = new JMenuBar();// 实例化 menubar;
        JMenu menu1 = new JMenu("File");// 实例化 menu1，并设置菜单显示文本
        JMenu menu2 = new JMenu("Edit");// 实例化 menu2
        JMenu menu3 = new JMenu("Source");// 实例化 menu3
        JMenu menu4 = new JMenu("Refactor");// 实例化 menu4
        JMenuItem mi1 = new JMenuItem("New");
        JMenuItem mi2 = new JMenuItem("Open File");
        JMenuItem mi3 = new JMenuItem("close");
        menubar.add(menu1);// 将 menu1 添加到 menubar 上
        menubar.add(menu2);// 将 menu2 添加到 menubar 上
        menubar.add(menu3);// 将 menu3 添加到 menubar 上
        menubar.add(menu4);// 将 menu4 添加到 menubar
        menu1.add(mi1);// 将 mi1 添加到 menu1 上
        menu1.add(mi2);// 将 mi2 添加到 menu1 上
        menu1.addSeparator();
        menu1.add(mi3);// 将 mi3 添加到 menu1 上
        this.setJMenuBar(menubar);// 为窗体设置菜单条
        // 设置窗体的背景颜色
        this.getContentPane().setBackground(new Color(240, 255, 255));
        // 加载窗体图标对象
        Image image = new ImageIcon("./imag/main.jpg").getImage();
        // 设置窗体的图标和标题
        this.setIconImage(image);
        this.setBounds(0, 0, 800, 600);// 设置窗体位置和大小
        this.setDefaultCloseOperation(JFrame.EXIT_ON_CLOSE);// 设置窗体关闭方式
        this.setVisible(true);// 设置窗体可见
    }
    public static void main(String[] args) {
        new Exp101();
    }
}
```

运行结果如图 10-5 所示。

图 10-5　菜单栏、菜单、菜单项示例运行效果图

## 二、JOptionPane 的使用

JOptionPane

### 1．JOptionPane 用于显示对话框的方法

表 10-3 列出了 JOptionPane 的各类对话框及使用情况。

表 10-3　JOptionPane 用于显示对话框的方法

| JOptionPane 的方法 | 使用情况 |
|---|---|
| showConfirmDialog() | 显示一条消息等待用户确认 |
| showMessageDialog() | 显示一条消息等待用户单击 OK |
| showInputDialog() | 显示一条消息并获得输入的一行文本 |
| showOptionDialog() | 显示一条消息并获得一组选项的选择 |

### 2．消息对话框的构造方法

消息对话框的构造方法如下：

```
showMessageDialog(Component parentComponent,Object message):void-JOptionPane
showMessageDialog(Component parentComponent,Object message,String title,int messageType):void-JOpitonPane
showMessageDialog(Component parentComponent,Object message,String title,int messageType,Icon icon):void-JOptionPane
```

### 3．消息对话框应用示例

**【例 10.2】** 消息提示框之错误信息示例。

```
import javax.swing.JOptionPane;
    public class Exp102 {
        public Exp102() {
```

```
            JOptionPane.showMessageDialog(null, " 错误消息 "," 错误 ",JOptionPane.ERROR_MESSAGE);
        }
        public static void main(String[] args) {
            new Exp102();
        }
    }
```

运行结果如图 10-6 所示。

图 10-6　错误消息提示框

【例 10.3】 消息提示框之警示信息示例。

```
import javax.swing.JOptionPane;
public class Exp103 {
    public Exp103() {
        JOptionPane.showMessageDialog(null, " 警告对话框 "," 消息 ",JOptionPane.WARNING_MESSAGE);
    }
    public static void main(String[] args) {
        new Exp103();
    }
}
```

运行结果如图 10-7 所示。

图 10-7　警告对话框提示框

【例 10.4】 消息提示框之问题消息示例。

```
import javax.swing.JOptionPane;
public class Exp104 {
    public Exp104() {
        JOptionPane.showMessageDialog(null, " 问题消息 "," 消息 ",JOptionPane.QUESTION_MESSAGE);
    }
    public static void main(String[] args) {
```

```
        new Exp104();
    }
}
```

运行结果如图 10-8 所示。

图 10-8　问题消息提示框

【例 10.5】 消息提示框之信息消息示例。

```
import javax.swing.JOptionPane;
public class Exp105{
    public Exp105() {
        JOptionPane.showMessageDialog(null, " 信息消息 "," 消息 ",JOptionPane.INFORMATION_MESSAGE);
    }
    public static void main(String[] args) {
        new Exp105();
    }
}
```

运行结果如图 10-9 所示。

图 10-9　信息消息提示框

【例 10.6】 消息提示框之无图标示例。

```
import javax.swing.JOptionPane;
public class Exp106{
    public Exp106() {
        JOptionPane.showMessageDialog(null, " 信息消息 ",
        " 消息 ",JOptionPane.PLAIN_MESSAGE);//PLAIN_Message 没有图示
    }
    public static void main(String[] args) {
        new Exp106();
    }
}
```

运行结果如图 10-10 所示。

图 10-10　信息消息提示框

4. 确认消息对话框应用示例

【例 10.7】 showConfirmDialog 应用示例。

```
import javax.swing.JOptionPane;
public class Exp107{
    public Exp107() {
        JOptionPane.showConfirmDialog(null, " 这是确认消息对话框 !", "ConfirmDialog", JOptionPane.
        YES_NO_OPTION, JOptionPane.WARNING_MESSAGE);
    }
    public static void main(String[] args) {
        new Exp107();
    }
}
```

运行结果如图 10-11 所示。

图 10-11　确认消息提示框

5. 输入消息对话框应用示例

【例 10.8】 showInputDialog 应用示例。

```
import javax.swing.JFrame;
import javax.swing.JOptionPane;
public class Exp108 extends JFrame{
    public Exp108() {
        String str = JOptionPane.showInputDialog(null, " 输入你的姓名 ", " 输入对话框 ", JOptionPane.
        PLAIN_MESSAGE);
    }
    public static void main(String[] args) {
        new Exp108();
    }
}
```

运行结果如图 10-12 所示。

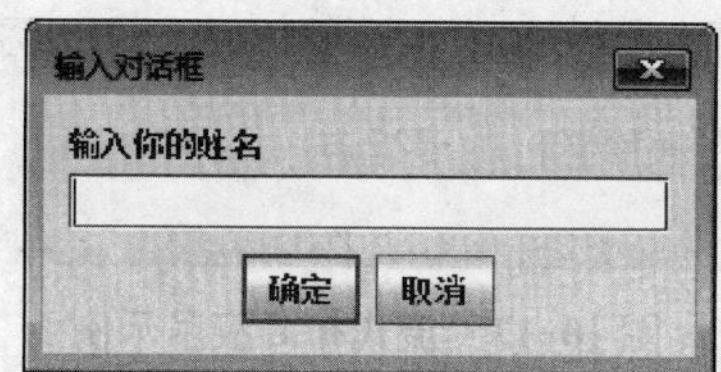


图 10-12　输入提示框

## 三、流式布局

FlowLayout，即流式布局，或者称为流水布局。FlowLayout 的布局特点是将组件按加入的先后顺序从左至右排列，是 Panel、Applet、JPanel 的缺省布局管理器。

FlowLayout

FlowLayout 的构造方法见表 10-4。

表 10-4　FlowLayout 的构造方法

| 构造方法 | 方法含义 |
| --- | --- |
| public FlowLayout() | 默认的流式布局，组件居中，组件间距 5 像素 |
| public FlowLayout(int align) | 可以设定每行组件的对齐方式 |
| public FlowLayout(int align,int hgap, int vgap ) | 设定对齐方式，设定组件水平和垂直的距离。align 值为 LEFT、RIGHT、CENTER，即左、右、中对齐 |

【例 10.9】 FlowLayout 应用示例。

```
import java.awt.FlowLayout;
import javax.swing.JButton;
import javax.swing.JFrame;
import javax.swing.JOptionPane;
public class Exp109 extends JFrame{
    public Exp109() {
        this.setLayout(new FlowLayout());
        for(int i=1;i<=3;i++) {
            this.add(new JButton(" 第 "+i+" 个按钮 "));
        }
        this.setBounds(0,0,800,100);
        this.setDefaultCloseOperation(JFrame.EXIT_ON_CLOSE);
        this.setVisible(true);
    }
    public static void main(String[] args) {
        new Exp109();
    }
}
```

运行结果如图 10-13 所示。

图 10-13 流式布局应用示例

【注意】流式布局下，默认控件居中显示，并且控件之间相距 5 像素；如果更改为 new FlowLayout(FlowLayout.CENTER,10,10)，则居中显示，控件之间间距 10 像素；如果更改为 new FlowLayout(FlowLayout.RIGTHT,20,10)，则居右显示，控件之间横向间距 20 像素，纵向间距 10 像素。

## 四、边框布局

BorderLayout，即按东、南、西、北、中将容器分为五个区域放置组件。BorderLayout 是 Window、Frame 和 Dialog 等内容窗格的缺省布局管理器。每个区域最多只能包含一个组件，并通过相应的常量进行标识：North、South、East、West、Center。

BorderLayout

BorderLayout 的构造方法见表 10-5。

表 10-5 BorderLayout 的构造方法

| 构造方法 | 参数含义 |
| --- | --- |
| public BorderLayout() | 构造一个组件之间没有间距的边框布局 |
| public BorderLayout(int hgap,int vgap) | 构造一个具有指定组件水平间距和垂直间距的边框布局 |

【例 10.10】 BorderLayout 应用示例。

```
import java.awt.BorderLayout;
import java.awt.FlowLayout;
import javax.swing.JButton;
import javax.swing.JFrame;
public class Exp1010 extends JFrame{
    public Exp1010() {
        this.setLayout(new BorderLayout());
        this.add(new JButton(" 东 "),BorderLayout.EAST);
        this.add(new JButton(" 南 "),BorderLayout.SOUTH);
        this.add(new JButton(" 西 "),BorderLayout.WEST);
        this.add(new JButton(" 北 "),BorderLayout.NORTH);
        this.add(new JButton(" 中 "),BorderLayout.CENTER);
        this.setBounds(0,0,500,400);
        this.setDefaultCloseOperation(JFrame.EXIT_ON_CLOSE);
```

```
            this.setVisible(true);
        }
        public static void main(String[] args) {
            new Exp1010();
        }
}
```

运行结果如图 10-14 所示。

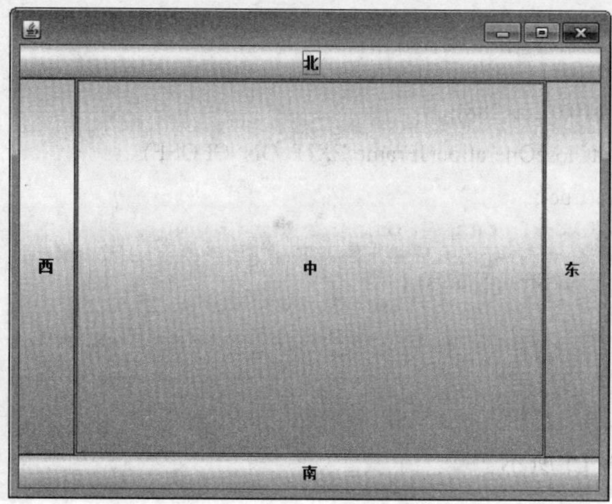


图 10-14　边框布局应用示例

## 五、绝对布局

NullLayout，即绝对布局管理器，布局特点是：其内组件需要使用 setBounds() 方法确定在哪个位置显示，否则将不显示。由于控件相对于窗体的坐标需要反复进行调整才能达到理想效果，使用起来比较麻烦，因此可以采用 WindowBuilder 和 NetBeans 进行可视化开发。

NullLayout

**【例 10.11】** 绝对应用示例。

```
import java.awt.BorderLayout;
import javax.swing.JButton;
import javax.swing.JFrame;
public class Exp1011 extends JFrame{
    public Exp1011() {
        this.setLayout(null);// 窗体设置为绝对布局
        JButton btn1=new JButton(" 东 ");
        JButton btn2=new JButton(" 南 ");
        JButton btn3=new JButton(" 西 ");
        JButton btn4=new JButton(" 北 ");
        JButton btn5=new JButton(" 中 ");
```

```
            btn1.setBounds(0,0,50,50);
            btn2.setBounds(50,50,50,50);
            btn3.setBounds(100,100,50,50);
            btn4.setBounds(150,150,50,50);
            btn5.setBounds(200,200,50,50);
            this.add(btn1);
            this.add(btn2);
            this.add(btn3);
            this.add(btn4);
            this.add(btn5);
            this.setBounds(0,0,267,288);
            this.setDefaultCloseOperation(JFrame.EXIT_ON_CLOSE);
            this.setVisible(true);
        }
        public static void main(String[] args) {
            new Exp1011();
        }
    }
```

运行结果如图 10-15 所示。

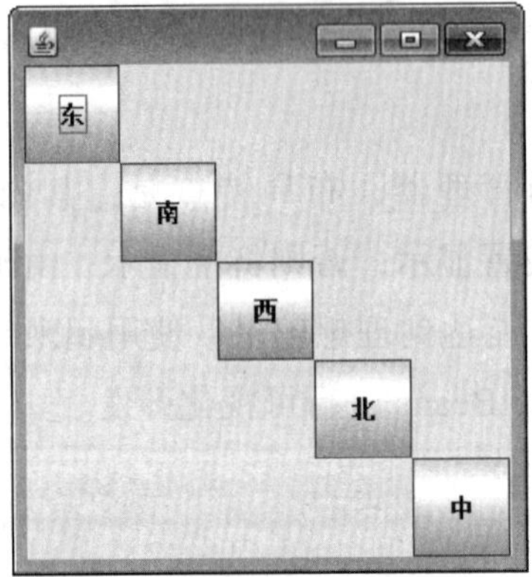


图 10-15　绝对布局应用示例

## 任务训练

用绝对布局管理器制作计算器面板。代码如下：

```
import java.awt.*;
import javax.swing.*;
public class Calculator {
    public static void main(String[] args) {
        JFrame jf = new JFrame(" 计算器 ");
```

```
JPanel jp1 = new JPanel();
JPanel jp2 = new JPanel();
jp2.setLayout(null); // 设置面板 2 为绝对布局
JTextField txt1 = new JTextField("0");
txt1.setFont(new Font(" 黑体 ", Font.PLAIN, 38));// 设置字体为黑体 38 号
txt1.setEditable(false);// 设置文本框不可编辑
txt1.setHorizontalAlignment(SwingConstants.RIGHT);// 设置文本靠右显示
txt1.setColumns(11);
jp1.add(txt1);
JButton btn1 = new JButton("CE");
JButton btn2 = new JButton("C");
JButton btn3 = new JButton("%");
JButton btn4 = new JButton("+");
JButton btn5 = new JButton("-");
JButton btn6 = new JButton("*");
JButton btn7 = new JButton("/");
JButton btn8 = new JButton("9");
JButton btn9 = new JButton("8");
JButton btn10 = new JButton("7");
JButton btn11 = new JButton("6");
JButton btn12 = new JButton("5");
JButton btn13 = new JButton("4");
JButton btn14 = new JButton("3");
JButton btn15 = new JButton("2");
JButton btn16 = new JButton("1");
JButton btn17 = new JButton("=");
JButton btn18 = new JButton(".");
JButton btn19 = new JButton("0");
JButton btn20 = new JButton("<-");// 表示 Backspace
btn1.setBounds(0,0,50,50);
btn2.setBounds(55,0,50,50);
btn3.setBounds(110,0,50,50);
btn20.setBounds(165,0,50,50);
btn8.setBounds(0,55,50,50);
btn9.setBounds(55,55,50,50);
btn10.setBounds(110,55,50,50);
btn4.setBounds(165,55,50,50);
btn11.setBounds(0,110,50,50);
btn12.setBounds(55,110,50,50);
btn13.setBounds(110,110,50,50);
```

```
            btn5.setBounds(165,110,50,50);
            btn14.setBounds(0,165,50,50);
            btn15.setBounds(55,165,50,50);
            btn16.setBounds(110,165,50,50);
            btn6.setBounds(165,165,50,50);
            btn19.setBounds(0,220,50,50);
            btn18.setBounds(55,220,50,50);
            btn17.setBounds(110,220,50,50);
            btn7.setBounds(165,220,50,50);
            jp2.add(btn1);
            jp2.add(btn2);
            jp2.add(btn3);
            jp2.add(btn20);
            jp2.add(btn8);
            jp2.add(btn9);
            jp2.add(btn10);
            jp2.add(btn4);
            jp2.add(btn11);
            jp2.add(btn12);
            jp2.add(btn13);
            jp2.add(btn5);
            jp2.add(btn14);
            jp2.add(btn15);
            jp2.add(btn16);
            jp2.add(btn6);
            jp2.add(btn19);
            jp2.add(btn18);
            jp2.add(btn17);
            jp2.add(btn7);
            jf.add(jp2, "Center");
            jf.add(jp1, "North");
            jf.setResizable(false);// 设置窗体不可变大小
            jf.setBounds(0, 0, 228, 358);
            jf.setDefaultCloseOperation(JFrame.EXIT_ON_CLOSE);
            jf.setVisible(true);
        }
    }
```

运行结果如图 10-16 所示。

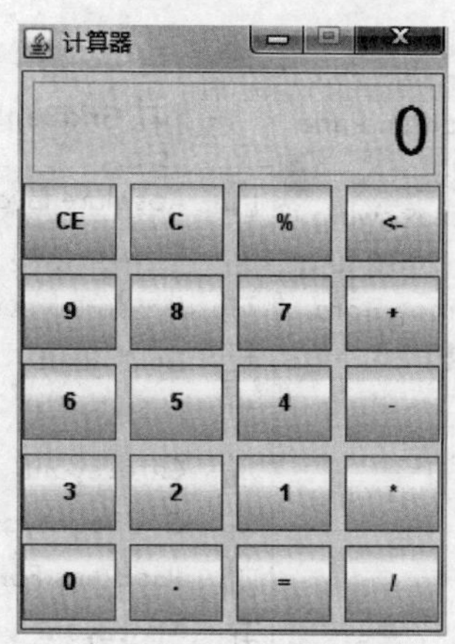


图 10-16　计算器

## 拓展提高

### WindowBuilder 中的布局设置

在 WindowBuilder 中，我们可以通过属性面板对容器类的组件进行布局设置。如图 10-17 所示，该 JFrame 类生成的窗体，默认布局方式是边框布局，可以从属性面板的 Layout 处单击从而设置。若需要设置流式布局，则可单击 FlowLayout 进行设置，如图 10-18 所示。

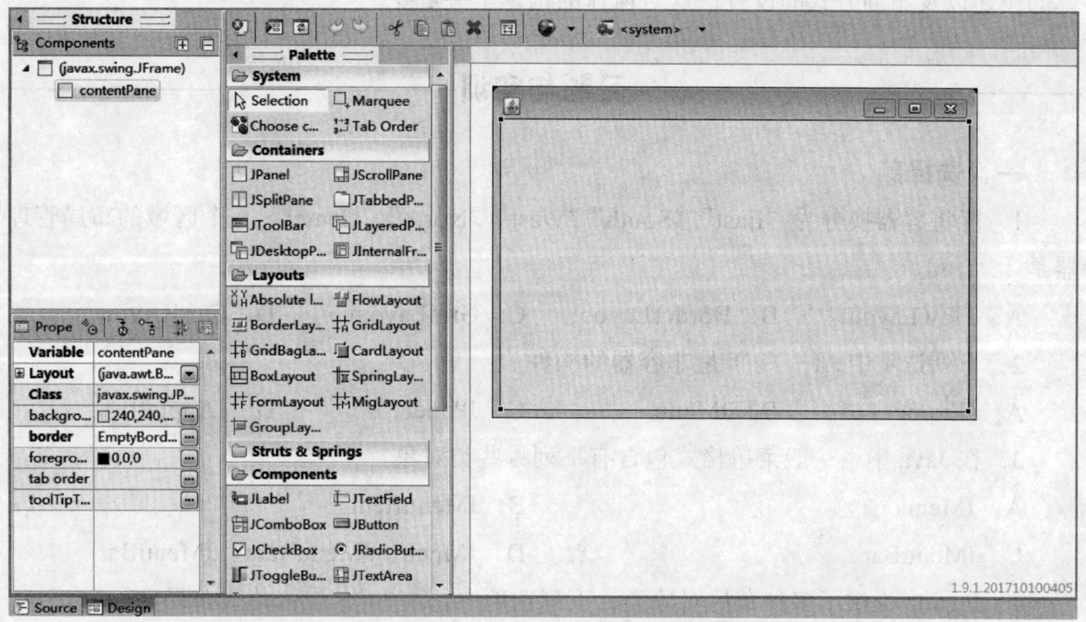


图 10-17　WindowBuilder 布局设置

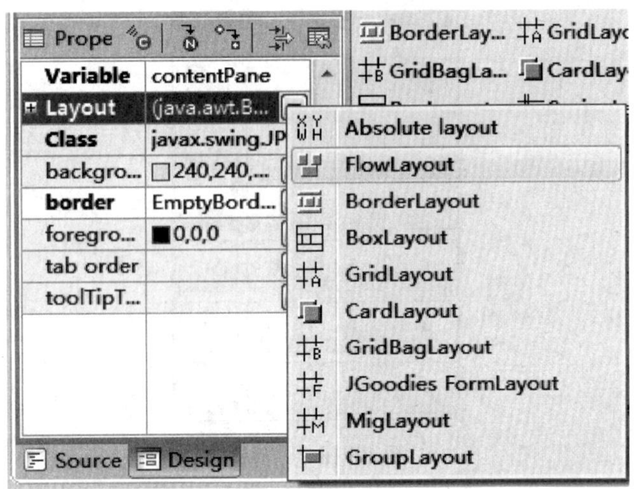


图 10-18　FlowLayout 布局设置

## 任务小结

本任务主要完成了应用程序主窗体的实现。通过本任务的实施，我们学习了 JMenuBar、JMenu、JMenuItem 等控件的基本使用方法。此外，读者可以了解流式布局、边框布局、绝对布局的基本使用方法。通过这一任务的学习，读者基本掌握了窗体中菜单的构建以及布局方式的设置，这对窗体的构建至关重要。

## 习题与实训

### 一、选择题

1．能将容器换分为“East”“South”“West”“North”“Center”五个区域的布局管理器是（　　）。

A．FlowLayout　　B．BorderLayout　　C．GridLayout　　D．CardLayout

2．下列选项中，（　　）是非容器的构件。

A．JFrame　　B．JMenu　　C．JPanel　　D．JApplet

3．在 Java 中，一般菜单格式包含有下列哪些类对象？（　　）

A．JMenu　　B．JMenuItem

C．JMenuBar　　D．JMenu、JMenuItem、JMenuBar

4．Java 中提供了多种布局对象类，下列选项中，（　　）是卡片式布局。

A．FlowLayout　　B．GridLayout　　C．BorderLayout　　D．CardLayout

5．Frame 的默认布局管理器是（　　）。

A．FlowLayout　　B．BorderLayout　　C．GridLayout　　D．CardLayout

6．JPanel 的默认布局管理器是（　　）。

A．FlowLayout　　B．GridLayout　　C．BorderLayout　　D．CardLayout

7．如果希望所有的控件在界面上均匀排列，则应该使用的布局管理器是（　　）。

A．FlowLayout　　B．GridLayout　　C．BorderLayout　　D．CardLayout

8．下列哪个构件用来为容器设置布局管理器？（　　）

A．FlowLayout　　B．setLayout　　C．Container　　D．CardLayout

## 二、编程题

1．编程实现窗体设置菜单条并添加菜单，利用事件处理实现控制字体和颜色。效果如图 10-19 所示。

2．用网格布局管理器制作计算器面板。

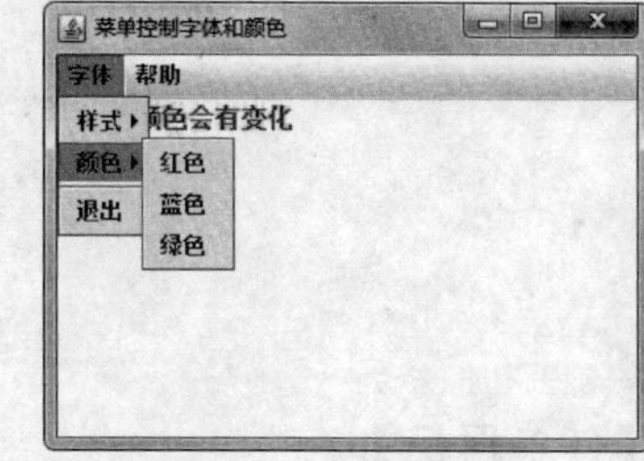


图 10-19　菜单控制字体和颜色效果图

## 任务十一

# 成绩查询窗体的实现

### 【任务目标】

1. 了解通过窗体来显示二维表数据的方法；
2. 掌握 List 数据显示在 JTable 中的方法；
3. 掌握 JTextArea 和 JScrollPane 等控件的使用；
4. 掌握 JTable 和 JDialog 的使用。

### 【任务简介】

在图形用户界面学生成绩管理系统中，当用户需要查询数据库中二维表的相关数据时，这些数据通常是通过表格的形式呈现的。各种信息管理系统都需要实现查询数据的功能，这对于我们以后开发其他系统具有借鉴意义。

## 任务描述

在成绩管理系统中经常使用的一个功能是查询成绩信息，那么我们需要一个窗体专门为我们展示查询出的学生成绩信息，从而通过查询到的结果来决定是否进行修改、删除、增加等操作。通过查询操作，我们需要显示学生的学号、姓名、班级、成绩等信息。

## 任务分析

操作步骤如下：

步骤一：创建成绩查询窗体；

步骤二：编写 loadData() 方法，利用 JTable 显示学生成绩信息；

步骤三：改进 MainFrame 代码，要求单击“查询学生成绩”菜单时，打开“查询学生成绩对话框”。

## 任务实施

任务概览：

```
public class SelStuScore extends JDialog {
    private StuGradeDao sgdao = new StuGradeDaoImpl();
    private JTable table;// 声明表格对象
    private DefaultTableModel model;// 声明表格模型对象
    private JScrollPane scrollpane;// 声明滚动面板对象
    public SelStuScore(String title) {}
    public void loadData() {}
}
```

运行效果如图 11-1 所示。

图 11-1　查询窗体效果

（1）步骤一：创建成绩查询窗体。

代码如下：

```
package com.sdlg.view;
import java.awt.Font;
import java.awt.Image;
import javax.swing.ImageIcon;
import javax.swing.JDialog;
import javax.swing.JScrollPane;
import javax.swing.JTable;
import javax.swing.table.DefaultTableModel;
public class SelStuScore extends JDialog{
    private JTable table;// 声明表格对象
```

```
    private DefaultTableModel model;// 声明表格模型对象
    private JScrollPane scrollpane;// 声明滚动面板对象
    public SelStuScore(String title) {
        this.setTitle(title);// 设置对话框标题
        table=new JTable();// 构造 JTable 组件
        scrollpane=new JScrollPane();// 构造滚动面板组件
        model = new DefaultTableModel(new Object[][] {}, new String[] { " 学号 ", " 姓名 ", " 班级 ",
        "sql", "java", "web","gym" }) {
            boolean[] columnEditables = new boolean[] { false, false, false, false, false, false, false };
            public boolean isCellEditable(int row, int column) {
                return columnEditables[column];
            }
        };// 构造模型对象，并设置表格标题、各列是否可编辑等属性
        table.setModel(model);// 为表格设置模型
        // 设置表格内文字字体
        table.setFont(new Font(" 微软雅黑 ", Font.PLAIN, 14));
        table.setRowHeight(26);// 设置表格行高
        this.add(scrollpane);// 将滚动面板添加到窗体上
        scrollpane.setViewportView(table);// 将表格内容在滚动面板中显示出来
        // 加载窗体图标对象
        Image image = new ImageIcon("./imag/main.jpg").getImage();
        // 设置窗体的图标和标题
        this.setIconImage(image);
        this.setBounds(0, 0, 800, 600);// 设置窗体位置和大小
        // 设置窗体关闭方式
        this.setDefaultCloseOperation(JDialog.DISPOSE_ON_CLOSE);
        this.setVisible(true);// 设置窗体可见
    }
    public static void main(String[] args) {
        new SelStuScore(" 查询学生成绩 ");
    }
}
```

（2）步骤二：编写 loadData() 方法，利用 JTable 显示学生成绩信息。

代码如下：

```
package com.sdlg.view;
import java.awt.Color;
import java.awt.Font;
import java.awt.Image;
import java.awt.event.ActionEvent;
import java.awt.event.ActionListener;
```

```
import java.util.List;
import javax.swing.ImageIcon;
import javax.swing.JDialog;
import javax.swing.JScrollPane;
import javax.swing.JTable;
import javax.swing.table.DefaultTableModel;
import javax.swing.table.TableColumnModel;
import com.sdlg.dao.StuGradeDao;
import com.sdlg.dao.impl.StuGradeDaoImpl;
import com.sdlg.entity.Stu;
public class SelStuScore extends JDialog {
    private StuGradeDao sgdao = new StuGradeDaoImpl();
    private JTable table;// 声明表格对象
    private DefaultTableModel model;// 声明表格模型对象
    private JScrollPane scrollpane;// 声明滚动面板对象
    public SelStuScore(String title) {
        this.setTitle(title);// 设置对话框标题
        scrollpane = new JScrollPane();// 构造滚动面板组件
        // 设置 scrollpane 的背景颜色
        scrollpane.getViewport().setBackground(new Color(240, 255, 255));
        table = new JTable();// 构造 JTable 组件
        model = new DefaultTableModel(new Object[][] {},
        new String[] { " 学号 ", " 姓名 ", " 班级 ", "sql", "java", "web", "gym" })
        {
            boolean[] columnEditables =
            new boolean[] { false, false, false, false, false,false, false };
            public boolean isCellEditable(int row, int column) {
                return columnEditables[column];
            }
        };// 构造模型对象，并设置表格标题、各列是否可编辑等属性
        table.setModel(model);// 为表格设置模型
        table.setFont(new Font(" 微软雅黑 ", Font.PLAIN, 14));// 设置表格内文字字体
        table.setRowHeight(26);// 设置表格行高
        table.setBackground(Color.ORANGE);// 设置表格背景颜色
        this.add(scrollpane);// 将滚动面板添加到窗体上
        loadData();
        // 将表格内容在滚动面板中显示出来
        scrollpane.setViewportView(table);
        // 加载窗体图标对象
        Image image = new ImageIcon("./imag/main.jpg").getImage();
```

```
        // 设置窗体的图标和标题
        this.setIconImage(image);
        this.setBounds(0, 0, 800, 600);// 设置窗体位置和大小
        // 设置窗体关闭方式
        this.setDefaultCloseOperation(JDialog.DISPOSE_ON_CLOSE);
        this.setVisible(true);// 设置窗体可见
        // 为查询学生成绩菜单增加鼠标监听器，并利用适配器处理响应事件
    }
    public void loadData() {
        // 清除旧的数据
        model.getDataVector().clear();// 清除表格数据
        model.fireTableDataChanged();// 通知模型更新
        table.updateUI();// 刷新表格
        // 查询学生成绩表中所有信息
        List<Stu> sqlist = sgdao.queryAll();
        // 获得表格模型
        TableColumnModel col = table.getColumnModel();
        for (Stu stu : sqlist) {
            model.addRow(new Object[] { stu.getSno(), stu.getName(),stu.getClassname(), stu.getSql(),
                                stu.getJava(),stu.getWebdesign(), stu.getGym() });
        } // 将返回来的数据按行添加到表格模型中
    }
    public static void main(String[] args) {
        new SelStuScore(" 查询学生成绩 ");
    }
}
```

（3）步骤三：改进 MainFrame 代码，要求单击“查询学生成绩”菜单时，打开“查询学生成绩对话框”。

改进代码如下：

```
// 为查询学生成绩菜单增加鼠标监听器，并利用适配器处理响应事件
        menuSelect.addMouseListener(new MouseAdapter(){
            public void mouseClicked(MouseEvent e) {
                new SelStuScore(" 查询学生成绩 ");
            }
        });
```

运行结果如图 11-2 所示。

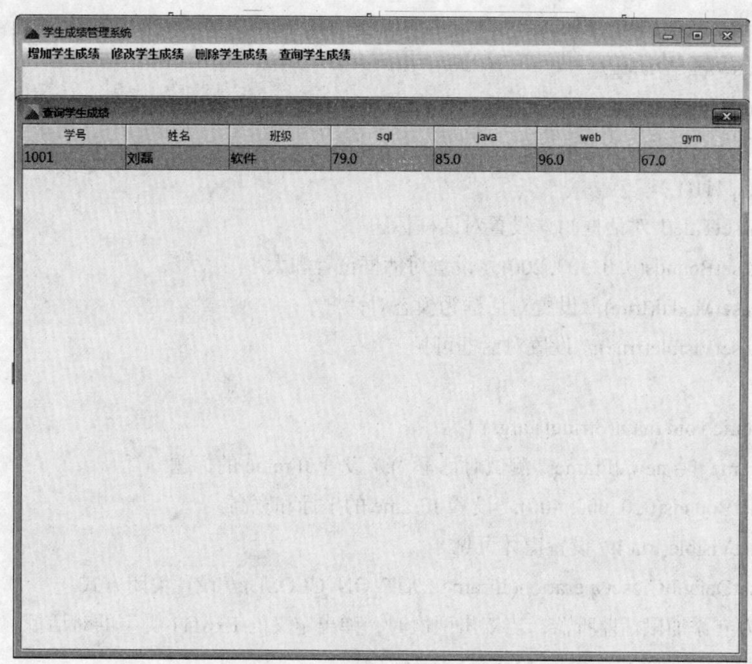


图 11-2 单击“查询学生成绩”菜单弹出对话框

## 相关知识

### 一、JDialog 的使用

JDialog，即对话框，可以显示用户数据或接收用户输入。作为应用程序的子窗口，它一般不包括菜单条，也不需要改变窗口大小，分为模态对话框和非模态对话框。模态对话框要求先关闭该对话框再进行其他操作，非模态对话框不做此要求。

JDialog

JDialog 的常用构造方法见表 11-1。

表 11-1 JDialog 构造方法

| 构造方法 | 方法含义 |
| --- | --- |
| public JDialog() | 构造一个没有标题的非模态对话框 |
| public JDialog(Frame owner) | 构造一个具有指定拥有者 Frame 的非模态对话框 |
| public JDialog(Dialog owner,boolean modal) | 构造一个具有指定拥有者 Dialog 和模态的对话框 |
| public JDialog(Frame owner,boolean modal) | 构造一个具有指定拥有者 Frame 和模态的对话框 |
| public JDialog(Dialog owner,String title) | 构造一个具有指定拥有者 Dialog 和标题的对话框 |
| public JDialog(Frame owner,String title) | 构造一个具有指定拥有者 Frame 和标题的对话框 |

【例 11.1】 JDialog 应用示例。

```
import java.awt.event.MouseAdapter;
```

```
import java.awt.event.MouseEvent;
import javax.swing.JDialog;
import javax.swing.JFrame;
public class Exp111 extends JDialog {
    public Exp111() {
        this.setTitle(" 对话框 ");// 设置对话框标题
        this.setBounds(0, 0, 300, 200);// 设置对话框位置和大小
        this.setModal(true);// 设置对话框为模态对话框
        this.setVisible(true);// 设置对话框可见
    }
    public static void main(String[] args) {
        JFrame jf = new JFrame(" 测试对话框 ");// 设置 JFrame 的标题
        jf.setBounds(0, 0, 600, 400);// 设置 JFrame 的坐标和宽高
        jf.setVisible(true);// 设置窗体可见
        jf.setDefaultCloseOperation(JFrame.EXIT_ON_CLOSE);// 设置关闭方式
        // 为 jf 添加鼠标监听器，当双击两次时，弹出定义的 Exp111 类型的对话框
        jf.addMouseListener(new MouseAdapter() {
            public void mouseClicked(MouseEvent e) {
                if (e.getClickCount() == 2)
                    new Exp111();
            }
        });
    }
}
```

运行结果如图 11-3 所示。

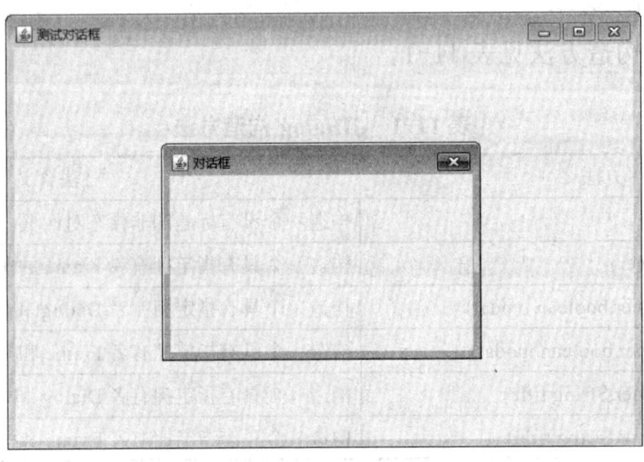


图 11-3　对话框示例效果图

【注意】Exp111 的对话框设置为模态对话框，因此只有关闭该对话框，才能进行其他操作，否则一直提示警示音。

## 二、JTextArea 的使用

JTextArea

JTextArea 即文本域，可以用于显示多行文本。

JTextArea 构造方法见表 11-2。

**表 11-2　JTextArea 构造方法**

| 构造方法 | 方法含义 |
|---|---|
| public JTextArea() | 构造一个 JTextArea 对象，使用默认模式，空字符串，0 行，0 列 |
| public JTextArea(String text) | 构造一个 JTextArea 对象，使用默认模式，指定字符串 text，0 行，0 列 |
| public JTextArea(int rows,int columns) | 构造一个 JTextArea 对象，使用默认模式，空字符串，rows 行，columns 列 |
| public JTextArea(String text,int rows,int columns) | 构造一个 JTextArea 对象，使用默认模式，字符串为 text，rows 行，columns 列 |

## 三、JScrollPane 的使用

JScrollPane

JScrollPane 即滚动面板，当有些控件的内容多于一屏时，而控件本身又不支持自身滚动，这时可以结合 JScrollPane 进行滚动显示。

JScrollPane 构造方法见表 11-3。JScrollPane 的滚动条见表 11-4。

**表 11-3　JScrollPane 构造方法**

| 构造方法 | 方法含义 |
|---|---|
| public JScrollPane() | 构造一个空的滚动面板 |
| public JScrollPane(component view) | 构造一个滚动面板，当关联的组件对象内容大于显示区域时则产生滚动轴 |
| public JScrollPane(component view,int vsbPolicy, int hsbPolicy) | 构造一个新的 JScrollPane 对象，里面含有显示组件，并设置滚动轴出现时机 |
| public JScrollPane(int vsbPolicy, int hsbPolicy) | 构造一个新的 JScrollPane 对象，里面没有显示组件，并设置滚动轴出现时机 |

**表 11-4　JScrollPane 的滚动条**

| 取值 | 方法含义 |
|---|---|
| HORIZONTAL_SCROLLBAR_ALWAYS(/NEVER) | 显示（不显示）水平滚动轴 |
| VERTICAL_SCROLLBAR_ALWAYS(/NEVER) | 显示（不显示）垂直滚动轴 |
| HORIZONTAL_SCROLLBAR_AS_NEEDED | 当组件内容水平区域大于显示区域时，显示滚动轴 |
| VERTICAL_SCROLLBAR_AS_NEEDED | 当组件内容垂直区域大于显示区域时，显示滚动轴 |

**【例 11.2】** JScrollPane 应用示例。

```
import javax.swing.JFrame;
import javax.swing.JScrollPane;
import javax.swing.JTextArea;
public class Exp112 extends JFrame {
```

```
    private JTextArea jta;
    private JScrollPane scrollpane;
    public Exp112() {
        this.setTitle(" 滚动面板示例 ");
        jta = new JTextArea(20, 50);// 构造文本域组件 jta
        // 将 jta 设置为 scrollpane 的显示组件，当窗体拖曳放大时，滚动条消失
        scrollpane = new JScrollPane
                (jta, JScrollPane.VERTICAL_SCROLLBAR_AS_NEEDED,
                JScrollPane.HORIZONTAL_SCROLLBAR_AS_NEEDED);
        this.add(scrollpane);// 将 scrollpane 添加到窗体上
        this.setBounds(0, 0, 300, 200);// 设置窗体位置和大小
        this.setVisible(true);// 设置窗体可见
    }
    public static void main(String[] args) {
        new Exp112();
    }
}
```

运行结果如图 11-4 所示。

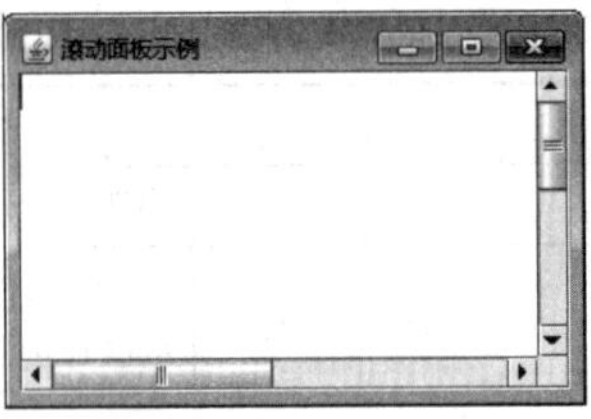


**图 11-4　滚动面板示例效果图**

## 四、JTable 的使用

JTable 是用来显示和编辑常规二维单元表的组件。使用 JTable 之前要实现抽象类 AbstractTableModel，它用来形成表格的数据结构。

**JTable**

1．构造 DefaultTableModel 组件

DefaultTableModel 是 AbstractTableModel 的实现类。

2．构造 JTable 组件

格式：

```
JTable 名称 = new JTable();
JTable 名称 = new JTable(DefaultTableModel 对象 );
```

**【例 11.3】** JTable 应用示例。

```
import javax.swing.JFrame;
import javax.swing.JScrollPane;
import javax.swing.JTable;
```

```
import javax.swing.JTextArea;
import javax.swing.table.DefaultTableModel;
public class Exp113 extends JFrame {
    private JTable table = new JTable();// 创建 JTable 对象 table
    private DefaultTableModel model;// 声明表格模型 model
    private JScrollPane scrollpane;// 声明滚动面板 scrollpane
    public Exp113() {
        this.setTitle(" 表格示例 ");// 设置标题窗体标题
        // 创建表头
        String[] columnNames = { " 姓名 ", " 出生年月 ", " 性别 ", " 入学年份 ", " 是否是党员 " };
        // 创建显示数据
        Object[][] data = { { " 刘磊 ", "1990-3-5", " 男 ", 2011, new Boolean(false) },
                { " 王英 ", "1992-4-5", " 女 ", 2011, new Boolean(true) },
                { " 胡明月 ", "1992-4-5", " 男 ", 2011, new Boolean(false) } };
        // 利用表头和表格数据构造表格模型
        model = new DefaultTableModel(data, columnNames);
        table = new JTable();// 构造表格对象 table
        table.setModel(model);// 为表格设置表格模型
        // 将 table 设置为 scrollpane 的显示组件
        scrollpane = new JScrollPane(table);
        this.add(scrollpane);// 将 scrollpane 添加到窗体上
        this.setBounds(0, 0, 500, 400);// 设置窗体位置和大小
        this.setVisible(true);// 设置窗体可见
    }
    public static void main(String[] args) {
        new Exp113();
    }
}
```

运行结果如图 11-5 所示。

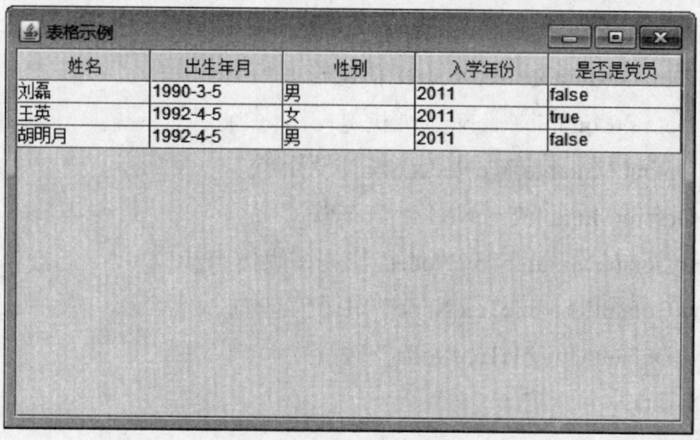

**图 11-5　JTable 应用示例效果图**

## 五、JTree 的使用

JTree

JTree 类可以构造树状图，展现层次关系分明的一组数据，形如 Windows 操作系统的资源管理器。JTree 的主要功能是把数据按照树状进行显示，并没有包含实际的数据，它只是提供了数据的一个视图。

1．JTree 的构造方法

JTree()：用于返回带有示例模型的 JTree；

JTree(TreeNode root)：返回 JTree，指定 TreeNode 作为其根。

2．JTree 的常用方法

void add(root)：将节点 root 添加到父节点上；

void setVisibleRowCount(int newCount)：设置要显示的行数。

**【例 11.4】** JTree 应用示例。

```
import javax.swing.*;
import javax.swing.tree.*;
public class Exp114 extends JFrame{
    JTree tree;
    DefaultMutableTreeNode trMajor;
    DefaultMutableTreeNode trpc,trjd,trEco;
    DefaultMutableTreeNode trpc1,trpc2,trpc3,trpc4,trjd1,trjd2,trjd3,trEco1,trEco2,trEco3;
    public Exp114 (){
        // 根节点
        trMajor=new DefaultMutableTreeNode(" 学院学部 ");
        // 二级节点
        trpc=new DefaultMutableTreeNode(" 软件工程学院 ");
        trjd=new DefaultMutableTreeNode(" 机电工程学院 ");
        trEco=new DefaultMutableTreeNode(" 光电工程学院 ");
        // 三级节点
        trpc1=new DefaultMutableTreeNode(" 计算机应用 ");
        trpc2=new DefaultMutableTreeNode(" 软件技术 ");
        trpc3=new DefaultMutableTreeNode(" 网络技术 ");
        trpc4=new DefaultMutableTreeNode(" 信息管理 ");
        trjd1=new DefaultMutableTreeNode(" 机电一体化 ");
        trjd2=new DefaultMutableTreeNode(" 模具设计 ");
        trjd3=new DefaultMutableTreeNode(" 汽车营销 ");
        trEco1=new DefaultMutableTreeNode(" 影视多媒体 ");
        trEco2=new DefaultMutableTreeNode(" 电子信息 ");
        trEco3=new DefaultMutableTreeNode(" 通信技术 ");
        // 添加三级节点
        trpc.add(trpc1);
```

```
            trpc.add(trpc2);
            trpc.add(trpc3);
            trpc.add(trpc4);
            trjd.add(trjd1);
            trjd.add(trjd2);
            trjd.add(trjd3);
            trEco.add(trEco1);
            trEco.add(trEco2);
            trEco.add(trEco3);
            // 添加二级节点
            trMajor.add(trpc);
            trMajor.add(trjd);
            trMajor.add(trEco);
            tree=new JTree(trMajor);// 以 trMajor 为参数创建根目录
            tree.collapseRow(1);// 总是显示根目录在前
            tree.setToggleClickCount(1);// 设置鼠标单击数
            this.getContentPane().add(tree);
            setSize(300,300);
            setVisible(true);
            setTitle(" 院部管理 ");
        }
        public static void main(String args[]){
            new Exp114 ();
        }
    }
```

运行结果如图 11-6 所示。

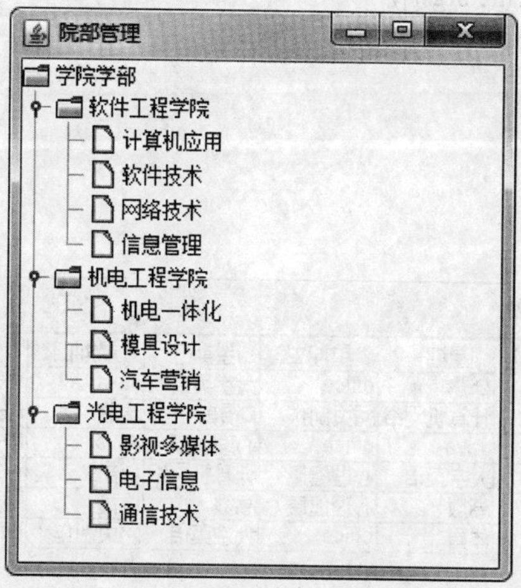


**图 11-6　JTree 应用示例效果图**

## 任务训练

请利用 JTable 对象制作本学期班级的课程表。

参考代码如下：

```
import java.awt.*;
import javax.swing.*;
public class TableDemo extends JFrame{          // 表格使用演示
// 设置表标题
final String[] strColumn = {" 星期 / 节次 "," 星期一 ", " 星期二 "," 星期三 "," 星期四 "," 星期五 "};
// 初始化表数据
final Object[][] objData ={
    {" 第一节 ", "C 语言 ","office", " 大学英语 ","Java","PHP" },
    {" 第二节 ", " 计算机网络 "," 网页制作 ", "C 语言 "," 高数 ","PHP"},
    {" 第三节 ", "Java","office", " 心理健康 ","Java","PHP" },
    {" 第四节 ", " 大学英语 "," 心理健康 "," 计算机网络 ", "C 语言 ", " 计算机网络 "},
    {" 第五节 ", " 高数 "," 心理健康 ", " 高数 "," 体育 "," 网页制作 "},
    {" 第六节 ", " 体育 ","office", " 大学英语 "," 网页制作 ","office" },
};
public TableDemo(){
    super(" 课程表 ");
    JTable tbshow = new JTable(objData,strColumn);
    JScrollPane scrollpane = new JScrollPane(tbshow);
    getContentPane().add(scrollpane,BorderLayout.CENTER);
    setSize(400,180);
    setVisible(true);
}
    public static void main(String args[]){
        new TableDemo();
    }
}
```

运行结果如图 11-7 所示。

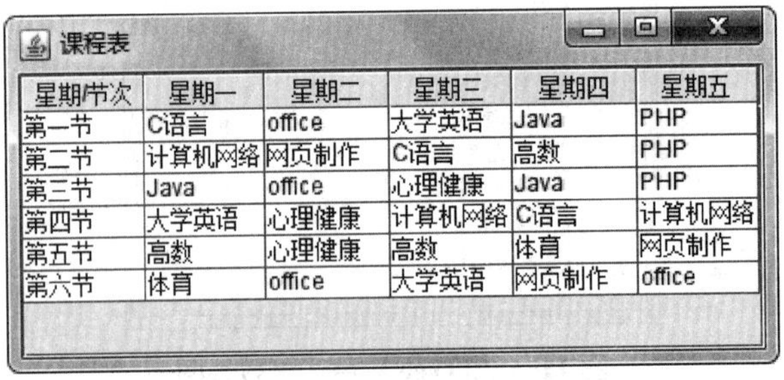

课程表

| 星期/节次 | 星期一 | 星期二 | 星期三 | 星期四 | 星期五 |
|---|---|---|---|---|---|
| 第一节 | C语言 | office | 大学英语 | Java | PHP |
| 第二节 | 计算机网络 | 网页制作 | C语言 | 高数 | PHP |
| 第三节 | Java | office | 心理健康 | Java | PHP |
| 第四节 | 大学英语 | 心理健康 | 计算机网络 | C语言 | 计算机网络 |
| 第五节 | 高数 | 心理健康 | 高数 | 体育 | 网页制作 |
| 第六节 | 体育 | office | 大学英语 | 网页制作 | office |

图 11-7　课程表运行效果图

## 拓展提高

表格内容默认居左显示，要想使得表格内容居中显示，需要使用单元格渲染器。实现关键代码如下：

```
DefaultTableCellRenderer r = new DefaultTableCellRenderer(); // 构造渲染器
r.setHorizontalAlignment(JLabel.CENTER); // 渲染器设置对齐方式为居中
table.setDefaultRenderer(Object.class,r);// 为表格设置渲染器
```

**【例 11.5】** 表格内容居中应用示例。

```
import javax.swing.JFrame;
import javax.swing.JLabel;
import javax.swing.JScrollPane;
import javax.swing.JTable;
import javax.swing.JTextArea;
import javax.swing.table.DefaultTableCellRenderer;
import javax.swing.table.DefaultTableModel;
public class Exp115 extends JFrame {
    private JTable table = new JTable();// 创建 JTable 对象 table
    private DefaultTableModel model;// 声明表格模型 model
    private JScrollPane scrollpane;// 声明滚动面板 scrollpane
    public Exp115() {
        this.setTitle(" 渲染器居中示例 ");// 设置窗体标题
        // 创建表头
        String[] columnNames = { " 姓名 ", " 出生年月 "};
        // 创建显示数据
        Object[][] data = { { " 刘磊 ", "1990-3-5" },
                                { " 王英 ", "1992-4-5"}};
        // 利用表头和表格数据构造表格模型
        model = new DefaultTableModel(data, columnNames);
        table = new JTable();// 构造表格对象 table
        table.setModel(model);// 为表格设置表格模型
        scrollpane = new JScrollPane(table);// 将 table 设置为 scrollpane 的显示组件
        DefaultTableCellRenderer r = new DefaultTableCellRenderer(); // 构造渲染器
        r.setHorizontalAlignment(JLabel.CENTER); // 渲染器设置对齐方式为居中
        table.setDefaultRenderer(Object.class,r);// 为表格设置渲染器
        this.add(scrollpane);// 将 scrollpane 添加到窗体上
        this.setBounds(0, 0, 500, 300);// 设置窗体位置和大小
        this.setVisible(true);// 设置窗体可见
    }
    public static void main(String[] args) {
```

```
            new Exp115();
        }
}
```

运行结果如图 11-8 所示。

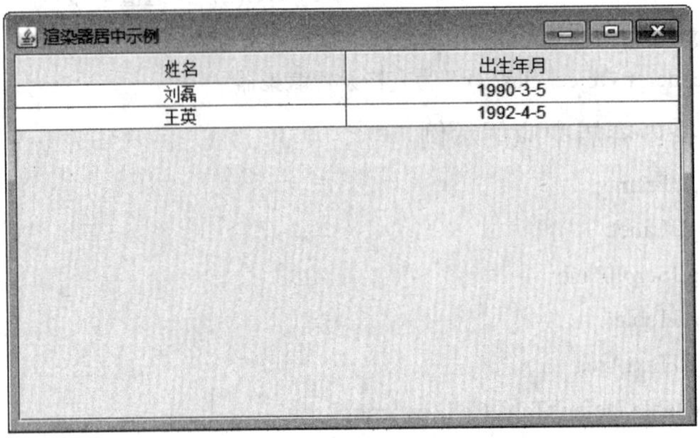

图 11-8　渲染器居中示例效果图

## 任务小结

本任务主要实现了成绩增加和成绩修改窗体功能。通过本任务的实施，我们学习了 JDialog、JTextArea、JScrollPane、JTable、JTree 等控件的基本使用。通过这一任务的学习，读者基本掌握了窗体中的对话框、文本域、滚动面板、表格、树形控件的使用。通过这些控件的学习，我们可以进一步丰富窗体的设计。

## 习题与实训

### 一、选择题

1．可以显示用户数据或接收用户输入的控件是（　　）。

A．JDialog　　B．JMenu　　C．JPanel　　D．JButton

2．可以用于显示多行文本的控件是（　　）。

A．JTextField　　B．JTextArea　　C．JLable　　D．JButton

3．用于设置滚动面板的控件是（　　）。

A．JMenu　　B．JMenuItem　　C．JMenuBar　　D．JScrollPane

4．在使用 JTable 之前要实现抽象类（　　），它用来形成表格的数据结构。

A．AbstractTable　　B．AbstractModel

C．AbstractTableModel　　D．DefaultTableModel

5．关于 JTree，下列说法错误的是（　　）。

A．JTree 类可以构造树状图，展现层次关系分明的一组数据

B．JTree 的主要功能是把数据按照树状进行显示

C．JTree 并没有包含实际的数据，它只是提供了数据的一个视图

D．JTree 用于接收用户输入

6．下列关于 JScrollPane 的说法，错误的是（　　）。

A．JScrollPane 即滚动面板

B．只要使用了 JScrollPane，就会滚动显示

C．public JScrollPane(component view, int vsbPolicy, int hsbPolicy) 用于构造一个新的 JScrollPane 对象，里面含有显示组件，并设置滚动轴出现时机

D．public JScrollPane() 用于构造一个空的滚动面板

## 二、编程题

1．利用列表框列出软件工程学院的所有专业，如图 11-9 所示。

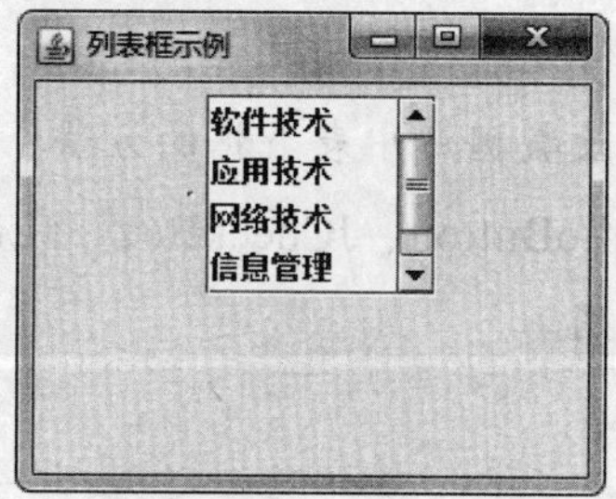


图 11-9　列表框示例

2．利用 JTextArea 分别创建不能自动换行的文本域、能自动换行的文本域及在滚动窗格中的文本域。

# 成绩增加和成绩修改窗体的实现

## 【任务目标】

1. 了解通过窗体来增加、修改表数据的流程；
2. 掌握利用接口增加、修改数据库中表数据的方法；
3. 掌握 JComboBox、JRadioButton、JCheckBox、JList 等控件的使用；
4. 掌握接口和适配器的使用。

## 【任务简介】

在图形用户界面学生成绩管理系统中，当用户需要增加或修改数据库中二维表的相关数据时，用户可以通过按钮或菜单等形式调用相应功能。各种信息管理系统一般都需要实现增加或修改数据的功能，这对于我们以后开发其他系统具有借鉴意义。

## 任务描述

成绩增加和成绩修改是学生成绩管理的一项重要内容。它们都需要借助对话框与用户进行交互，接收来自用户的增加或修改的信息。当用户单击“提交”时，系统调用接口中定义的增加和修改方法来操作数据库中的表，通过这种方法来实现数据库中学生成绩表的增加和修改操作。

## 任务分析

任务概览：

成绩增加 AddStu 类概览：

```
public class AddStu extends JDialog implements ActionListener{
    private StuGradeDao sgdao=new StuGradeDaoImpl();
```

```
    private JTextField txtsno;
    private JTextField txtsname;
    private JComboBox comboclassname;
    private JTextField txtsql;
    private JTextField txtjava;
    private JTextField txtweb;
    private JTextField txtgym;
    public AddStu() {
    }
    public void actionPerformed(ActionEvent e) {
    }
}
```

成绩修改 AlterStu 类概览：

```
public class AlterStu extends JDialog implements ActionListener{
    private StuGradeDao sgdao=new StuGradeDaoImpl();
    private JTextField txtsno;
    private JTextField txtsname;
    private JComboBox comboclassname;
    private JTextField txtsql;
    private JTextField txtjava;
    private JTextField txtweb;
    private JTextField txtgym;
    private Stu stu;
    public AlterStu(Stu stu) {
    }
    public void actionPerformed(ActionEvent e) {
    }
}
```

操作步骤如下：

步骤一：实现学生成绩增加功能；

步骤二：实现学生成绩修改功能。

## 任务实施

### 一、步骤一：实现学生成绩增加功能

在 com.sdlg.view 包上用右键单击，选择“New”，选择“Class”，新建类，命名为“AddStu”，该类继承 JDialog，用它来接收用户输入的学生成绩信息，其实现代码如下：

```
package com.sdlg.view;
import java.awt.Color;
import java.awt.Font;
```

```
import java.awt.Image;
import java.awt.event.ActionEvent;
import java.awt.event.ActionListener;
import javax.swing.ImageIcon;
import javax.swing.JButton;
import javax.swing.JComboBox;
import javax.swing.JDialog;
import javax.swing.JFrame;
import javax.swing.JLabel;
import javax.swing.JOptionPane;
import javax.swing.JTextField;
import com.sdlg.dao.StuGradeDao;
import com.sdlg.dao.impl.StuGradeDaoImpl;
import com.sdlg.entity.Stu;
public class AddStu extends JDialog implements ActionListener{
    private StuGradeDao sgdao=new StuGradeDaoImpl();
    private JTextField txtsno;
    private JTextField txtsname;
    private JComboBox comboclassname;
    private JTextField txtsql;
    private JTextField txtjava;
    private JTextField txtweb;
    private JTextField txtgym;
    public AddStu() {
        this.setTitle(" 增加学生成绩 ");// 设置对话框标题
        this.setLayout(null);// 设置绝对布局
        // 构造各个标签
        JLabel lblsno=new JLabel(" 学号 ");
        JLabel lblsname=new JLabel(" 姓名 ");
        JLabel lblclassname=new JLabel(" 班级 ");
        JLabel lblsql=new JLabel("sql 成绩 ");
        JLabel lbljava=new JLabel("java 成绩 ");
        JLabel lblweb=new JLabel(" 网页成绩 ");
        JLabel lblgym=new JLabel(" 体育成绩 ");
        // 构造文本框和列表
        txtsno=new JTextField(20);
        txtsname=new JTextField(20);
        String[] str= {" 软件 161"," 软件 162"};
        comboclassname=new JComboBox(str);
        txtsql=new JTextField(20);
        txtjava=new JTextField(20);
```

```
txtweb=new JTextField(20);
txtgym=new JTextField(20);
// 构造提交按钮
JButton btnsubmit=new JButton(" 提交 ");
// 为各个标签设置边界
lblsno.setBounds(150,30,100,40);
lblsname.setBounds(150,90,100,40);
lblclassname.setBounds(150,150,100,40);
lblsql.setBounds(150,210,100,40);
lbljava.setBounds(150,270,100,40);
lblweb.setBounds(150,330,100,40);
lblgym.setBounds(150,390,100,40);
// 为各个文本框和列表设置边界
txtsno.setBounds(280,30,300,30);
txtsname.setBounds(280,90,300,30);
comboclassname.setBounds(280,150,300,30);
txtsql.setBounds(280,210,300,30);
txtjava.setBounds(280,270,300,30);
txtweb.setBounds(280,330,300,30);
txtgym.setBounds(280,390,300,30);
// 为提交按钮设置边界
btnsubmit.setBounds(345,460,100,30);
// 为各个标签设置字体
lblsno.setFont(new Font(" 黑体 ",Font.PLAIN,20));
lblsname.setFont(new Font(" 黑体 ",Font.PLAIN,20));
lblclassname.setFont(new Font(" 黑体 ",Font.PLAIN,20));
lblsql.setFont(new Font(" 黑体 ",Font.PLAIN,20));
lbljava.setFont(new Font(" 黑体 ",Font.PLAIN,20));
lblweb.setFont(new Font(" 黑体 ",Font.PLAIN,20));
lblgym.setFont(new Font(" 黑体 ",Font.PLAIN,20));
txtsno.setFont(new Font(" 黑体 ",Font.PLAIN,20));
txtsname.setFont(new Font(" 黑体 ",Font.PLAIN,20));
comboclassname.setFont(new Font(" 黑体 ",Font.PLAIN,20));
txtsql.setFont(new Font(" 黑体 ",Font.PLAIN,20));
txtjava.setFont(new Font(" 黑体 ",Font.PLAIN,20));
txtweb.setFont(new Font(" 黑体 ",Font.PLAIN,20));
txtgym.setFont(new Font(" 黑体 ",Font.PLAIN,20));
btnsubmit.setFont(new Font(" 黑体 ",Font.PLAIN,20));
// 将各个控件放置到窗体上
this.add(lblsno);
this.add(lblsname);
```

```
        this.add(lblclassname);
        this.add(lblsql);
        this.add(lbljava);
        this.add(lblweb);
        this.add(lblgym);
        this.add(txtsno);
        this.add(txtsname);
        this.add(comboclassname);
        this.add(txtsql);
        this.add(txtjava);
        this.add(txtweb);
        this.add(txtgym);
        this.add(btnsubmit);
        btnsubmit.addActionListener(this);
        // 加载窗体图标对象
        Image image = new ImageIcon("./imag/main.jpg").getImage();
        // 设置窗体的图标和标题
        this.setIconImage(image);
        this.setSize(800, 600);// 设置窗体位置和大小
        this.setLocationRelativeTo(null);// 设置相对于屏幕居中
        // 设置窗体背景色
        this.getContentPane().setBackground(new Color(240,255,255));
        // 设置窗体关闭方式
        this.setDefaultCloseOperation(JDialog.DISPOSE_ON_CLOSE);
        this.setVisible(true);// 设置窗体可见
    }
    public static void main(String[] args) {
        new AddStu();
    }
    public void actionPerformed(ActionEvent e) {
        String sno=txtsno.getText();
        String sname=txtsname.getText();
        String classname=comboclassname.getSelectedItem().toString();
        String java=txtjava.getText().trim();
        String sql=txtsql.getText().trim();
        String web=txtweb.getText().trim();
        String gym=txtgym.getText().trim();
        if(!(sno==null&&sname==null&&classname==null
            &&java==null&&sql==null&&web==null&&gym==null
            &&sno.equals("")&&sname.equals("")&&classname.equals("")
            &&java.equals("")&&sql.equals("")&&web.equals("")
```

```
             &&sno.equals("")&&gym.equals("")))
        {
            Stu stu=new Stu(sno,sname,classname,Float.parseFloat(sql),
            Float.parseFloat(java),Float.parseFloat(web),Float.parseFloat(gym));
            boolean result=sgdao.add(stu);
            if(result==true)
                JOptionPane.showMessageDialog(null, " 学生成绩增加成功 ");
            else
                JOptionPane.showMessageDialog(null, " 学生成绩增加失败 ");
            new SelStuScore(" 查询学生成绩 ");
        }else {
            JOptionPane.showMessageDialog(null, " 信息填写不完整，请重新填写 ");
        }
    }
}
```

运行结果如图 12-1～图 12-4 所示。

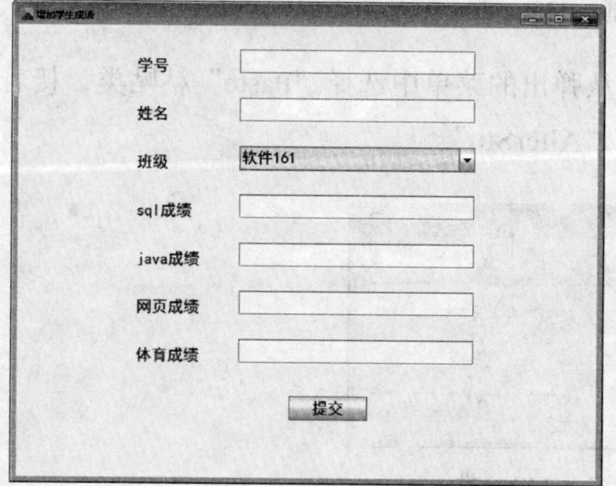


图 12-1　添加学生信息对话框初始图

增加学生成绩

学号 1004

姓名 刘猛

班级 软件162

sql成绩 86

java成绩 56

网页成绩 76

体育成绩 91

提交

图 12-2　填入学生成绩信息效果图

消息

学生成绩增加成功

确定

图 12-3　添加成功提示

查询学生成绩

| 学号 | 姓名 | 班级 | sql | java | web | gym |
|---|---|---|---|---|---|---|
| 1001 | 刘磊 | 软件161 | 79.0 | 85.0 | 96.0 | 67.0 |
| 1002 | 朱莹 | 软件161 | 89.0 | 96.0 | 56.0 | 100.0 |
| 1003 | 胡明月 | 软件161 | 95.0 | 96.0 | 100.0 | 100.0 |
| 1004 | 刘猛 | 软件162 | 86.0 | 56.0 | 76.0 | 91.0 |

图 12-4　增加成功后学生成绩信息的显示

## 二、步骤二：实现学生成绩修改功能

（1）在 com.sdlg.view 包中选择“AddStu”，在其上用右键单击，选择“Copy”，复制 AddStu 类，如图 12-5 所示。

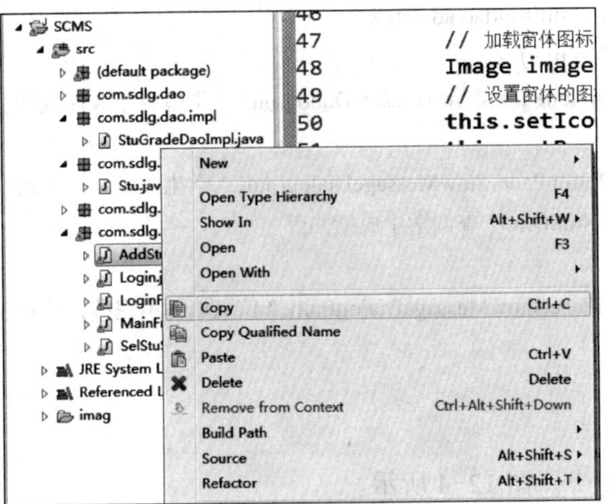


图 12-5 复制 AddStu 类

（2）在包 com.sdlg.view 上用右键单击，从弹出的菜单中选择“Paste”粘贴类，接着弹出如图 12-6 所示的对话框，将类重命名为“AlterStu”。

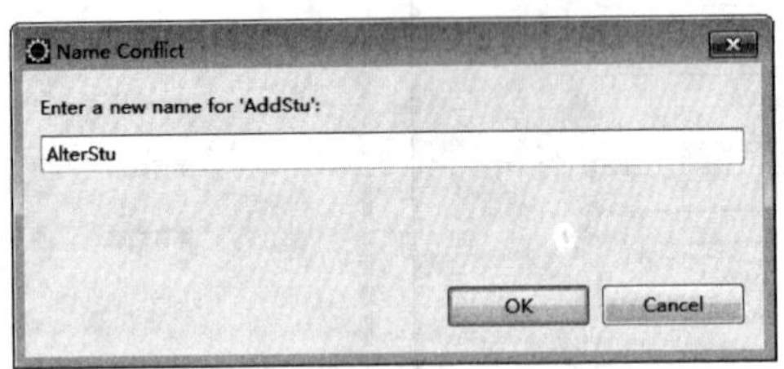


图 12-6 重命名 AddStu 类

（3）改进代码：

```
package com.sdlg.view;
import java.awt.Color;
import java.awt.Font;
import java.awt.Image;
import java.awt.event.ActionEvent;
import java.awt.event.ActionListener;
import javax.swing.ImageIcon;
import javax.swing.JButton;
import javax.swing.JComboBox;
import javax.swing.JDialog;
import javax.swing.JFrame;
```

```
import javax.swing.JLabel;
import javax.swing.JOptionPane;
import javax.swing.JTextField;
import com.sdlg.dao.StuGradeDao;
import com.sdlg.dao.impl.StuGradeDaoImpl;
import com.sdlg.entity.Stu;
public class AlterStu extends JDialog implements ActionListener{
    private StuGradeDao sgdao=new StuGradeDaoImpl();
    private JTextField txtsno;
    private JTextField txtsname;
    private JComboBox comboclassname;
    private JTextField txtsql;
    private JTextField txtjava;
    private JTextField txtweb;
    private JTextField txtgym;
    private Stu stu;
    public AlterStu(Stu stu) {
        this.stu=stu;
        this.setTitle(" 修改学生成绩 ");// 设置对话框标题
        this.setLayout(null);// 设置绝对布局
        this.setModal(true);// 设置模态对话框
        // 构造各个标签
        JLabel lblsno=new JLabel(" 学号 ");
        JLabel lblsname=new JLabel(" 姓名 ");
        JLabel lblclassname=new JLabel(" 班级 ");
        JLabel lblsql=new JLabel("sql 成绩 ");
        JLabel lbljava=new JLabel("java 成绩 ");
        JLabel lblweb=new JLabel(" 网页成绩 ");
        JLabel lblgym=new JLabel(" 体育成绩 ");
        // 构造文本框和列表
        txtsno=new JTextField(20);
        txtsname=new JTextField(20);
        String[] str= {" 软件 161"," 软件 162"};
        comboclassname=new JComboBox(str);
        txtsql=new JTextField(20);
        txtjava=new JTextField(20);
        txtweb=new JTextField(20);
        txtgym=new JTextField(20);
        // 初始化各文本框和列表
        txtsno.setText(stu.getSno());
```

```
txtsname.setText(stu.getName());
comboclassname.setSelectedItem((stu.getClassname()));
txtsql.setText(String.valueOf(stu.getSql()));
txtjava.setText(String.valueOf(stu.getJava()));
txtweb.setText(String.valueOf(stu.getWebdesign()));
txtgym.setText(String.valueOf(stu.getGym()));
// 构造修改按钮
JButton btnsubmit=new JButton(" 修改 ");
// 为各个标签设置边界
lblsno.setBounds(150,30,100,40);
lblsname.setBounds(150,90,100,40);
lblclassname.setBounds(150,150,100,40);
lblsql.setBounds(150,210,100,40);
lbljava.setBounds(150,270,100,40);
lblweb.setBounds(150,330,100,40);
lblgym.setBounds(150,390,100,40);
// 为各个文本框和列表设置边界
txtsno.setBounds(280,30,300,30);
txtsname.setBounds(280,90,300,30);
comboclassname.setBounds(280,150,300,30);
txtsql.setBounds(280,210,300,30);
txtjava.setBounds(280,270,300,30);
txtweb.setBounds(280,330,300,30);
txtgym.setBounds(280,390,300,30);
// 为提交按钮设置坐标和宽高
btnsubmit.setBounds(345,460,100,30);
// 为各个标签设置字体
lblsno.setFont(new Font(" 黑体 ",Font.PLAIN,20));
lblsname.setFont(new Font(" 黑体 ",Font.PLAIN,20));
lblclassname.setFont(new Font(" 黑体 ",Font.PLAIN,20));
lblsql.setFont(new Font(" 黑体 ",Font.PLAIN,20));
lbljava.setFont(new Font(" 黑体 ",Font.PLAIN,20));
lblweb.setFont(new Font(" 黑体 ",Font.PLAIN,20));
lblgym.setFont(new Font(" 黑体 ",Font.PLAIN,20));
txtsno.setFont(new Font(" 黑体 ",Font.PLAIN,20));
txtsname.setFont(new Font(" 黑体 ",Font.PLAIN,20));
comboclassname.setFont(new Font(" 黑体 ",Font.PLAIN,20));
txtsql.setFont(new Font(" 黑体 ",Font.PLAIN,20));
txtjava.setFont(new Font(" 黑体 ",Font.PLAIN,20));
txtweb.setFont(new Font(" 黑体 ",Font.PLAIN,20));
```

```
        txtgym.setFont(new Font(" 黑体 ",Font.PLAIN,20));
        btnsubmit.setFont(new Font(" 黑体 ",Font.PLAIN,20));
        // 将各个控件放置到窗体上
        this.add(lblsno);
        this.add(lblsname);
        this.add(lblclassname);
        this.add(lblsql);
        this.add(lbljava);
        this.add(lblweb);
        this.add(lblgym);
        this.add(txtsno);
        this.add(txtsname);
        this.add(comboclassname);
        this.add(txtsql);
        this.add(txtjava);
        this.add(txtweb);
        this.add(txtgym);
        this.add(btnsubmit);
        btnsubmit.addActionListener(this);
        // 加载窗体图标对象
        Image image = new ImageIcon("./imag/main.jpg").getImage();
        // 设置窗体的图标和标题
        this.setIconImage(image);
        this.setSize(800, 600);// 设置窗体位置和大小
        this.setLocationRelativeTo(null);// 设置相对于屏幕居中
        this.getContentPane().setBackground(new Color(240,255,255));// 设置窗体背景色
        this.setDefaultCloseOperation(JDialog.DISPOSE_ON_CLOSE);// 设置窗体关闭方式
        this.setVisible(true);// 设置窗体可见
    }
    public static void main(String[] args) {
        new AlterStu(new Stu("1001"," 刘磊 "," 软件 161",95,85,62,75));
    }
    public void actionPerformed(ActionEvent e) {
        String sno=txtsno.getText();
        String sname=txtsname.getText();
        String classname=comboclassname.getSelectedItem().toString();
        String java=txtjava.getText().trim();
        String sql=txtsql.getText().trim();
        String web=txtweb.getText().trim();
        String gym=txtgym.getText().trim();
```

```
        if(!(sno==null||sname==null||classname==null
           ||java==null||sql==null||web==null||gym==null
           ||sno.equals("")||sname.equals("")||classname.equals("")
           ||java.equals("")||sql.equals("")||web.equals("")
           ||sno.equals("")||gym.equals("")))
        {
            Stu stu=
            new Stu(sno,sname,classname,Float.parseFloat(sql),Float.parseFloat(java),
            Float.parseFloat(web),Float.parseFloat(gym));
            boolean result=sgdao.update(stu);
            if(result==true)
                JOptionPane.showMessageDialog(null, " 学生成绩修改成功 ");
            else
                JOptionPane.showMessageDialog(null, " 学生成绩修改失败 ");
        }else {
            JOptionPane.showMessageDialog(null, " 信息填写不完整，请重新填写 ");
        }
    }
}
```

运行结果如图 12-7 所示。

图 12-7　修改学生成绩对话框

## 相关知识

### 一、JComboBox

JComboBox

JComboBox，即组合框，也叫下拉列表，与一组单选按钮的功能类似，它是强制用户从一组可能的元素中只选择一个。

JComboBox 构造方法见表 12-1。

表 12-1　JComboBox 构造方法

| 构造方法 | 方法含义 |
| --- | --- |
| public JComboBox() | 创建具有默认数据模型的组合框 |
| Public JComboBox(Object[] items) | 创建包含指定数组中的元素的组合框 |

JComboBox 常用方法见表 12-2。

表 12-2　JComboBox 常用方法

| 构造方法 | 方法含义 |
| --- | --- |
| public void addItem(Object anObject) | 为下拉列表添加选项 |
| public Object getSelectedItem() | 返回当前所选项 |
| public void setEditable(boolean aFlag) | 确定下拉框的选项是否可编辑 |
| public void setSelectedIndex(int index) | 选择第 index 个元素（第一个元素 index 为 0） |

**【例 12.1】** JComboBox 应用示例。

```
import java.awt.FlowLayout;
import java.awt.event.ActionEvent;
import java.awt.event.ActionListener;
import javax.swing.JComboBox;
import javax.swing.JFrame;
import javax.swing.JOptionPane;
public class Exp121 extends JFrame {
    private JComboBox combobox;
    public Exp121() {
        this.setTitle(" 组合框示例 ");// 设置窗体标题
        this.setLayout(new FlowLayout());
        // 创建 combobox
        String[] fruit = { " 水蜜桃 ", " 芒果 ", " 西瓜 ", " 荔枝 ", " 桂圆 " };
        combobox = new JComboBox(fruit);
        // 为 combobox 添加响应事件
        combobox.addActionListener(new ActionListener() {
            public void actionPerformed(ActionEvent e) {
                JOptionPane.showMessageDialog(null, " 您选择了 " +
                ((JComboBox) (e.getSource())).getSelectedItem());
            }
        });
        this.add(combobox);// 将 scrollpane 添加到窗体上
        this.setSize(500, 300);// 设置窗体大小
```

```
        this.setLocationRelativeTo(null);// 设置窗口相对于屏幕居中
        this.setVisible(true);// 设置窗体可见
    }
    public static void main(String[] args) {
        new Exp121();
    }
}
```

运行效果如图 12-8 所示。

图 12-8　组合框示例效果图

## 二、JList

JList，即列表框，支持从一个列表选项中选择一个或多个选项，默认状态支持单选。多选时和 Windows 中的操作一样，按住 Ctrl 或者 Shift 键进行选择。

JList

JList 构造方法见表 12-3。

表 12-3　JList 构造方法

| 构造方法 | 方法含义 |
|---|---|
| public JList() | 构造一个空的、只读模型的 JList |
| public JList(ListModel dataModel) | 构造一个具有列表模型的 JList |
| public JList(Object[] listData) | 构造一个 JList，使其显示指定数组中的元素 |
| public JList(Vector<?>listData) | 构造一个 JList，使其显示指定 Vector 中的元素 |

JList 常用方法见表 12-4。

表 12-4　JList 常用方法

| 构造方法 | 方法含义 |
|---|---|
| public int getSelectedIndex() | 返回所选的第一个索引，如果没有，则返回 -1 |
| public Object getSelectedValue() | 返回所选的第一个值，如果选择为空，则返回 null |
| public void setSelectedIndex(int Index) | 设置索引为 index 的选项被选中 |

**【例 12.2】** 数组构造 JList 示例。

```
import java.awt.Dimension;
import java.awt.FlowLayout;
import javax.swing.JFrame;
import javax.swing.JList;
import javax.swing.JOptionPane;
import javax.swing.JScrollPane;
import javax.swing.event.ListSelectionEvent;
import javax.swing.event.ListSelectionListener;
public class Exp122 extends JFrame{
    private JList listname;// 声明列表对象 listname
    private JScrollPane scrollpane;// 声明滚动面板 scrollpane
    public Exp122(){
        scrollpane=new JScrollPane();// 构造 scrollpane 组件
        this.setLayout(new FlowLayout());// 设置布局方式为流式布局
        String[] str={" 肯德基 "," 麦当劳 "," 永和豆浆 "," 吉野家 "," 东方既白 "};// 用数组构造列表
        listname=new JList(str);// 构造列表
        listname.addListSelectionListener(new ListSelectionListener(){
            public void valueChanged(ListSelectionEvent e) {
                // 设置只有释放鼠标时才触发
                if(!listname.getValueIsAdjusting()){
                    JOptionPane.showMessageDialog(null, listname.getSelectedValue());
                }
            }
        });
        scrollpane.setViewportView(listname);// 将列表 listname 加载到 scrollpane 上显示
        scrollpane.setPreferredSize(new Dimension(200,80));// 设置滚动面板显示区域
        this.add(scrollpane);// 将滚动面板加到窗体上
        this.setTitle(" 列表示例 ");// 设置窗体标题
        this.setSize(500,300);// 设置窗体大小
        this.setLocationRelativeTo(null);// 设置相对于屏幕居中
        this.setDefaultCloseOperation(JFrame.EXIT_ON_CLOSE);// 设置窗体关闭方式
        this.setVisible(true);// 设置窗体可见
    }
    public static void main(String[] args){
        new Exp122();
    }
}
```

运行结果如图 12-9 所示。

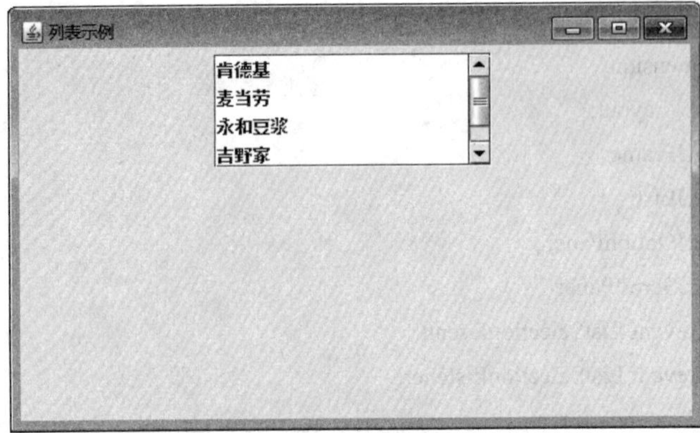


图 12-9 数组构造 JList 示例效果图

【例 12.3】 数据模型构造 JList 示例。

```
import java.awt.Dimension;
import java.awt.FlowLayout;
import javax.swing.AbstractListModel;
import javax.swing.JFrame;
import javax.swing.JList;
import javax.swing.JOptionPane;
import javax.swing.JScrollPane;
import javax.swing.event.ListSelectionEvent;
import javax.swing.event.ListSelectionListener;
public class Exp123 extends JFrame{
    private JList listname;// 声明列表对象 listname
        private JScrollPane scrollpane;// 声明滚动面板 scrollpane
        public Exp123(){
            scrollpane=new JScrollPane();// 构造 scrollpane 组件
            this.setLayout(new FlowLayout());// 设置布局方式为流式布局
            listname=new JList(new MyListModel());// 用数据模型构造列表
            listname.addListSelectionListener(new ListSelectionListener(){
                public void valueChanged(ListSelectionEvent e) {
                    // 设置只有释放鼠标时才触发
                    if(!listname.getValueIsAdjusting()){
                        JOptionPane.showMessageDialog(null, listname.getSelectedValue());
                    }
                }
            });
            scrollpane.setViewportView(listname);// 将列表加载到 scrollpane 上显示
            scrollpane.setPreferredSize(new Dimension(200,80));// 设置滚动面板显示区域
            this.add(scrollpane);// 将滚动面板加到窗体上
```

```
        this.setTitle(" 列表示例 ");// 设置窗体标题
        this.setSize(500,300);// 设置窗体大小
        this.setLocationRelativeTo(null);// 设置相对于屏幕居中
        this.setDefaultCloseOperation(JFrame.EXIT_ON_CLOSE);// 设置窗体关闭方式
        this.setVisible(true);// 设置窗体可见
    }
    public static void main(String[] args){
        new Exp123();
    }
    // 列表数据模型
    class MyListModel extends AbstractListModel{
        public Object getElementAt(int index) {
            return index;
        }
        public int getSize() {
            return 100;
        }
    }
}
```

运行效果如图 12-10 所示。

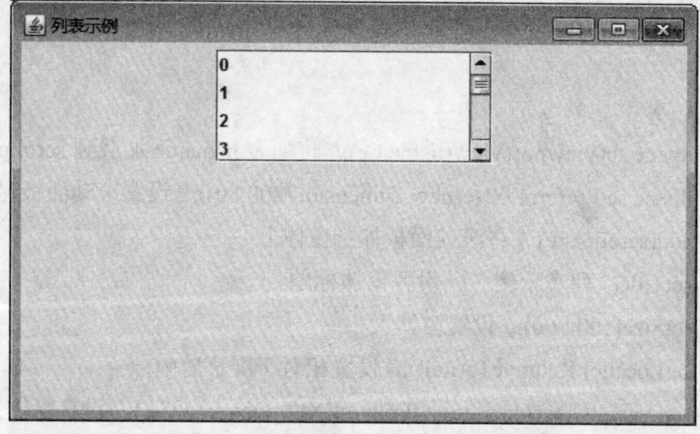


图 12-10　数据模型构造 JList 示例效果图

【例 12.4】 默认数据模型构造 JList 示例。

```
import java.awt.Dimension;
import java.awt.FlowLayout;
import java.awt.event.MouseAdapter;
import java.awt.event.MouseEvent;
import javax.swing.DefaultListModel;
import javax.swing.JFrame;
```

```
import javax.swing.JList;
import javax.swing.JScrollPane;
public class Exp124 extends JFrame{
    private JList listname;// 声明列表对象 listname
    private JScrollPane scrollpane;// 声明滚动面板 scrollpane
    private DefaultListModel model1;// 声明列表模型
        public Exp124(){
            scrollpane=new JScrollPane();// 构造 scrollpane 组件
            this.setLayout(new FlowLayout());// 设置布局方式为流式布局
            listname=new JList();// 用数据模型构造列表
            model1=new DefaultListModel();// 构造默认的列表数据模型
            model1.addElement(" 北京 ");
            model1.addElement(" 上海 ");
            model1.addElement(" 广州 ");
            model1.addElement(" 深圳 ");
            model1.addElement(" 成都 ");
            model1.addElement(" 王府井 ");
            listname.setModel(model1);
            listname.addMouseListener(new MouseAdapter(){
                public void mouseClicked(MouseEvent e) {
                    // 利用索引号删除该列表元素
                    model1.remove(listname.getSelectedIndex());
                }
            });
            scrollpane.setViewportView(listname);// 将列表 listname 加载到 scrollpane 上显示
            scrollpane.setPreferredSize(new Dimension(200,80));// 设置滚动面板显示区域
            this.add(scrollpane);// 将滚动面板加到窗体上
            this.setTitle(" 列表示例 ");// 设置窗体标题
            this.setSize(500,300);// 设置窗体大小
            this.setLocationRelativeTo(null);// 设置相对于屏幕居中
            this.setDefaultCloseOperation(JFrame.EXIT_ON_CLOSE);// 设置窗体关闭方式
            this.setVisible(true);// 设置窗体可见
        }
        public static void main(String[] args){
            new Exp124();
        }
}
```

运行效果如图 12-11 所示。

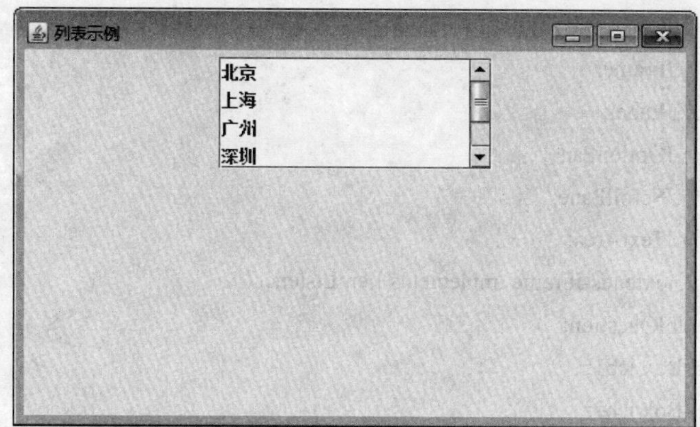


图 12-11　默认数据模型构造 JList 示例效果图

## 三、JCheckBox

JCheckBox

JCheckBox，即复选框，通常要求用户可以从一组复选框中选择多个选项。

JCheckBox 的构造方法见表 12-5。

表 12-5　JCheckBox 构造方法

| 构造方法 | 方法含义 |
| --- | --- |
| public JCheckBox() | 构造一个新的 JCheckBox |
| public JCheckBox(Icon icon,boolean selected) | 构造一个带图标的对象，但不指定其是否被选定 |
| public JCheckBox(String text) | 构造一个带文本的对象，但不选定 |
| public JCheckBox(String text,boolean selected) | 构造一个带文本的对象，并指定其是否被选定 |
| public JCheckBox(String text,Icon icon,boolean selected) | 构造一个带文本和图标的对象，并指定其是否被选定 |

JCheckBox 常用方法见表 12-6。

表 12-6　JCheckBox 常用方法

| 构造方法 | 方法含义 |
| --- | --- |
| public void addItem(Object anObject) | 为项列表添加项 |
| public Object getSelectedItem() | 返回当前所选项 |
| public setEditable(boolean aFlag) | 确定 JComboBox 字段是否可编辑 |
| Public setSelectedIndex(int index) | 选择第 index 个元素（第一个元素 index 为 0） |

【例 12.5】 JCheckBox 示例。

```
import java.awt.event.ItemEvent;
import java.awt.event.ItemListener;
import javax.swing.ButtonGroup;
import javax.swing.ImageIcon;
```

```
import javax.swing.JCheckBox;
import javax.swing.JFrame;
import javax.swing.JLabel;
import javax.swing.JOptionPane;
import javax.swing.JScrollPane;
import javax.swing.JTextArea;
public class Exp125 extends JFrame implements ItemListener{
    private JLabel lblQuestion;
    private JCheckBox jcb1;
    private JCheckBox jcb2;
    private JCheckBox jcb3;
    private JCheckBox jcb4;
    private JTextArea jta;
    private JScrollPane jsp;
    public Exp125(){
        //初始化标签、单选按钮和文本域控件
        lblQuestion=new JLabel(" 请选出您最喜欢吃的水果 ");
        jcb1=new JCheckBox(" 西瓜 ");
        jcb2=new JCheckBox();
        jcb2.setText(" 芒果 ");
        jcb3=new JCheckBox(" 草莓 ",false);// 设置草莓复选框初始状态未被选中
        jcb4=new JCheckBox(" 菠萝 ");
        jta=new JTextArea(20,50);
        jsp=new JScrollPane(jta);
        // 设置布局方式为绝对布局
        this.setLayout(null);
        // 设置问题标签和单选按钮的边界
        lblQuestion.setBounds(25,20,200,40);
        jcb1.setBounds(25,60,100,40);
        jcb2.setBounds(25,100,100,40);
        jcb3.setBounds(25,140,100,40);
        jcb4.setBounds(25,180,100,40);
        jsp.setBounds(250,20,200,200);
        // 将问题标签和单选按钮添加到窗体上
        this.add(lblQuestion);
        this.add(jcb1);
        this.add(jcb2);
        this.add(jcb3);
        this.add(jcb4);
        this.add(jsp);
```

```
            // 为复选框注册监听器
            jcb1.addItemListener(this);
            jcb2.addItemListener(this);
            jcb3.addItemListener(this);
            jcb4.addItemListener(this);
            this.setTitle(" 复选按钮示例 ");// 设置窗体标题
            this.setSize(500,300);// 设置窗体大小
            this.setDefaultCloseOperation(JFrame.EXIT_ON_CLOSE);// 设置窗体关闭方式
            this.setVisible(true);// 设置窗体可见
        }
        public static void main(String[] args){
            new Exp125();
        }
        // 复选框按钮选中状态发生改变时触发该事件
        public void itemStateChanged(ItemEvent e) {
            if(e.getSource()==jcb1)
                jta.append(jcb1.getText());
            if(e.getSource()==jcb2)
                jta.append(jcb2.getText());
            if(e.getSource()==jcb3)
                jta.append(jcb3.getText());
            if(e.getSource()==jcb4)
                jta.append(jcb4.getText());
        }
    }
```

运行结果如图 12-12 所示。

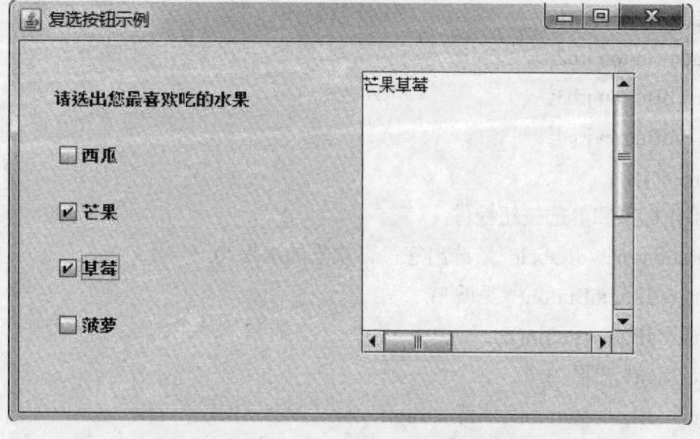


**图 12-12　JCheckBox 示例效果图**

## 四、JRadioButton

JRadioButton

JRadioButton，即单选按钮，通常要求用户从多个单选按钮中选择一个进行提交，它和 JCheckBox（多选按钮）形成对比。

JRadioButton 的构造方法见表 12-7。

表 12-7　JRadioButton 构造方法

| 构造方法 | 功能 |
|---|---|
| public JRadioButton() | 构造一个新的 JRadioButton |
| public JRadioButton(Icon icon) | 构造一个带有图片的 JRadioButton |
| public JRadioButton(String text) | 构造一个带有指定文本的 JRadioButton |
| public JRadioButton(String text,boolean selected) | 构造一个带有指定文本的 JRadioButton，并指定是否被选中 |

JRadioButton 常用方法见表 12-8。

表 12-8　JRadioButton 常用方法

| 构造方法 | 功能 |
|---|---|
| public void setText(String text) | 设置文本框的内容 |
| public String getText() | 返回文本框里的内容 |

**【例 12.6】** 单选按钮应用示例。

```
import javax.swing.ButtonGroup;
import javax.swing.JFrame;
import javax.swing.JLabel;
import javax.swing.JRadioButton;
public class Exp126 extends JFrame{
    private JLabel lblQuestion;
    private ButtonGroup bg;
    private JRadioButton jrb1;
    private JRadioButton jrb2;
    private JRadioButton jrb3;
    private JRadioButton jrb4;
    public Exp126(){
        // 初始化标签和单选按钮控件
        lblQuestion=new JLabel(" 请选出您最喜欢吃的水果 ");
        jrb1=new JRadioButton(" 西瓜 ");
        jrb2=new JRadioButton();
        jrb2.setText(" 芒果 ");
        jrb3=new JRadioButton(" 草莓 ",true);
        jrb4=new JRadioButton(" 菠萝 ");
        // 设置布局方式为绝对布局
        this.setLayout(null);
```

```
        // 构造按钮组控件
        bg=new ButtonGroup();
        // 将单选按钮添加到按钮组
        bg.add(jrb1);
        bg.add(jrb2);
        bg.add(jrb3);
        bg.add(jrb4);
        // 设置问题标签和单选按钮的边界
        lblQuestion.setBounds(25,20,200,40);
        jrb1.setBounds(25,60,100,40);
        jrb2.setBounds(25,100,100,40);
        jrb3.setBounds(25,140,100,40);
        jrb4.setBounds(25,180,100,40);
        // 将问题标签和单选按钮添加到窗体上
        this.add(lblQuestion);
        this.add(jrb1);
        this.add(jrb2);
        this.add(jrb3);
        this.add(jrb4);
        this.setTitle(" 单选按钮示例 ");// 设置窗体标题
        this.setSize(500,300);// 设置窗体大小
        this.setDefaultCloseOperation(JFrame.EXIT_ON_CLOSE);// 设置窗体关闭方式
        this.setVisible(true);// 设置窗体可见
    }
    public static void main(String[] args){
        new Exp126();
    }
}
```

运行结果如图 12-13 所示。

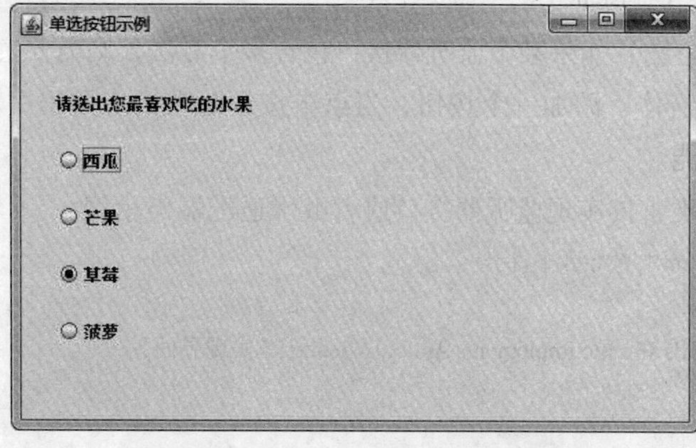


图 12-13　JRadioButton 示例效果图

## 五、监听器

监听器

监听器和适配器可以帮助我们对事件进行处理。常见的监听器、适配器及相应接口的方法见表 12-9。

**表 12-9 监听器、适配器及相应接口的方法**

| 事件类、监听器和适配器名称 | 接口的方法及产生事件的用户操作 |
| --- | --- |
| KeyEvent 键盘事件类<br>KeyListener 监听器<br>KeyAdapter 适配器 | keyPressed(KeyEvent e) 按下键盘时<br>keyReleased(KeyEvent e) 释放键盘时<br>keyTyped(KeyEvent e) 按键被单击时 |
| MouseEvent 鼠标事件类（按钮）<br>MouseListener 监听器<br>MouseAdapter 适配器 | mouseClicked(MouseEvent e) 单击鼠标时<br>mouseEnter(MouseEvent e) 鼠标进入时<br>mouseExited(MouseEvent e) 鼠标离开时<br>mousePressed(MouseEvent e) 鼠标按下时<br>mouseReleased(MouseEvent e) 放开鼠标时 |
| MouseEvent 鼠标事件类（移动）<br>MouseMotionListener 监听器<br>MouseMotionAdapter 适配器 | mouseDragged(MouseEvent e) 鼠标拖动时<br>mouseMoved(MouseEvent e) 鼠标移动时 |
| TextEvent 文本变化事件类<br>TextListener 监听器 | textValueChanged(TextEvent e) 文本变化时 |
| WindowEvent 窗口事件类<br>WindowListener 监听器<br>WindowAdapter 适配器 | windowActivated(WindowEvent e) 窗口启动时<br>windowClosed (WindowEvent e) 关闭窗口时<br>windowClosing (WindowEvent e) 正在关闭窗口时<br>windowDeactivated (WindowEvent e) 窗口失活时<br>windowDeiconified (WindowEvent e) 最小化变为正常时<br>windowIconified (WindowEvent e) 最小化为图示时<br>windowOpened (WindowEvent e) 打开窗口时 |

（1）利用监听器进行事件处理的步骤：

①导入包：

```
import java.awt.event;
```

②给所需的事件源对象注册事件监听器：

```
事件源对象 .addXXXListener(XXXListener 对象 );
```

③实现相应的方法：如果某个监听器接口包含多个方法，则需要实现所有方法。

（2）建立一个窗体，添加一个按钮，当点击按钮时退出应用程序。下面我们用四种方式来实现这一功能。

**【例 12.7】** 本类直接实现监听器接口或者继承适配器类示例。

```
import java.awt.event.*; // 导入事件类
import javax.swing.*;
class Exp127 extends JFrame implements ActionListener {// 实现界面
    JButton bnt;
    public Exp127 () {
```

```
        super(" 测试按钮事件 ");
        bnt = new JButton(" 退出 ");
        bnt.addActionListener(this); // 注册监听器
        this.add(bnt, "Center");
        this.setSize(200, 200);
        this.setVisible(true);
    }
    public void actionPerformed(ActionEvent e) {// 重写监听器接口方法
        System.exit(0);
    }
    public static void main(String[] args) {
        new Exp127 ();
    }
}
```

运行结果如图 12-14 所示。

图 12-14　本类直接实现监听器接口或者继承适配器类示例效果图

**【例 12.8】** 采用另一个类实现监听器接口或者继承适配器类示例，效果如图 12-14 所示。

```
import java.awt.event.*;// 导入事件类
import javax.swing.*;
class MyEvent1 implements ActionListener {// 普通类实现接口
    public void actionPerformed(ActionEvent e) {// 重写接口方法
        System.exit(0);
    }
}
class Event1 extends JFrame {
    JButton bnt;
    public Event1() {
        super(" 测试按钮事件 ");
        bnt = new JButton(" 退出 ");
        bnt.addActionListener(new MyEvent1());// 注册监听器
        this.add(bnt, "Center");
```

```
            this.setSize(200, 200);
            this.setVisible(true);
        }
    }
    public class Exp128 {
        public static void main(String[] args) {
            new Event1();
        }
    }
```

【例 12.9】 采用有名内部类实现监听器接口或者继承适配器类示例，效果如图 12-14 所示。

```
    import java.awt.event.*; // 导入事件类
    import javax.swing.*;
    class Event2 extends JFrame {
        JButton bnt;
        public Event2() {
            super(" 测试按钮事件 ");
            bnt = new JButton(" 退出 ");
            bnt.addActionListener(new MyEvent2()); // 注册监听器
            this.add(bnt, "Center");
            this.setSize(200, 200);
            this.setVisible(true);
        }
        class MyEvent2 implements ActionListener {// 内部类实现接口
            public void actionPerformed(ActionEvent e) { // 重写接口方法
                System.exit(0);
            }
        }
    }
    public class Exp129 {
        public static void main(String[] args) {
            new Event2();
        }
    }
```

【例 12.10】 采用匿名内部类实现监听器接口或者继承适配器类示例，效果如图 12-14 所示。

```
    import java.awt.event.*; // 导入事件类
    import javax.swing.*;
    class MyEvent3 extends JFrame {
```

```
        JButton bnt;
        public MyEvent3() {
            super(" 测试按钮事件 ");
            bnt = new JButton(" 退出 ");
            bnt.addActionListener(new ActionListener() { // 注册监听器
                public void actionPerformed(ActionEvent e) { // 重写接口方法
                    System.exit(0);
                }
            });
            this.add(bnt, "Center");
            this.setSize(200, 200);
            this.setVisible(true);
        }
    }
    class Exp1210{
        public static void main(String[] args) {
            new MyEvent3();
        }
    }
```

## 六、适配器

Adapter，即适配器，是事件处理的另一种途径。由于要实现事件处理的接口，必须实现所有声明的方法（抽象方法），但有时接口中定义了多个抽象方法，而我们只需要实现一个方法，此时，即便是空实现，也要带着所有的抽象方法，代码较为烦琐，因此，要解决这个问题，某些（不是所有的）含有多个方法的监听器接口提供了相应的适配器。

适配器

适配器类实现并提供了一个事件监听器接口中的所有方法，但这些方法都是空方法。使用者只要从适配器继承，然后重写那些需要的方法就可以了。

适配器类及对应的事件监听器接口见表 12-10。

**表 12-10　适配器类及对应的事件监听器接口**

| 适配器类 | 事件监听器接口 |
| --- | --- |
| ComponentAdapter | ComponentListener |
| ContainerAdapter | ContainerListener |
| FocusAdapter | FocusListener |
| KeyAdapter | KeyListener |
| MouseAdapter | MouseListener |
| MouseMotionAdapter | MouseMotionListener |
| WindowAdapter | WindowListener |

鼠标适配器使用方法为：

```
class MyMouseAdapter extends MouseAdapter
// 继承适配器类
{
        public void mouseClicked(MouseEvent  e)
      // 重写鼠标单击事件的方法
      {
            ……
      }// 只需要重写使用的方法即可
}
```

**【例 12.11】** 采用鼠标适配器类完成进入和单击按钮操作，对于按钮更换图片的例子，请从网络下载两幅大小为 300px*300px 的图片，命名为 1.jpg（本例为菠萝）和 2.jpg（本例为火龙果），复制到 imag 文件夹，以备使用。

```
import java.awt.*;
import javax.swing.*;
import java.awt.event.*;
class EventAdapter extends JFrame {
    JButton btn;
    public EventAdapter(String title) {
        super(title);
        btn = new JButton(new ImageIcon("./imag/main.jpg"));
        btn.addMouseListener(new MouseAdapter() {
            public void mouseEntered(MouseEvent evt) {
                btn.setIcon(new ImageIcon("./imag/1.jpg"));
            }
            public void mousePressed(MouseEvent evt) {
                btn.setIcon(new ImageIcon("./imag/2.jpg"));
            }
        });
        this.add(btn);
        setSize(300, 300);
        setVisible(true);
        setDefaultCloseOperation(JFrame.EXIT_ON_CLOSE);
    }
}
public class Exp1211 {
    public static void main(String args[]) {
        EventAdapter f = new EventAdapter(" 适配器用法 ");
    }
}
```

运行结果如图 12-15 所示。

图 12-15　按钮初始、进入、单击三种状态的显示效果

## 任务训练

请完成学生注册窗体操作，包括学号、姓名、班级、性别。

```
import java.awt.*;
import javax.swing.*;
public class AddStu extends JFrame{
    private JTextField textFieldSno=new JTextField();
    private JTextField textFieldSname=new JTextField();
    private JTextField textFieldSclass=new JTextField();
    private JTextField textFieldSsex=new JTextField();
    private JButton button1=new JButton(" 注册 ");
    private JButton button2=new JButton(" 重置 ");
    private JLabel labelSno=new JLabel(" 学号 ");
    private JLabel labelSname=new JLabel(" 姓名 ");
    private JLabel labelSclass=new JLabel(" 班级 ");
    private JLabel labelSsex=new JLabel(" 性别 ");
    public AddStu(){
        super(" 学生注册 ");
        setDefaultCloseOperation(JFrame.EXIT_ON_CLOSE);
        setSize(500,400);
        setLocation(400,400);
        setLayout(null);
        button1.setLocation(120,250);
        button1.setSize(100,30);
        button2.setLocation(270,250);
        button2.setSize(100,30);
        add(button1);
```

```
            add(button2);
            textFieldSno.setBounds(200,50,150,30);// 设置位置和大小
            add(textFieldSno);
            textFieldSname.setBounds(200,100,150,30);
            add(textFieldSname);
            textFieldSclass.setBounds(200,150,150,30);
            add(textFieldSclass);
            textFieldSsex.setBounds(200,200,150,30);
            add(textFieldSsex);
            labelSno.setBounds(150,50,150,30);
            add(labelSno);
            labelSname.setBounds(150,100,150,30);
            add(labelSname);
            labelSclass.setBounds(150,150,150,30);
            add(labelSclass);
            labelSsex.setBounds(150,200,150,30);
            add(labelSsex);
    }
    public static void main(String[] args) {
            AddStu frame=new AddStu();
            frame.setVisible(true);
            frame.getContentPane().setBackground(new Color(240,255,255));
    }
}
```

运行结果如图 12-16 所示。

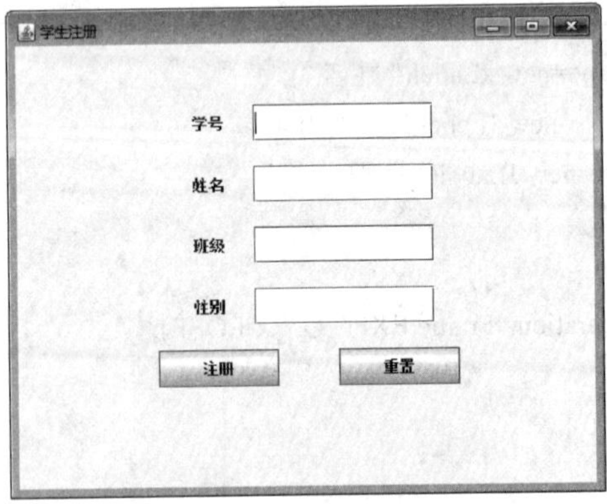


**图 12-16　学生注册界面**

## 拓展提高

### 事件处理

一个图形界面制作完成了，但只是完成了静态的部分，窗体已经有了该有的样子，但是单击按钮，不会实现相应的功能。这个时候，需要进行事件处理。

（1）委托事件处理模型：引发事件的组件（如文本框、按钮、键盘等）本身并不负责事件的处理，而是将组件引发的各种事件委托给其他对象来处理，该对象称为事件监听器，即一个“实现特定类型的监听器接口”的类对象。监听器接口是各种名字为XxxxListener（如ActionListener）的接口，这些接口包含很多没有具体实现的处理事件的抽象方法（如动作事件处理方法actionPerformed()等），事件处理程序设计就是编写这些方法中的方法体。

（2）事件（Events）：表示一个对象发生状态的改变。用户对接口操作在Java语言上的描述以类的形式出现（如ActionEvent），不同类型的事件类用来描述不同类型的用户动作。

（3）事件源：产生事件的组件（必须注册监听器）。

（4）事件对象：对于不同的事件源，Java虚拟机会产生相应类型的事件对象。Java自动识别各种不同的事件对象的类型并进行分类处理。

（5）事件处理者：一个接收事件对象并进行处理的对象。

（6）委托事件处理机制：能产生事件的组件叫做事件源，如果想对事件源的事件进行处理，可给事件源（如按钮）注册一个事件监听器，如同签订一个委托合同，当事件源发生事件时，事件监听器就代替事件源对发生的事件进行处理，这就是所谓的委托事件处理机制。它的核心是事件的发生与事件的处理相分离。

## 任务小结

本任务主要实现了成绩增加和成绩修改窗体操作。通过本任务的实施，我们学习了JComboBox、JList、JCheckBox、JRadioButton等控件的基本使用方法。此外，读者可以了解监听器、适配器、事件处理机制的基本知识。通过这一任务的学习，读者基本掌握了窗体中的单选按钮、复选框、下拉列表、组合框的使用方法，以及事件处理机制，通过监听器与适配器，实现了窗体由静态向动态的转变。

## 习题与实训

### 一、选择题

1．在下列处理机制中，不是机制中的角色的是（　　）。

A．事件　　B．事件源　　C．事件接口　　D．事件处理者

2．下列不属于 Java 中的适配器的是（　　）。

A．ComponentAdapter　　B．ContainerAdapter

C．MouseAdapter　　D．ActionAdapter

3．监听事件和处理事件（　　）。

A．都由 Listener 完成

B．都由相应事件 Listener 处登记过的构件完成

C．由 Listener 和构件分别完成

D．由 Listener 和窗口分别完成

4．下列是单选按钮控件的是（　　）。

A．JCheckBox　　B．JButton　　C．JRadioButton　　D．JLabel

5．关于 JCheckBox，下列说法错误的是（　　）。

A．JCheckBox，即复选框

B．要求用户必须从一组复选框中选择多个选项

C．public JCheckBox() 用于构造一个新的 JCheckBox

D．public JCheckBox(Icon icon,boolean selected) 用于构造一个带图标的对象，但不指定其是否被选定

6．下列说法错误的是（　　）。

A．JComboBox，即组合框，也叫下拉列表，与一组单选按钮的功能类似

B．JComboBox 强制用户从一组可能的元素中只选择一个

C．JList，即列表框，支持从一个列表选项中选择一个或多个选项，默认状态支持单选

D．JList 不支持选择多个选项

## 二、编程题

1．用 JApplet 作为画布，响应鼠标事件，在画布上画线和字符。

2．改进例 12.1，使选择的内容显示在输入框中，如图 12-17 所示。

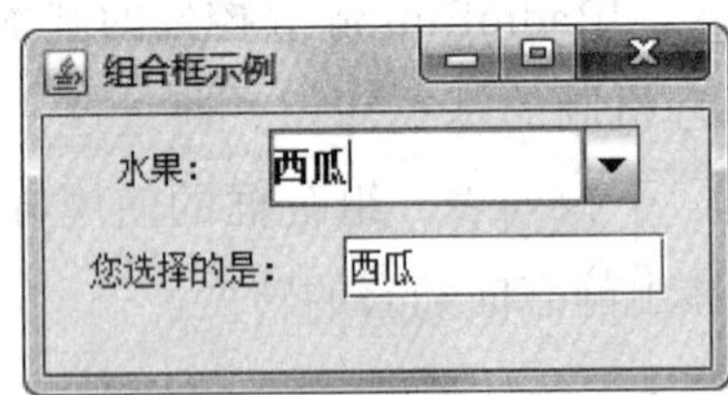


图 12-17　组合框示例

任务十三

# 成绩删除功能的实现及应用程序的改进

## 【任务目标】

1. 掌握应用程序的构建方法；
2. 掌握不同类之间相互调用的关系；
3. 掌握利用接口实现删除表数据的方法；
4. 掌握改变应用程序外观的方法。

## 【任务简介】

在图形用户界面学生成绩管理系统中，当用户需要删除某一行数据时，用户可以选择该行数据，然后通过按钮或菜单等形式调用删除功能。各种信息管理系统一般都需要实现删除数据的功能，这对于我们以后开发其他系统具有借鉴意义。

## 任务描述

本任务将实现学生成绩的删除功能，并在此基础上整合改进应用程序，主要包括：首先，整合菜单，将学生成绩的增、删、查、改功能整合到学生成绩管理菜单上，在单击学生成绩管理菜单时，将弹出学生成绩管理对话框，该对话框集合增、删、查、改四项功能，这是应用程序常见的处理方式；其次，将每个类中多余的 main 方法删除；最后，利用合适的外观类来展示不同的窗口。

## 任务分析

操作步骤如下：

步骤一：改进 MainFrame；

步骤二：改进 SelStuScore；

步骤三：改进 AddStu 和 AlterStu 代码；

步骤四：利用外观类改进应用程序显示。

## 任务实施

### 一、步骤一：改进 MainFrame

这一步骤主要是将学生成绩的增、删、查、改功能整合至学生成绩管理窗口中。代码如下：

```
package com.sdlg.view;
import java.awt.Color;
import java.awt.Font;
import java.awt.Image;
import java.awt.Toolkit;
import java.awt.event.MouseAdapter;
import java.awt.event.MouseEvent;
import javax.swing.ImageIcon;
import javax.swing.JDialog;
import javax.swing.JFrame;
import javax.swing.JLabel;
import javax.swing.JMenu;
import javax.swing.JMenuBar;public class MainFrame extends JFrame{
    private JMenuBar menubar;// 声明菜单条
    private JMenu menuManage;// 声明学生成绩管理菜单
    private JLabel lblwelcome;// 声明欢迎标签
    public MainFrame(String title) {
        this.setTitle(title);
        menubar=new JMenuBar();// 实例化 menubar;
        // 实例化 menuManage，并设置菜单显示文本
        menuManage=new JMenu(" 学生成绩管理 ");
        // 为查询学生成绩菜单增加鼠标监听器，并利用适配器处理响应事件
        menuManage.addMouseListener(new MouseAdapter(){
            public void mouseClicked(MouseEvent e) {
             new SelStuScore(" 查询学生成绩 ");
            }
       });
        menubar.add(menuManage);// 将 menuManage 添加到 menubar 上
        this.setJMenuBar(menubar);// 为窗体设置菜单条
        // 设置欢迎标签
        lblwelcome=new JLabel(" 欢迎登录成绩管理系统 ",JLabel.CENTER);
        lblwelcome.setForeground(new Color(150,150,150));// 设置标签字体颜色
```

```
        lblwelcome.setFont(new Font(" 黑体 ",Font.PLAIN,70));// 设置标签字体
        // 设置窗体的背景颜色
        this.getContentPane().setBackground(new Color(240,255,255));
        this.add(lblwelcome);// 将标签添加到窗体上
        // 加载窗体图标对象
        Image image = new ImageIcon("./imag/main.jpg").getImage();
        // 获取屏幕的宽度和高度
        int width=(int)Toolkit.getDefaultToolkit().getScreenSize().getWidth();
        int height=(int)Toolkit.getDefaultToolkit().getScreenSize().getHeight();
         // 设置窗体的图标和标题
        this.setIconImage(image);
        this.setSize(width, height);// 设置窗体大小
        this.setLocationRelativeTo(null);// 设置窗体相对屏幕居中
        // 设置窗体关闭方式
        this.setDefaultCloseOperation(JDialog.DISPOSE_ON_CLOSE);
        this.setVisible(true);// 设置窗体可见
    }
    public static void main(String[] args) {
        new MainFrame(" 学生成绩管理系统 ");
    }
}
```

运行结果如图 13-1 所示。

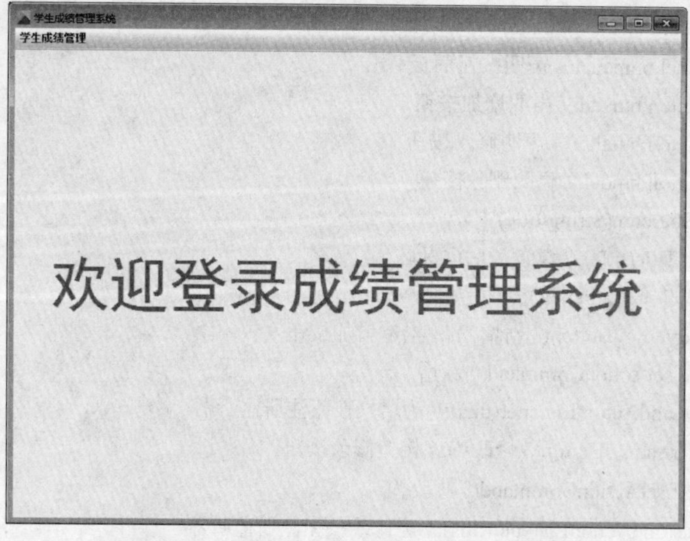


图 13-1　改进后的 **MainFrame** 窗体效果

## 二、步骤二：改进 SelStuScore

代码如下：

```
package com.sdlg.view;
import java.awt.BorderLayout;
import java.awt.Color;
import java.awt.Font;
import java.awt.Image;
import java.awt.event.ActionEvent;
import java.awt.event.ActionListener;
import java.util.List;
import javax.swing.ImageIcon;
import javax.swing.JButton;
import javax.swing.JDialog;
import javax.swing.JOptionPane;
import javax.swing.JPanel;
import javax.swing.JScrollPane;
import javax.swing.JTable;
import javax.swing.table.DefaultTableModel;
import javax.swing.table.TableColumnModel;
import com.sdlg.dao.StuGradeDao;
import com.sdlg.dao.impl.StuGradeDaoImpl;
import com.sdlg.entity.Stu;
public class SelStuScore extends JDialog implements ActionListener {
    private StuGradeDao sgdao = new StuGradeDaoImpl();
    private JTable table;// 声明表格对象
    private DefaultTableModel model;// 声明表格模型对象
    private JScrollPane scrollpane;// 声明滚动面板对象
    private JPanel btnpanel;// 声明按钮面板
    private JButton btnadd;// 声明增加按钮
    private JButton btnalter;// 声明修改按钮
    private JButton btndel;// 声明删除按钮
    public SelStuScore(String title) {
        this.setTitle(title);// 设置对话框标题
        btnpanel=new JPanel();// 构造面板
        btnadd=new JButton(" 新增 "); // 构造增加按钮
        btnadd.setActionCommand(" 新增 ");
        btnadd.addActionListener(this);// 为增加按钮注册监听器
        btnalter=new JButton(" 修改 ");// 构造修改按钮
        btnalter.setActionCommand(" 修改 ");
        btnalter.addActionListener(this);// 为修改按钮注册监听器
        btndel=new JButton(" 删除 ");// 构造删除按钮
        btndel.setActionCommand(" 删除 ");
        btndel.addActionListener(this);// 为删除按钮注册监听器
        btnpanel.add(btnadd);// 把增加按钮增加到按钮面板上
```

```
        btnpanel.add(btnalter);// 把修改按钮增加到按钮面板上
        btnpanel.add(btndel);// 把删除按钮增加到按钮面板上
        this.add(btnpanel,BorderLayout.NORTH);
        scrollpane = new JScrollPane();// 构造滚动面板组件
        // 设置 scrollpane 的背景颜色
        scrollpane.getViewport().setBackground(new Color(240, 255, 255));
        table = new JTable();// 构造 JTable 组件
        model = new DefaultTableModel(new Object[][] {},new String[] { " 学号 ", " 姓名 ", " 班级 ",
"sql", "java", "web", "gym" }) {
                boolean[] columnEditables =new boolean[] { false, false, false, false, false, false, false };
            public boolean isCellEditable(int row, int column) {
                return columnEditables[column];
            }
        };// 构造模型对象，并设置表格标题、各列是否可编辑等属性
        table.setModel(model);// 为表格设置模型
        table.setFont(new Font(" 微软雅黑 ", Font.PLAIN, 14));// 设置表格内文字字体
        table.setRowHeight(26);// 设置表格行高
        table.setBackground(Color.ORANGE);// 设置表格背景颜色
        this.add(scrollpane,BorderLayout.CENTER);// 将滚动面板添加到窗体上
        loadData();
        scrollpane.setViewportView(table);// 将表格内容在滚动面板中显示出来
        // 加载窗体图标对象
        Image image = new ImageIcon("./imag/main.jpg").getImage();
        // 设置窗体的图标和标题
        this.setIconImage(image);
        this.setSize(1000, 800);// 设置窗体位置和大小
        this.setLocationRelativeTo(null);// 设置窗体相对屏幕居中
        this.setDefaultCloseOperation(JDialog.DISPOSE_ON_CLOSE);// 设置窗体关闭方式
        this.setVisible(true);// 设置窗体可见
    }
    public void loadData() {
        // 清除旧的数据
        model.getDataVector().clear();// 清除表格数据
        model.fireTableDataChanged();// 通知模型更新
        table.updateUI();// 刷新表格
        List<Stu> sqlist = sgdao.queryAll();// 查询学生成绩表中所有信息
        TableColumnModel col = table.getColumnModel();// 获得表格模型
        for (Stu stu : sqlist) {
            model.addRow(new Object[] { stu.getSno(), stu.getName(), stu.getClassname(), stu.getSql(),
            stu.getJava(),stu.getWebdesign(), stu.getGym() });
        } // 将返回来的数据按行添加到表格模型中
    }
```

```
    public void actionPerformed(ActionEvent e) {
        String cmd = e.getActionCommand();
        if (cmd.equals(" 删除 ")) {
            boolean result=sgdao.delete(table.getValueAt(table.getSelectedRow(), 0).toString());
            if(result==true)
                JOptionPane.showMessageDialog(null, " 学生成绩信息删除成功 ");
            else
                JOptionPane.showMessageDialog(null, " 学生成绩信息删除失败 ");
            loadData();
        } else if (cmd.equals(" 新增 ")) {
            new AddStu();
            loadData();
        } else if (cmd.equals(" 修改 ")) {
            if (table.getSelectedRowCount() <= 0) {
                JOptionPane.showMessageDialog(null, " 请选择要修改的行 ");
                return;
            }
            String sno = table.getValueAt(table.getSelectedRow(), 0).toString();
            String sname = table.getValueAt(table.getSelectedRow(), 1).toString();
            String classname= table.getValueAt(table.getSelectedRow(), 2).toString();
            float sql = Float.parseFloat(table.getValueAt(table.getSelectedRow(), 3).toString());
            float java = Float.parseFloat(table.getValueAt(table.getSelectedRow(), 4).toString());
            float web = Float.parseFloat(table.getValueAt(table.getSelectedRow(), 5).toString());
            float gym = Float.parseFloat(table.getValueAt(table.getSelectedRow(), 6).toString());
            Stu stu = new Stu(sno,sname,classname,sql,java,web,gym);
            new AlterStu(stu);
            loadData();
        }
    }
}
```

## 三、步骤三：改进 AddStu 和 AlterStu 代码

删除 AddStu 和 AlterStu 两个类中的 main 方法。

## 四、步骤四：利用外观类改进应用程序显示

（1）在 main 函数中利用 UIManager 类改进应用程序外观。代码如下：

```
public static void main(String[] args) {
        try {
        //Nimbus 风格，jdk6 update10 版本以后出现的
        UIManager.setLookAndFeel("com.sun.java.swing.plaf.nimbus.NimbusLookAndFeel");
        new LoginFrame();
        } catch (Exception e) {
```

```
            e.printStackTrace();
        }
    }
```

（2）将提示正确信息代码“JOptionPane.showMessageDialog(null, " 您已经成功登录系统 ");”修改为如下代码：

```
new MainFrame(" 学生成绩管理系统 ");
```

改进外观后的主窗口如图 13-2 所示。改进外观后的登录窗口如图 13-3 所示。

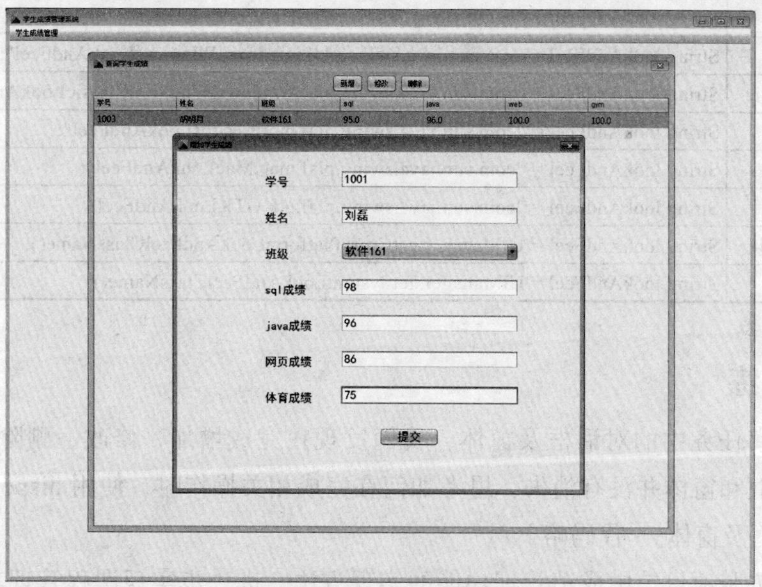


图 13-2　改进外观后的主窗口

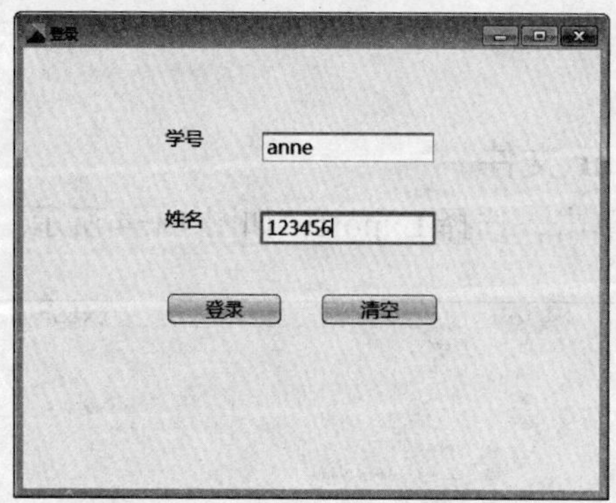


图 13-3　改进外观后的登录窗口

## 相关知识

### UIManager 的外观

Java 让用户能够动态地更改应用的外观，可以给用户更好的体验，具体的实现方式是：

（1）先使用 UIManager.setLookAndFeel(String s) 方法设定对应的外观；

（2）再使用 SwingUtilities.updateComponentTreeUI(Component c) 方法立刻更新应用的外观。

UIManager 类的各种外观见表 13-1。

**表 13-1　UIManager 类的各种外观**

| 风格 | LookAndFeel |
|---|---|
| Nimbus | String lookAndFeel ="com.sun.java.swing.plaf.nimbus.NimbusLookAndFeel"; |
| Metal | String lookAndFeel = "javax.swing.plaf.metal.MetalLookAndFeel"; |
| Windows | String lookAndFeel ="com.sun.java.swing.plaf.windows.WindowsLookAndFeel"; |
| Windows Classic | String lookAndFeel = "com.sun.java.swing.plaf.windows.WindowsClassicLookAndFeel"; |
| Motif | String lookAndFeel = "com.sun.java.swing.plaf.motif.MotifLookAndFeel"; |
| Mac | String lookAndFeel = "com.sun.java.swing.plaf.mac.MacLookAndFeel"; |
| GTK | String lookAndFeel = "com.sun.java.swing.plaf.gtk.GTKLookAndFeel"; |
| 可跨平台的默认 | String lookAndFeel = UIManager.getCrossPlatformLookAndFeelClassName(); |
| 当前系统 | String lookAndFeel = UIManager.getSystemLookAndFeelClassName(); |

## 任务训练

（1）观察任务中的对话框及窗体，我们发现在完成增加、修改、删除学生成绩后，原有的对话框和窗体并没有消失，思考如何在完成相关操作时，使用 dispose() 方法关闭不用的对话框及窗体。（代码略）

（2）请按照项目二中成绩管理功能的实现方法，进一步实现课程管理功能、教师管理功能、学期管理功能等。（代码略）

## 拓展提高

### 将应用程序打包为 jar 文件

（1）在项目上用右键单击，选择 Export，如图 13-4 所示。

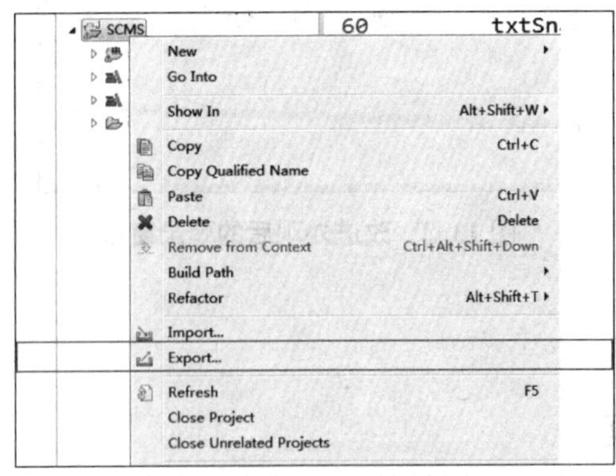


图 13-4　Export 菜单

（2）选择 Export 对话框中的 JAR file，选择“Next”，如图 13-5 所示。

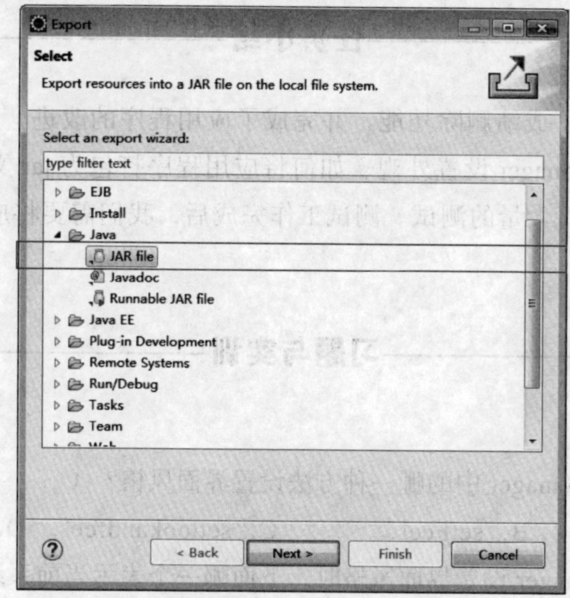


图 13-5　选择汇出类型 JAR file

（3）选择要导出的项目，确认必要的文件被选中，选择保存 jar 文件包的路径，如图 13-6 所示。

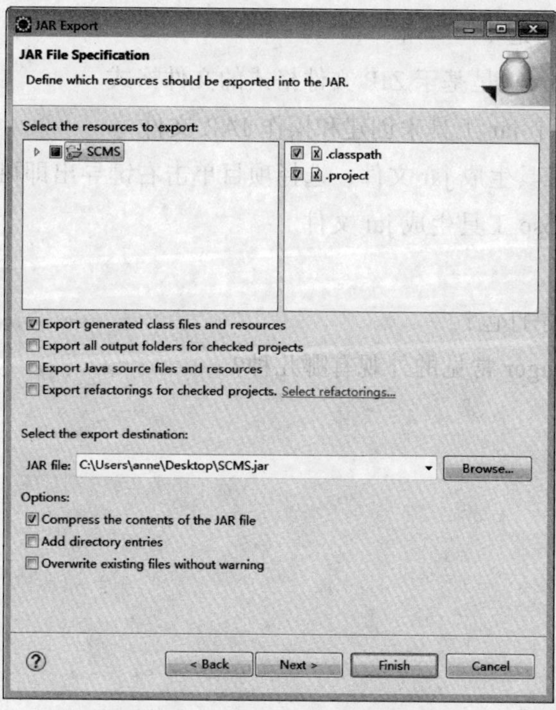


图 13-6　设置打包文件和路径

（4）此时可以单击“Finish”按钮，完成导出 jar 包。

## 任务小结

本任务主要实现了成绩删除功能，并完成了应用程序的改进。通过本任务的实施，我们学习了利用 UIManager 设置外观、如何将应用程序打包为 jar 文件。在导出应用程序之前，我们需要进行大量的测试。测试工作完成后，我们需要将应用程序打包，这是项目开发的最后一步。

## 习题与实训

### 一、选择题

1．可以利用 UIManager 中的哪一种方法设置界面风格？（　　）

A．setLook　　B．setFeel　　C．setlookandfeel　　D．setLookAndFeel

2．当利用 UIManager 设置界面风格时，下面哪一个表示当前系统风格？（　　）

A．UIManager.getSystemLookAndFeelClassName()

B．UIManager.getCrossPlatformLookAndFeelClassName()

C．com.sun.java.swing.plaf.windows.WindowsLookAndFeel

D．javax.swing.plaf.metal.MetalLookAndFeel

3．以下说法错误的是（　　）。

A．JAR(Java Archive) 是基于 ZIP 文件格式的文件格式

B．JDK 提供了一个 jar 工具来创建和操作 JAR 文件

C．通过 Eclipse 工具生成 jar 文件，选择项目单击右键导出即可

D．只能通过 Eclipse 工具生成 jar 文件

### 二、简答题

1．如何将应用程序打包？

2．Java 中 UIManager 常见的外观有哪几种？

# 参考文献

[1] 孙莉娜 .Java 语言程序设计 [M]. 北京：清华大学出版社，2015.

[2] 华清远见教育集团 .Java 程序设计详解 [M]. 北京：人民邮电出版社，2019.

[3] 张晓龙，吴志祥，刘俊 . Java 程序设计简明教程 [M]. 北京：电子工业出版社，2018.

[4] 袁梅冷，李斌，肖正兴 . Java 应用开发技术实例教程 [M]. 北京：人民邮电出版社，2017.

[5] 陈艳平，徐受蓉 . Java 语言程序设计实用教程 [M]. 北京：北京理工大学出版社，2015.

[6] 田淋风，陆剑峰，沈琳 . Java 程序设计 [M]. 北京：吉林大学出版社，2015.

[7] 郑阿奇 . Java 实用教程 [M]. 北京：电子工业出版社，2015.

[8] 崔曙光，李春奇 . Java 程序设计案例教程 [M]. 北京：中国铁道出版社，2011.

# 附录一 关键字列表

## 一、任务内容

了解 Java 关键字有哪些，了解标识符、方法等命名，学习不同关键字的作用。

## 二、相关知识

### 知识点一：Java 关键字

Java 关键字见附表 1。

附表 1 Java 关键字

| 序号 | 关键字 | 英文发音（美式） | 汉语含义 |
|---|---|---|---|
| 1 | abstract | ['æbstrækt] | 表明类或者成员方法具有抽象属性 |
| 2 | assert | [ə'sɜːrt] | 断言，用来进行程序调试 |
| 3 | boolean | ['buːliən] | 基本数据类型之一，声明布尔类型的关键字 |
| 4 | break | [breɪk] | 提前跳出一个块 |
| 5 | byte | [baɪt] | 基本数据类型之一，字节类型 |
| 6 | case | [keɪs] | 用在 switch 语句之中，表示其中的一个分支 |
| 7 | catch | [kætʃ] | 用在异常处理中，用来捕获异常 |
| 8 | char | [tʃɑːr] | 基本数据类型之一，字符类型 |
| 9 | class | [klæs] | 声明一个类 |
| 10 | const | costant 简写 ['kɑːnstənt] | 保留关键字，没有具体含义 |
| 11 | continue | [kən'tɪnjuː] | 回到一个块的开始处 |
| 12 | default | [dɪ'fɔːlt] | 默认，例如，用在 switch 语句中，表明一个默认的分支。Java 8 中也作用于声明接口函数的默认实现 |
| 13 | do | [du] | 用在 do-while 循环结构中 |
| 14 | double | ['dʌbl] | 基本数据类型之一，双精度浮点数类型 |
| 15 | else | [els] | 用在条件语句中，表明当条件不成立时的分支 |
| 16 | enum | [ɪˌnjuːmə'reɪʃn] | 枚举 |
| 17 | extends | [ɪk'stend] | 表明一个类型是另一个类型的子类型。对于类，可以是另一个类或者抽象类；对于接口，可以是另一个接口 |

续前表

| 序号 | 关键字 | 英文发音（美式） | 汉语含义 |
| --- | --- | --- | --- |
| 18 | final | ['faɪnl] | 用来说明最终属性，表明一个类不能派生出子类，或者成员方法不能被覆盖，或者成员域的值不能被改变，用来定义常量 |
| 19 | finally | ['faɪnəli] | 用于处理异常情况，用来声明一个基本肯定会被执行到的语句块 |
| 20 | float | [floʊt] | 基本数据类型之一，单精度浮点数类型 |
| 21 | for | [fər] | 一种循环结构的引导词 |
| 22 | goto | ['gəʊtəʊ] | 保留关键字，没有具体含义 |
| 23 | if | [ɪf] | 条件语句的引导词 |
| 24 | implements | ['ɪmplɪmənts] | 表明一个类实现了给定的接口 |
| 25 | import | ['ɪmpɔːrt] | 表明要访问指定的类或包 |
| 26 | instanceof | 略 | 用来测试一个对象是否是指定类型的实例对象 |
| 27 | int | integer 简写<br>['ɪntɪdʒər] | 基本数据类型之一，整数类型 |
| 28 | interface | ['ɪntərfeɪs] | 接口 |
| 29 | long | [lɔːŋ] | 基本数据类型之一，长整数类型 |
| 30 | native | ['neɪtɪv] | 用来声明一个方法是由与计算机相关的语言（如 C/C++/FORTRAN 语言）实现的 |
| 31 | new | [nuː] | 用来创建新实例对象 |
| 32 | package | ['pækɪdʒ] | 包 |
| 33 | private | ['praɪvət] | 一种访问控制方式：私有模式 |
| 34 | protected | [prə'tektɪd] | 一种访问控制方式：保护模式 |
| 35 | public | ['pʌblɪk] | 一种访问控制方式：共享模式 |
| 36 | return | [rɪ'tɜːrn] | 从成员方法中返回数据 |
| 37 | short | [ʃɔːrt] | 基本数据类型之一，短整数类型 |
| 38 | static | ['stætɪk] | 表明具有静态属性 |
| 39 | strictfp | 略 | 用来声明 FP_strict（单精度或双精度浮点数）表达式，遵循 IEEE 754 算术规范 |
| 40 | super | ['suːpər] | 表明当前对象的父类型的引用或者父类型的构造方法 |
| 41 | switch | [swɪtʃ] | 分支语句结构的引导词 |
| 42 | synchronized | ['sɪŋkrənaɪzd] | 表明一段代码需要同步执行 |
| 43 | this | [ðɪs] | 指向当前实例对象的引用 |
| 44 | throw | [θroʊ] | 抛出一个异常 |
| 45 | throws | [θroʊz] | 声明在当前定义的成员方法中所有需要抛出的异常 |
| 46 | transient | ['trænʃnt] | 声明不用串行化的成员域 |
| 47 | try | [traɪ] | 尝试一个可能抛出异常的区块 |
| 48 | void | [vɔɪd] | 声明当前成员方法没有返回值 |
| 49 | volatile | ['vɑːlətl] | 表明两个或者多个变量必须同步地发生变化 |
| 50 | while | [waɪl] | 用在循环结构中 |

**知识点二：Java 关键字分类**

关键字一律用小写字母标识，按其用途主要分为以下几种。

（1）用于访问控制。

| private | protected | public | | | | |
|---|---|---|---|---|---|---|

（2）用于类、方法和变量修饰符。

| abstract | class | extends | final | implements | interface | native |
|---|---|---|---|---|---|---|
| new | static | strictfp | synchronized | transient | volatile | |

（3）用于基本数据类型。

| boolean | byte | char | double | float | int | long |
|---|---|---|---|---|---|---|
| short | | | | | | |

（4）用于程控语句。

| break | case | continue | default | do | else | for |
|---|---|---|---|---|---|---|
| if | instanceof | return | switch | while | | |

（5）用于变量引用。

| super | this | void | | | | |
|---|---|---|---|---|---|---|

（6）用于包相关。

| import | package | | | | | |
|---|---|---|---|---|---|---|

（7）用于错误处理。

| assert | catch | finally | throw | throws | try | |
|---|---|---|---|---|---|---|

（8）用于保留关键字。

| goto | const | null | | | | |
|---|---|---|---|---|---|---|

此外，Java 还有 3 个保留字：true、false、null。它们不是关键字，而是字面量。它们和关键字一样，也不可以作为标识符使用。其中，true、false 属于布尔类型的字面量。

# 附录二　Java 程序设计风格简述

## 一、任务内容

养成良好的编程风格不是一朝一夕的事情，应从细微处做起。在编写 Java 代码的实践中，从变量和常量的命名、缩进与空行的使用等细微处做起，养成良好的编程风格，让 Java 语言的编程呈现一种优雅的姿态。

## 二、相关知识

### 知识点一：编码规范的意义

最初的软件只包含代码，程序设计风格极具程序设计者的个人特色。程序设计比较像是个人的捏泥巴游戏，带有一定的乐趣，但同时由于软件规模较小，可能由一个程序设计人员完成软件开发的所有工作。因此在那个阶段，程序设计风格并不会带来很大的影响。

随着计算机硬件技术的发展，软件规模越来越大，软件项目的复杂程度也越来越高，迫切需要利用工程化思想来指导软件开发工作。一个完整的软件开发过程包括需求分析、概要设计、详细设计、编码、测试、运行维护等阶段。在整个软件生命周期中，花费时间最长、资金最多的阶段是软件维护，而编码阶段反而是最少的。

为了降低软件维护的难度，我们需要在以下两个方面进行努力：

第一，具备良好的程序设计风格。程序设计风格不同于语法，它是软性要求，而语法是硬性要求，不遵守可能会导致出现错误或不能运行等问题。它们之间的关系比较像是道德与法律。每种语言都有自己的编写和注释约定，Java 语言也有自己的程序设计风格。这里所说的程序设计风格与规范并非某种强制性语法规则，而是开发团队成员间或某个公司内部的一种约定和建议，并且可能根据开发环境和要求的不同而改变。

第二，完备的注释。程序设计语言的注释可用各种语言书写，例如在以英语为母语的国家，用英语编写，而在中国，除外包项目外，一般用中文编写。注释的目标读者是人而非机器。机器并不会阅读、编译、执行这些文字或代码，它的做法是直接略过。注释的目的是在别的程序设计人员或维护人员阅读、修改代码时提供辅助说明，从而让目标读者更快、更容易地正确理解、读懂这些代码。因此，良好的注释可以大大降低软件维护等工作的难度。

下面我们给出一些 Java 程序开发中常见的程序设计规范和风格供读者参考。

**知识点二：Java 代码命名规范**

命名规范主要是指对类、方法和属性等的命名书写格式的要求。

1．包（package）

包名的前缀总是全部小写，有时用一个顶级域名（如 com、edu、gov、net、org 等）后跟机构内部的命名等后缀组成。机构内部命名规范可能以特定目录名的组成来区分部门（department）、项目（project）、机器（machine）或注册名（login names）等。例如：com.sdlgzy.smscli。

2．类（class）

类名是一个名词，采用大小写混合的方式，一般采用大驼峰命名法，即每个单词的首字母大写。类名应简短且富于描述，尽量使用完整的单词，避免缩写词（除非该缩写词被广泛使用，如 URL、HTML）。例如：MyDemo、Student。

3．接口（interface）

接口的大小写规则与类名相似。

4．方法（method）

方法名是一个动词，采用大小写混合的方式，一般采用小驼峰命名法，即第一个单词的首字母小写，其后单词的首字母大写。例如：nextCount()、runFast()。

5．变量（variable）

除了变量名外，所有实例，包括类、类常量，均采用大小写混合的方式，一般采用小驼峰命名法，即第一个单词的首字母小写，其后单词的首字母大写。变量名不应以下划线或美元符号开头，尽管这在语法上是允许的。变量名应简短且富于描述。变量名的选用应该易于记忆，即能够见名知意。尽量避免使用单个字符的变量名，除非是一次性临时变量。临时变量通常被取名为 i，j，k，m 和 n，它们一般用于表示整型变量；c，d，e，一般用于表示字符型变量。

6．常量（constant）

类常量和 ANSI 常量的声明，应该全部用大写字母，单词间用底线隔开。尽量避免使用 ANSI 常量，因为容易引起错误。例如：

```
static final double PI=3.14159165;
```

**知识点三：Java 程序设计风格**

1．成员变量

成员变量一般声明为私有的，即用 private 修饰，除非希望在类外部访问它。而常量一般声明为 public，这是因为它通常由类名直接调用。

2．成员方法

成员方法一般声明为公有的，即用 public 修饰。当然，如果方法仅仅在当前类用到，则可以定义为 private，而如果希望一个子类沿用这个方法则不同，这时候的方法应定义为 protected。方法的参数应当以如下方式给出：

```
public void aMethod(type parameter1,type parameter2,... ,type parametern){ }
```

如果参数过长，也可以断开为几行，应对齐向下排列，例如：

```
public void aMethod(  type parameter1,
                      type parameter2,
                      ...
                      type parametern ){ }
```

3．缩排与换行

每行长度不得超过 80 个字符。如果需要折行，也应当与上一行有共同的缩排距离。缩排空格一般为 2 个或 4 个空格，也可以使用 Tab 键来缩排。例如：

```
If(expr){
    statement1;
    statement2;
} else{
    statement3;
    statement4;
}
```

又如 try-catch 语法：

```
try{
    statements;
} catch (ExceptionClass e){
    statements;
} finally{
    statements;
}
```

4．新行

尽量不要在代码中出现空行，每一行最好只阐述一件事情。比如，一行包含一个声明、一个条件语句、一个循环语句等。

5．注释

Java 有三种类型的注释：单行注释、多行注释、Javadoc 注释。注释应放在它所解释内容的附近，这样会让代码更易于理解。

不要注释一些语言的语句功能，例如：

```
i++;//i 自增 1
```

更不要让自己的代码被注释分隔开，例如：

```
for(int i=1;i<=n;i++)
/* 不要把注释放在不合适的位置 */
result *=i;
```

较短的注释可以放在被注释代码上下，而长注释则通常放在代码之上，例如：

```
/* 如果注释较长，则把它放在代码之上 * /
for(int i =1 ;i<=n;i++)
result *=i;
```

或者：

```
for ( int i=1； i<=n;i++ ) {
    result *=i; // 短注释 1
    tmp + +; // 短注释 2
}
```

6．花括号的位置

花括号中的左括号一般放在一行的最后或下一行的开始，这在语法上都没问题，而更多的是个人的喜好。我们建议把左括号放在一行的最后，把右括号放在一行的开始，例如：

```
if(x>0){
    System.out.println(x);
}
```

这种括号的布局方法减少了空行的数目，而且没有降低可读性。更重要的是，Java 的开发工具如 Eclipse、MyEclipse、JCreator、JBuilder 等在编辑环境中可以很好地支持这种布局样式。

7．圆括号

当表达式中含有多种运算符时，可采用圆括号进一步明确运算符顺序，避免了运算符优先级判断的错误，此外，还可以改善程序的可读性。例如：

```
if(a==b && c==d)            // 应避免
if((a==b)&&(c==d))          // 推荐
```

图书在版编目（CIP）数据

Java 语言编程基础立体化实用教程 / 王同娟，李芳玲，边振兴主编 .-- 北京：中国人民大学出版社，2020. 8
全国高职高专计算机系列精品教材
ISBN 978-7-300-26287-1

Ⅰ. ① J… Ⅱ. ①王… ②李… ③边… Ⅲ. ① JAVA 语言 - 程序设计 - 高等职业教育 - 教材
Ⅳ. ① TP312

中国版本图书馆 CIP 数据核字（2020）第 155584 号

全国高职高专计算机系列精品教材
Java 语言编程基础立体化实用教程
主　编　王同娟　李芳玲　边振兴
副主编　程　灿　杜秋霞　苏羚凤　高德平
Java Yuyan Biancheng Jichu Litihua Shiyong Jiaocheng

出版发行　中国人民大学出版社
社　　址　北京中关村大街 31 号　　邮政编码　100080
电　　话　010－62511242（总编室）　010－62511770（质管部）
　　　　　010－82501766（邮购部）　010－62514148（门市部）
　　　　　010－62515195（发行公司）　010－62515275（盗版举报）
网　　址　http://www.crup.com.cn
经　　销　新华书店
印　　刷　北京市鑫霸印务有限公司
规　　格　185mm × 260mm　16 开本　　版　　次　2020 年 8 月第 1 版
印　　张　19 插页 1　　印　　次　2020 年 8 月第 1 次印刷
字　　数　386 000　　定　　价　42.00 元

# 信息反馈表

尊敬的老师:

您好！为了更好地为您的教学、科研服务，我们希望通过这张反馈表来获取您更多的建议和意见，以进一步完善我们的工作。

请您填好下表后以电子邮件、信件或传真的形式反馈给我们，十分感谢!

## 一、您使用的我社教材情况

| 您使用的我社教材名称 | | | |
|---|---|---|---|
| 您所讲授的课程 | | 学生人数 | |
| 您希望获得哪些相关教学资源 | | | |
| 您对本书有哪些建议 | | | |

## 二、您目前使用的教材及计划编写的教材

| | 书名 | 作者 | 出版社 |
|---|---|---|---|
| 您目前使用的教材 | | | |
| | | | |
| | 书名 | 预计交稿时间 | 本校开课学生数量 |
| 您计划编写的教材 | | | |
| | | | |

## 三、请留下您的联系方式，以便我们为您赠送样书（限1本）

| 您的通信地址 | | | |
|---|---|---|---|
| 您的姓名 | | 联系电话 | |
| 电子邮箱（必填） | | | |

我们的联系方式:

地　址: 苏州工业园区仁爱路158号中国人民大学苏州校区修远楼

电　话: 0512-68839320　　传　真: 0512-68839316

网　址: www.crup.com.cn　　邮　编: 215123